离 散 数 学

（第 2 版）

朱保平　叶有培　金　忠　张　琨　编著

北京理工大学出版社

BEIJING INSTITUTE OF TECHNOLOGY PRESS

内 容 简 介

本书对 2006 年北京理工大学出版社出版的《离散数学》中的内容进行了较多的调整与更新，并在相关章节增加了典型例题及解答，在语言文字方面做了进一步加工处理，同时修正了原教材中的部分疏漏之处。

本书介绍了离散数学的基本理论及方法，主要有命题演算基础、命题演算的推理理论、谓词演算基础、谓词演算的推理理论、递归函数论、集合论、关系、函数与集合的势、图、树与有序树、群与环、格与布尔代数等内容。

本书可作为高等院校计算机科学与技术及相关专业的教材，也可作为教师、研究生或软件技术人员的参考书。

图书在版编目（CIP）数据

离散数学/朱保平等编著. —2 版. —北京：北京理工大学出版社，2021.7 重印
ISBN 978 - 7 - 5640 - 8668 - 8

Ⅰ. ①离…　Ⅱ. ①朱…　Ⅲ. ①离散数学 - 高等学校 - 教材　Ⅳ. ①O158

中国版本图书馆 CIP 数据核字（2014）第 025456 号

出版发行/北京理工大学出版社有限责任公司
社　　址/北京市海淀区中关村南大街 5 号
邮　　编/100081
电　　话/（010）68914775（办公室）
　　　　　82562903（教材售后服务热线）
　　　　　68944723（其他图书服务热线）
网　　址/http：//www. bitpress. com. cn
经　　销/全国各地新华书店
印　　刷/涿州市新华印刷有限公司
开　　本/787 毫米 ×1092 毫米　1/16
印　　张/15
字　　数/347 千字
版　　次/2021 年 7 月第 2 版第 5 次印刷
定　　价/38.00 元

责任编辑/王俊洁
文案编辑/侯瑞娜
责任校对/周瑞红
责任印制/李志强

前　言

"离散数学"是计算机科学的重要理论基础课程，它不仅是计算机科学的核心课程，而且已成为电子信息类专业的热门选修课。离散数学与计算机科学有着十分密切的关系，无论是数字计算机雏形的图灵机，还是数字电路的布尔代数以及作为程序设计工具的语言、关系数据库、知识表示、人工智能等领域均离不开离散数学。同时两者的相互渗透推动了离散数学的发展，因此学好离散数学对于计算机科学与理论的研究有着重要的作用。

本书对 2006 年北京理工大学出版社出版的《离散数学》中的内容进行了较多的调整与更新，并在相关章节增加了典型例题及解答。在语言文字方面做了进一步的加工处理，同时订正了原教材中的部分疏漏之处。

本书主要分成两大部分：前半部分主要讲述了数理逻辑的基本理论及基本方法，包括命题演算基础及其推理理论、谓词演算基础及其推理理论和递归函数论等内容；后半部分主要讲述了离散数学的基本理论及基本方法，包括集合论、关系、函数与集合的势、图、树与有序树、群与环、格与布尔代数等内容。

本书第 1～5 章、第 9～10 章由朱保平修订，第 6～8 章、第 11～12 章由金忠修订。《离散数学》（第 1 版）由朱保平、叶有培、张琨编著。

由于作者水平有限，书中难免存在疏漏和不足之处，恳请读者批评指正。

编　者

CONTENTS 目录

第 1 章

命题演算基础

1.1 命题和联结词

1.1.1 命题

定义 1：凡是可以判断真假的陈述句称为命题。

命题具有两个特征：首先，命题应是一个陈述句，感叹句、疑问句、祈使句等均不是命题；其次，这个陈述句所表达的内容可决定真或假，且真假不可兼，即它应有真假性。

如果一个命题取为真，则说该命题的值为真，用 T 表示真；如果一个命题取为假，则说该命题的值为假，用 F 表示假。

下面举例说明命题的概念：

（1）微博是一种网络应用服务。

它是陈述句，可决定其真值为 T，所以为命题。

（2）2012 年 12 月 21 日是玛雅人所说的世界末日。

它是陈述句，可决定其真值为 F，所以为命题。

（3）课堂上请保持安静！

它不是陈述句，不是命题。

（4）我正在说谎。

悖论，虽为陈述句，但不能判断其真值，不是命题。

（5）宇宙中存在外星人。

虽然至今还不知道宇宙中是否有外星人，但宇宙中是否有外星人是客观存在的，且要么有、要么没有，它的真值是客观存在的，而且是唯一的，因此它是命题。

（6）微信是一种智能手机应用程序吗？

疑问句，不是陈述句，不是命题。

命题具有两种类型：原子命题和复合命题。

定义 2：不可剖开或分解为更简单命题的命题称为原子命题。

如 "2 为质数" "雪是白的" 等就是原子命题。

定义 3：由成分命题利用联结词构成的命题称为复合命题。

如"1 + 1 = 3"且"雪是白的"；"如果 1 + 1 = 3，则雪是黑的"等就是复合命题，其中语句中的"且""如果……，则……"等称为联结词。

注意，有些命题看似复合命题，但实际上为原子命题。

如语句"TOM 和 MARY 是夫妻"就不能分解为"TOM 是夫妻"和"MARY 是夫妻"，因为某一个人不能成为夫妻，故应把它理解为原子命题。

数理逻辑是研究前提和结论间的形式关系，而不研究具体的内容。为此采用数学方法将命题符号化（也称为形式化方法）十分重要，约定用大写字母表示命题。

例如

P 表示"1 + 1 = 3"；

Q 表示"雪是黑的"。

定义 4：如果当 P 表示任何命题时，P 称为命题变元。

注意，命题变元和命题是两个不同的概念。

命题指具体的陈述句有确定的真值。

命题变元没有确定的真值，只有代以具体的命题时才能确定它的真值。换言之，命题变元是以真假为变域的变元，用 P，Q，R 等表示命题变元。

1.1.2　联结词

下面介绍五个常用的联结词：

$\neg$、$\wedge$、$\vee$、$\rightarrow$、$\leftrightarrow$。

一、否定词（$\neg$）

否定词"$\neg$"是一个一元联结词，利用该联结词可由成分命题构成复合命题$\neg P$，读为非 P。

日常语句中的"非""不"和"并非"等表示逻辑非。

非 P 的真假与 P 的真假关系定义如下：

$$\neg P \text{ 为真当且仅当 } P \text{ 为假。}$$

其真值表如图 1.1 所示。

P	$\neg P$
T	F
F	T

图 1.1　逻辑非的真值表

例 1：P 表示今天是星期天。

$\neg P$ 表示今天不是星期天。

二、合取词（$\wedge$）

合取词"$\wedge$"是一个二元联结词，利用该联结词可将成分命题 P 和 Q 构成复合命题$P \wedge Q$，读为 P 合取 Q。其中 $P \wedge Q$ 称为合取式，P，Q 称为 $P \wedge Q$ 的合取项。

日常语言中的"且""与"等均表示为合取。

P 合取 Q 的真假和 P，Q 的真假关系定义如下：

$$P \wedge Q \text{ 为真当且仅当 } P \text{ 和 } Q \text{ 均真。}$$

其真值表如图 1.2 所示。

P	Q	$P \wedge Q$
T	T	T
T	F	F
F	T	F
F	F	F

例 2：1 + 1 = 2 且雪是白的。

解：令 P 表示"1 + 1 = 2"，

Q 表示"雪是白的"。

则原句译为：$P \wedge Q$。

图 1.2　合取词的真值表

例 3：你喜欢微博，但我喜欢微信。

解：令 P 表示"你喜欢微博"，

　　　　Q 表示"我喜欢微信"，

则原句译为：$P \wedge Q$。

三、析取词（∨）

析取词"∨"是一个二元联结词，利用成分命题 P 和 Q 可构成复合命题 $P \vee Q$，读为 P 析取 Q。其中 $P \vee Q$ 称为析取式，P 和 Q 称为 $P \vee Q$ 的析取项。

日常语言中的"或"等可用析取词来表示。

P 析取 Q 的真假和 P，Q 的真假关系定义如下：

　　　　$P \vee Q$ 为假当且仅当 P 和 Q 均假。

其真值表如图 1.3 所示。

P	Q	$P \vee Q$
T	T	T
T	F	T
F	T	T
F	F	F

图 1.3　析取词的真值表

例 4：今天下雨或下雪。

解：令 P 表示"今天下雨"，

　　　　Q 表示"今天下雪"，

则原句译为：$P \vee Q$。

例 5：MARY 明天或后天去巴厘岛是不对的。

解：令 P 表示"MARY 明天去巴厘岛"，

　　　　Q 表示"MARY 后天去巴厘岛"，

则原句译为：$\neg(P \vee Q)$。

注意，语言中"或"在现实生活中有可兼性和不可兼性，在数理逻辑中规定只有唯一的一种意思，即可兼的"或"。

四、蕴含词（→）

蕴含词"→"是一个二元联结词，利用成分命题 P 和 Q 可构成复合命题，读为 P 蕴含 Q，其中 $P \rightarrow Q$ 称为蕴含式，P 称为蕴含前件，Q 称为蕴含件，蕴含词也可用"⊃"表示。

日常语言中的"如果……，则……"等可用蕴含词来表示。

P 蕴含 Q 的真假和 P，Q 的真假关系定义如下：

　　　　$P \rightarrow Q$ 为假当且仅当 P 真 Q 假。

其真值表如图 1.4 所示。

P	Q	$P \rightarrow Q$
T	T	T
T	F	F
F	T	T
F	F	T

图 1.4　蕴含词的真值表

例 6：如果 $1 + 1 = 3$，则雪是黑的。

解：令 P 表示"$1 + 1 = 3$"，

　　　　Q 表示"雪是黑的"，

则原句译为：$P \rightarrow Q$。

例 7：只有努力学习、认真复习，才能取得好成绩。

解：令 P 表示"努力学习"，

　　　　Q 表示"认真复习"，

　　　　R 表示"取得好成绩"，

则原句译为：$R \rightarrow (P \wedge Q)$。

注意，该语句不能译为 $(P \wedge Q) \rightarrow R$，翻译时一定要考虑条件的必要性和充分性。

从真值表可看出，当蕴含前件 P 取为 F 时，不管其后件 Q 取 T 或 F，蕴含式 $P \rightarrow Q$ 总取真，故复合命题"如果 $1+1=3$，则雪是黑的"之值为 T。也就是说，在形式推理中只要前件为假，就可推出任何命题，而此推理过程是正确的。

五、等价词（↔）

等价词"↔"是一个二元联结词，利用成分命题 P 和 Q 可构成复合命题 $P \leftrightarrow Q$，读为 P 等价于 Q，其中 $P \leftrightarrow Q$ 称为等价式。

日常语言中的"当且仅当"等可用等价词来表示。

P 等价于 Q 的真假和 P，Q 的真假关系定义如下：

$\quad\quad P \leftrightarrow Q$ 为真当且仅当 P 和 Q 均真或均假。

其真值表如图 1.5 所示。

例8：$1+1=3$ 当且仅当雪是黑的。

解：令 P 表示"$1+1=3$"，

$\quad\quad\quad Q$ 表示"雪是黑的"，

则原句译为：$P \leftrightarrow Q$。

P	Q	$P \leftrightarrow Q$
T	T	T
T	F	F
F	T	F
F	F	T

图 1.5　等价词的真值表

上面介绍了五个常用的真值联结词，其实真值联结词还有很多。为了能更好地表达其他真值联结词，我们引进真值函项的概念，用真值函项的概念可以定义一元、二元甚至 n 元真值联结词。

定义5：以真假为定义域并以真假为值域的函数称为真值函项。

有了真值函项的概念就可以用它来表达联结词。

一元联结词有一个命题变项 P，它取真和假两种，可定义四个不同的一元联结词 f_0，f_1，f_2，f_3，或称为真值函项。

P	$f_0(P)$	$f_1(P)$	$f_2(P)$	$f_3(P)$
T	T	T	F	F
F	T	F	T	F

图 1.6　一元联结词的真值表

其真假关系可用图 1.6 表示。

从图可看出：

$f_0(P)$ 表示永真；

$f_1(P)$ 表示恒等；

$f_2(P)$ 表示否定，即 $\neg P$；

$f_3(P)$ 表示永假联结词。

同理，二元联结词有 16 个，如图 1.7 所示。

P	Q	f_0	f_1	f_2	f_3	f_4	f_5	f_6	f_7	f_8	f_9	f_{10}	f_{11}	f_{12}	f_{13}	f_{14}	f_{15}
T	T	T	F	T	T	T	F	F	F	T	T	T	T	F	F	F	F
T	F	T	T	F	T	T	T	T	F	F	F	T	T	T	F	F	F
F	T	T	T	T	F	T	T	F	T	T	F	T	F	F	T	F	F
F	F	T	T	T	T	F	T	T	T	F	T	F	F	T	F	T	F

图 1.7　二元联结词的真值表

从图 1.7 中可以看出：

f_4 为析取：$\vee$

f_{11} 为合取：$\wedge$

f_2 为蕴含：$\rightarrow$

f_8 为等价：$\leftrightarrow$

f_1 为与非：$P \uparrow Q = \neg(P \wedge Q)$

f_{14} 为或非：$P \downarrow Q = \neg(P \vee Q)$

f_7 为异或：$P \oplus Q = \neg(P \leftrightarrow Q)$

1.1.3 合式公式

有了命题变元和联结词的概念，就可以利用括号来讨论命题演算的合式公式，其中括号可用来区别联结词的运算优先次序。

合式公式为如下定义的式子，简称为公式：

（1）任何命题变元均是公式；

（2）如果 P 为公式，则 $\neg P$ 为公式；

（3）如果 P，Q 为公式，则 $(P \vee Q)$，$(P \wedge Q)$，$(P \rightarrow Q)$，$(P \leftrightarrow Q)$ 为公式；

（4）当且仅当经过有限次使用（1）、（2）、（3）所组成的符号串才是公式，否则不为公式。

例如，P，$(P \wedge Q)$，$((P \wedge Q) \vee R)$ 为公式，$((P \wedge Q) \vee, P \leftrightarrow Q)$ 不为公式。

但为了方便起见，我们采用省略一些括号，保留一些括号的方式来描述合式公式。

如：$(((P \wedge Q) \vee R)$ 省写为 $(P \wedge Q) \vee R$ 等。

定义 6：若公式 α 中有 n 个不同的命题变元，就说 α 为 n 元公式。

如：$((P \wedge Q) \vee R) \rightarrow (P \vee Q)$ 中含有 P，Q，R 三个命题变元，因此它为三元公式。

下面举一些例子说明怎样把命题符号化成公式。注意，在语句符号化时，一定要分解至原子命题，而不能把某个复合命题直接用命题变元 P 来表示，如此不能完整表达语句的意思，也不便于计算机处理相关语句及其产生的知识。

例 9：如果只有懂得希腊文才能了解柏拉图，那么我不了解柏拉图。

解：令 P 表示"我懂得希腊文"，

Q 表示"我了解柏拉图"，

则原句译为 $(Q \rightarrow P) \rightarrow \neg Q$。

例 10：锲而不舍，金石可镂；锲而舍之，朽木不折。

解：令 P 表示"你锲"，

Q 表示"你舍"，

R 表示"金石可镂"，

S 表示"朽木可折"，

则原句译为：$((P \wedge \neg Q) \rightarrow R) \wedge ((P \wedge Q) \rightarrow \neg S)$。

例 11：已知三个命题：

P：今晚我在家上网，

Q：今晚我去球场看足球比赛，

R：今晚我在家上网或去球场看足球比赛。

试问 $P \vee Q$ 和 R 是否表达同一命题？请用真值表说明之。

解：$P \vee Q$ 和 R 不表达同一命题。可由如图 1.8 的真值表说明之。

P	Q	R	$P \vee Q$
T	T	F	T
T	F	T	T
F	T	T	T
F	F	F	F

图 1.8 R 和 $P \vee Q$ 的真值表

实际上 R 应表示为：$R = (P \wedge \neg Q) \vee (\neg P \wedge Q)$。

1.2 真假性

1.2.1 解释

定义 1：设 n 元公式 α 中所有不同的命题变元为 P_1，P_2，P_3，$\cdots$，P_n。

如果对每个命题变元均给予一个确定的值，则称对公式 α 给了一个完全解释；

如果仅对部分变元给予确定的值，则称对公式 α 给了一个部分解释。

一般地讲，完全解释能确定一个公式的真值，而部分解释不一定能确定公式的真值，公式的真假与未给予确定值的变元有关。

如：公式 $\alpha = (P \wedge Q) \rightarrow R$。

在完全解释 $(P, Q, R) = (T, F, T)$ 下，公式 α 的值为 T；

对于部分解释 $(P, Q, R) = (T, T, \times)$ 下（注 $\times$ 表示相应的变元未给予确定的值），公式 α 的值跟 R 有关。但在某些特殊情况下，部分解释也能确定一个公式的值。

如上述公式在部分解释 $(P, Q, R) = (T, F, \times)$ 下，α 取为真。

由于每个命题变元有两个取值 T 和 F，因此 n 元公式 α 有 2^n 个完全解释。

定义 2：对于任何公式 α，凡使得 α 取真值的解释，不管是完全解释还是部分解释，均称为 α 的成真解释。

定义 3：对于任何公式 α，凡使得 α 取假值的解释，不管是完全解释还是部分解释，均称为 α 的成假解释。

例如，公式 $\alpha = (P \wedge Q) \rightarrow R$ 的成真解释为：$(P, Q, R) = (T, F, T)$；成假解释为：$(P, Q, R) = (T, T, F)$。

定义 4：如果一个公式的所有完全解释均为成真解释，则称该公式为永真公式，或称为重言式；如果一个公式的所有完全解释均为成假解释，则称该公式为永假公式，或称为矛盾式。

定义 5：如果一个公式存在成真解释，则称该公式为可满足公式；

如果一个公式存在成假解释，则称该公式为非永真公式。

由上定义可知：

$P \wedge Q$ 为可满足公式，也为非永真公式；

$P \wedge \neg P$ 为永假公式；$P \vee \neg P$ 为永真公式。

1.2.2 等价公式

定义 6：给定两个公式 α 和 β，设 P_1，P_2，$\cdots$，P_n 为 α 和 β 的所有命题变元，那么 α 和 β 有 2^n 个解释，如果对每个解释 α 和 β 永取相同的真假值，则称 α 和 β 是逻辑等价的，记为 $\alpha = \beta$。

一、几组重要的等价公式

（1）双重否定律。

$\neg\neg P = P$

（2）结合律。

$(P \wedge Q) \wedge R = P \wedge (Q \wedge R)$

$(P \vee Q) \vee R = P \vee (Q \vee R)$

（3）分配律。

$P \wedge (Q \vee R) = (P \wedge Q) \vee (P \wedge R)$

$P \vee (Q \wedge R) = (P \vee Q) \wedge (P \vee R)$

（4）交换律。

$P \vee Q = Q \vee P$

$P \wedge Q = Q \wedge P$

（5）等幂律。

$P \vee P = P$

$P \wedge P = P$

$P \rightarrow P = T$

$P \leftrightarrow P = T$

（6）等值公式。

$P \rightarrow Q = \neg P \vee Q$

$P \leftrightarrow Q = (P \rightarrow Q) \wedge (Q \rightarrow P)$

$\qquad\quad = (\neg P \vee Q) \wedge (P \vee \neg Q)$

$\qquad\quad = (P \wedge Q) \vee (\neg P \wedge \neg Q)$

$\neg(P \wedge Q) = \neg P \vee \neg Q$

$\neg(P \vee Q) = \neg P \wedge \neg Q$

（7）部分解释。

$P \wedge T = P \qquad\qquad P \wedge F = F$

$P \vee T = T \qquad\qquad P \vee F = P$

$T \rightarrow P = P \qquad\qquad F \rightarrow P = T$

$P \rightarrow T = T \qquad\qquad P \rightarrow F = \neg P$

$T \leftrightarrow P = P \qquad\qquad F \leftrightarrow P = \neg P$

（8）吸收律。

$P \vee (P \wedge Q) = P$

$P \wedge (P \vee Q) = P$

二、成真解释和成假解释的求解方法

（1）否定深入：即把否定词一直深入至命题变元上。

（2）部分解释：选定某个出现次数最多的变元对它作真或假的两种解释，从而得公式。

（3）化简。

（4）依次类推，直至产生公式的所有解释。

例1：试判定公式 $\neg(P \wedge Q) \rightarrow ((\neg Q \leftrightarrow P) \leftrightarrow \neg R)$ 的永真性和可满足性。

解：否定深入：

原式 = $(\neg P \vee \neg Q) \rightarrow ((\neg Q \leftrightarrow P) \leftrightarrow \neg R)$

对 P 进行解释并化简：

$P = T$ 时，原式 = $(\neg T \vee \neg Q) \rightarrow ((\neg Q \leftrightarrow T) \leftrightarrow \neg R)$

$\qquad\qquad\quad = (F \vee \neg Q) \rightarrow (\neg Q \leftrightarrow \neg R)$

$\qquad\qquad\quad = \neg Q \rightarrow (\neg Q \leftrightarrow \neg R)$

$\quad Q = T$ 时，原式 = $\neg T \rightarrow (\neg T \leftrightarrow \neg R)$

$\qquad\qquad\quad = F \rightarrow (F \leftrightarrow \neg R)$

$\qquad\qquad\quad = F \rightarrow R$

$\qquad\qquad\quad = T$

$\quad Q = F$ 时，原式 = $\neg F \rightarrow (\neg F \leftrightarrow \neg R)$

$\qquad\qquad\quad = T \rightarrow (T \leftrightarrow \neg R)$

$\qquad\qquad\quad = T \leftrightarrow \neg R$

$\qquad\qquad\quad = \neg R$

$\quad R = T$ 时，原式 = F

$\quad R = F$ 时，原式 = T

$P = F$ 时，同理可解。

由上可知，公式存在一个成真解释 $(P, Q, R) = (T, T, \times)$；

公式存在一个成假解释 $(P, Q, R) = (T, F, T)$。

故公式可满足但非永真。

1.2.3 联结词的完备集

如前所述，一元联结词有 4 个，二元联结词有 16 个，可知联结词的个数有很多，不可能一一讨论，为此需要讨论它们是否均是独立的。换句话说，这些联结词是否能相互表示？答案是肯定的。

定义7：设 S 是联结词的集合，如果对任何命题演算公式均可以由 S 中的联结词表示出来的公式与之等价，则说 S 是联结词的完备集。

由联结词的定义知，联结词集合 $\{\neg, \wedge, \vee, \rightarrow, \leftrightarrow\}$ 是完备的。

定理1：联结词的集合 $\{\neg, \wedge, \vee\}$ 是完备的。

证明：因为 $P \rightarrow Q = \neg P \vee Q$

$\qquad\qquad P \leftrightarrow Q = (\neg P \vee Q) \wedge (P \vee \neg Q)$

所以 $\{\neg, \wedge, \vee\}$ 可以表示集合 $\{\neg, \wedge, \vee, \rightarrow, \leftrightarrow\}$。

又因为 $\{\neg, \wedge, \vee, \rightarrow, \leftrightarrow\}$ 是完备的，即任何公式 α 均可以由集合 $\{\neg, \wedge, \vee, \rightarrow, \leftrightarrow\}$ 中联结词表达出来的公式与之等价，所以任何公式 α 均可以由集合 $\{\neg, \wedge, \vee\}$ 中的联结词表达出来的公式与之等价。

故集合 $\{\neg, \wedge, \vee\}$ 是完备的。

同理可证，集合 $\{\neg, \wedge\}$、$\{\neg, \vee\}$、$\{\neg, \rightarrow\}$ 是完备的。

定理2：联结词集合 $\{\uparrow\}$ 是完备的（其中 $P \uparrow Q = \neg(P \wedge Q)$）。

证明：因为 $\neg P = P \uparrow P$

$\qquad\qquad P \wedge Q = (P \uparrow Q) \uparrow (P \uparrow Q)$

所以 $\{\uparrow\}$ 可以表示集合 $\{\neg, \wedge\}$。

又因为 $\{\neg, \wedge\}$ 是完备的，即任何公式 α 均可以由集合 $\{\neg, \wedge\}$ 中的联结词表达出来的公式与之等价，所以任何公式 α 均可以由集合 $\{\uparrow\}$ 中的联结词表达出来的公式与之等价。

故集合 $\{\uparrow\}$ 是完备的。

例 2：试证明联结词集合 $\{\wedge\}$ 不完备。

证明：假设 $\{\wedge\}$ 是完备的。

根据完备性的定义知 $\neg P = P \wedge Q \wedge R \wedge \cdots$

当 P，Q，R，$\cdots$ 全取为真时，公式左边 $= F$，右边 $= T$。

显然矛盾。

故联结词集合 $\{\wedge\}$ 不完备。

1.2.4 对偶式和内否式

定义 8：将任何一个不含蕴含词和等价词的命题演算公式 α 中的 $\vee$ 换为 $\wedge$，$\wedge$ 换为 $\vee$ 后所得的公式称为 α 的对偶式，记为 α^*。

如：公式 $\alpha = \neg P \wedge (Q \vee (R \wedge \neg S))$

$$\alpha^* = \neg P \vee (Q \wedge (R \vee \neg S))$$

不难验证：$(\alpha^*)^* = \alpha$

注意，求合式公式的对偶式时，应先消去公式中的蕴含词和等价词，否则所求对偶式不满足如上定义。

定义 9：将任何命题演算公式 α 中的所有肯定形式换为否定形式，否定形式换为肯定形式后所得的公式称为 α 的内否式，记为 α^-。

如：公式 $\alpha = \neg P \wedge (Q \vee (R \wedge \neg S))$

$$\alpha^- = P \wedge (\neg Q \vee (\neg R \wedge S))$$

不难验证：$(\alpha^-)^- = \alpha$

约定在讨论对偶式和内否式的定理时，规定本节讨论的命题公式中仅含有 $\neg$，$\vee$ 和 $\wedge$ 三个联结词。

定理 3：$\neg(A^*) = (\neg A)^*$

$$\neg(A^-) = (\neg A)^-$$

定理 4：$\neg A = A^{*-}$

证明：对公式 A 中出现的联结词的个数 n 进行归纳证明。

奠基：当 $n = 0$ 时，A 中无联结词，便有 $A = P$，从而有 $\neg A = \neg P$，$A^{*-} = \neg P$。所以定理成立。

归纳：设 $n \leqslant k$ 时定理成立。

现证 $n = k + 1$ 时命题也成立。

因为 $n = k + 1 \geqslant 1$，A 中至少有一个联结词，可分为三种情形：

$$A = \neg A_1 \quad A = A_1 \wedge A_2 \quad A = A_1 \vee A_2$$

其中 A_1，A_2 中的联结词个数 $\leqslant k$

依归纳假设有：$\neg A_1 = A_1^{*-} \quad \neg A_2 = A_2^{*-}$

当 $A = \neg A_1$ 时，

$\neg A = \neg(\neg A_1)$

$\quad = \neg(A_1^{*-})$ 归纳假设

$\quad = (\neg A_1)^{*-}$ 定理1

$\quad = A^{*-}$

当 $A = A_1 \wedge A_2$ 时，

$\neg A = \neg(A_1 \wedge A_2)$

$\quad = \neg A_1 \vee \neg A_2$ 等值公式

$\quad = A_1^{*-} \vee A_2^{*-}$ 归纳假设

$\quad = (A_1^* \vee A_2^*)^-$ 内否的定义

$\quad = (A_1 \wedge A_2)^{*-}$ 对偶的定义

$\quad = A^{*-}$

当 $A = A_1 \vee A_2$ 时，

$\neg A = \neg(A_1 \vee A_2)$

$\quad = \neg A_1 \wedge \neg A_2$ 等值公式

$\quad = A_1^{*-} \wedge A_2^{*-}$ 归纳假设

$\quad = (A_1^* \wedge A_2^*)^-$ 内否的定义

$\quad = (A_1 \vee A_2)^{*-}$ 对偶的定义

$\quad = A^{*-}$

由数学归纳法知，定理得证。

不难证明如下定理：

定理5：A 和 A^- 既同永真又同可满足。

定理6：$A \rightarrow B$ 和 $B^* \rightarrow A^*$ 既同永真又同可满足。

          $A \leftrightarrow B$ 和 $A^* \leftrightarrow B^*$ 既同永真又同可满足。

1.3 范式及其应用

1.3.1 范式

定义1：命题变元或者命题变元的否定或由它们利用合取词组成的合式公式称为合取式。

定义2：命题变元或者命题变元的否定或由它们利用析取词组成的合式公式称为析取式。

如：P，$\neg P$，$P \wedge Q$，$\neg P \wedge Q \wedge \neg R$ 均为合取式；

    P，$\neg P$，$P \vee Q$，$\neg P \vee Q \vee \neg R$ 均为析取式。

一、解释与合取式、析取式之间的关系

定理1：任给一个成真解释有且仅有一个合取式与之对应；任给一个成假解释有且仅有一个析取式与之对应。反之亦然。

如：成真解释 $(P, Q, R) = (T, F, T)$ 对应唯一的合取式 $P \wedge \neg Q \wedge R$，

成假解释 $(P, Q, R) = (F, F, T)$ 对应唯一的析取式 $P \vee Q \vee \neg R$。

又如：合取式 $\neg P \wedge \neg Q \wedge R$ 对应唯一的成真解释为 $(P, Q, R) = (F, F, T)$，

析取式 $P \vee \neg Q \vee \neg R$ 对应唯一的成假解释为 $(P, Q, R) = (F, T, T)$。

定义 3：形如 $A_1 \vee A_2 \vee \cdots \vee A_n$ 的公式称为析取范式，其中 A_i（$i = 1, 2, \cdots, n$）为合取式。

如：P，$\neg P$，$P \wedge Q$，$P \vee Q$，$(\neg P \wedge Q) \vee (S \wedge \neg R)$ 均为析取范式。

定义 4：形如 $A_1 \wedge A_2 \wedge \cdots \wedge A_n$ 的公式称为合取范式，其中 A_i（$i = 1, 2, \cdots, n$）为析取式。

如：P，$\neg P$，$P \wedge Q$，$P \vee Q$，$(\neg P \vee Q) \wedge (S \vee \neg R)$ 均为合取范式。

定理 2：任何命题演算公式均可以化为合取范式（即析取式的合取），也可以化为析取范式（即合取式的析取）。

证明：（1）设公式 α 为永真公式。

因为任何一个永真公式 α 均与公式 $P \vee \neg P$ 逻辑等价，而 $P \vee \neg P$ 既是析取范式又是合取范式，所以公式 α 既可表示为析取范式，又可表示为合取范式。

（2）设公式 α 为永假公式。

因为任何一个永假公式 α 均与公式 $P \wedge \neg P$ 逻辑等价，而 $P \wedge \neg P$ 既是析取范式又是合取范式，所以公式 α 既可表示为析取范式，又可表示为合取范式。

（3）设公式 α 既非永真又非永假。

设公式 α 的成真解释为 $\xi_1, \xi_2, \cdots, \xi_n$，成假解释为 $\eta_1, \eta_2, \cdots, \eta_t$。

根据解释和范式的关系知：

对应于成真解释 $\xi_1, \xi_2, \cdots, \xi_n$ 的合取式为 $\alpha_1, \alpha_2, \cdots, \alpha_n$；

对应于成假解释 $\eta_1, \eta_2, \cdots, \eta_t$ 的析取式为 $\beta_1, \beta_2, \cdots, \beta_t$。

而公式 $\alpha_1 \vee \alpha_2 \vee \cdots \vee \alpha_n$ 的成真解释为 $\xi_1, \xi_2, \cdots, \xi_n$；

公式 $\beta_1 \wedge \beta_2 \wedge \cdots \wedge \beta_t$ 的成假解释为 $\eta_1, \eta_2, \cdots, \eta_t$。

根据两个公式逻辑等价的定义知

$$\alpha = \alpha_1 \vee \alpha_2 \vee \cdots \vee \alpha_n = \beta_1 \wedge \beta_2 \wedge \cdots \wedge \beta_t$$

故公式 α 既可表示为析取范式，又可表示为合取范式。

定理得证。

二、析取范式和合取范式的求解方法

1. 等价变换法

（1）利用前面介绍的等价公式消去公式中的联结词 "$\rightarrow$" 和 "$\leftrightarrow$"；

（2）重复使用等值公式，把否定词内移到命题变元上，等值公式如下：

$$\neg(P \wedge Q) = \neg P \vee \neg Q$$

$$\neg(P \vee Q) = \neg P \wedge \neg Q$$

$$\neg \neg P = P$$

（3）重复使用分配律将公式化为合取式的析取或析取式的合取，等值公式如下：

$$P \wedge (Q \vee R) = (P \wedge Q) \vee (P \wedge R)$$

$$P \vee (Q \wedge R) = (P \vee Q) \wedge (P \vee R)$$

2. 解释法

（1）求出公式的所有成真解释（成假解释）；

（2）写出所有成真（假）解释对应的合（析）取式；

（3）把所有的合（析）取式用析（合）取词联结起来就构成析（合）取范式。

例1：求公式 $\neg((P \rightarrow Q) \wedge (R \rightarrow P)) \vee \neg((R \rightarrow \neg Q) \rightarrow \neg P)$

解法一：

原式 $= \neg((\neg P \vee Q) \wedge (\neg R \vee P)) \vee \neg(\neg(\neg R \vee \neg Q) \vee \neg P)$

$\quad = (P \wedge \neg Q) \vee (R \wedge \neg P) \vee ((\neg R \vee \neg Q) \wedge P)$

$\quad = (P \wedge \neg Q) \vee (R \wedge \neg P) \vee (P \wedge \neg R) \vee (P \wedge \neg Q)$

$\quad = (P \wedge \neg Q) \vee (P \wedge \neg R) \vee (\neg P \wedge R)$（析取范式）

$\quad = (P \wedge (\neg Q \vee \neg R)) \vee (\neg P \wedge R)$

$\quad = (P \vee (\neg P \wedge R)) \wedge ((\neg Q \vee \neg R) \vee (\neg P \wedge R))$

$\quad = (P \vee \neg P) \wedge (P \vee R) \wedge (\neg P \vee \neg Q \vee \neg R) \wedge (\neg Q \vee \neg R \vee R)$

$\quad = (P \vee R) \wedge (\neg P \vee \neg Q \vee \neg R)$（合取范式）

解法二：

先求公式的所有成真解释和成假解释：

成真解释为：$(P, Q, R) = (T, F, \times), (F, \times, T), (T, \times, F)$

成假解释为：$(P, Q, R) = (T, T, T), (F, \times, F)$

由成真解释可分别求出对应的合取式：$P \wedge \neg Q, \neg P \wedge R, P \wedge \neg R$。

公式的析取范式即上面合取式的析取：$(P \wedge \neg Q) \vee (P \wedge \neg R) \vee (\neg P \wedge R)$。

由成假解释可分别求出对应的析取式：$\neg P \vee \neg Q \vee \neg R, P \vee R$。

公式的合取范式为上面析取式的合取：$(\neg P \vee \neg Q \vee \neg R) \wedge (P \vee R)$。

1.3.2　主范式

一、主析取范式

定义5：对于 n 个命题变元 $P_1, P_2, P_3, \cdots, P_n$，公式 $Q_1 \wedge Q_2 \wedge Q_3 \wedge \cdots \wedge Q_n$ 称为极小项，其中 $Q_i = P_i$ 或 $\neg P_i$（$i = 1, 2, \cdots, n$）。

注：从定义可以看出，极小项中每个 P_i（$i = 1, 2, \cdots, n$）必须出现一次，或为肯定形式或为否定形式。

由两个命题变元 P_1, P_2 组成的极小项有 4 个，它们分别由 $\neg P_1 \wedge \neg P_2$，$\neg P_1 \wedge P_2$，$P_1 \wedge \neg P_2$ 和 $P_1 \wedge P_2$ 组成。

依次类推，n 个命题变元组成的极小项有 2^n 个。例如三个命题变元 P，Q 和 R 可构造 8 个极小项。我们把命题变元的否定形式看成 0，肯定形式看成 1，则每个极小项对应一个二进制数，也对应一个十进制数。它们对应如下：

$\quad \neg P \wedge \neg Q \wedge \neg R$ 与 000 或 0 对应，简记为 m_0；

$\quad \neg P \wedge \neg Q \wedge R$ 与 001 或 1 对应，简记为 m_1；

$\quad \neg P \wedge Q \wedge \neg R$ 与 010 或 2 对应，简记为 m_2；

$\quad \neg P \wedge Q \wedge R$ 与 011 或 3 对应，简记为 m_3；

$\quad P \wedge \neg Q \wedge \neg R$ 与 100 或 4 对应，简记为 m_4；

$\quad P \wedge \neg Q \wedge R$ 与 101 或 5 对应，简记为 m_5；

$\quad P \wedge Q \wedge \neg R$ 与 110 或 6 对应，简记为 m_6；

$\quad P \wedge Q \wedge R$ 与 111 或 7 对应，简记为 m_7。

定义6：仅有极小项构成的析取范式称为主析取范式。

定理 3：任何一个合式公式，均有唯一的一个主析取范式与该合式公式等价。

由前面介绍的范式和解释的关系及主析取范式的定义可知，公式的每一个完全成真解释对应一个极小项，公式的所有完全成真解释对应的极小项的析取就为主析取范式。求一个公式的主析取范式可采用下面两种方法：

（1）根据公式的所有完全成真解释，求出与这些成真解释对应的合取式，所有合取式的析取就为公式的主析取范式。

（2）将析取范式中的每一个合取式用 $A \vee \neg A$ 填满命题变元，然后用等价公式进行变换，消去相同部分，即得公式的主析取范式。

例 2：求公式 $(P \to R) \wedge (\neg P \leftrightarrow (Q \wedge \neg R))$ 的主析取范式。

解法一：等价变换法

$$\begin{aligned}
原式 &= (\neg P \vee R) \wedge ((\neg P \wedge Q \wedge \neg R) \vee (P \wedge \neg (Q \wedge \neg R))) \\
&= (\neg P \vee R) \wedge ((\neg P \wedge Q \wedge \neg R) \vee (P \wedge (\neg Q \vee R))) \\
&= (\neg P \vee R) \wedge ((\neg P \wedge Q \wedge \neg R) \vee ((P \wedge \neg Q) \vee (P \wedge R))) \\
&= ((\neg P \vee R) \wedge (\neg P \wedge Q \wedge \neg R)) \vee ((\neg P \vee R) \wedge (P \wedge \neg Q)) \vee ((\neg P \vee R) \wedge (P \wedge R)) \\
&= ((\neg P \vee R) \wedge (\neg P \wedge Q \wedge \neg R)) \vee (P \wedge \neg Q \wedge R) \vee (P \wedge R) \\
&= (\neg P \wedge Q \wedge \neg R) \vee (P \wedge \neg Q \wedge R) \vee ((P \wedge R) \wedge (Q \vee \neg Q)) \\
&= (\neg P \wedge Q \wedge \neg R) \vee (P \wedge \neg Q \wedge R) \vee (P \wedge Q \wedge R) \wedge (P \wedge \neg Q \wedge R) \\
&= (\neg P \wedge Q \wedge \neg R) \vee (P \wedge \neg Q \wedge R) \vee (P \wedge Q \wedge R) \\
&= \sum (2, 5, 7)
\end{aligned}$$

解法二：解释法

公式的所有成真解释为：$(P, Q, R) = (F, T, F), (T, F, T), (T, T, T)$

对应于成真解释的极小项为：$\neg P \wedge Q \wedge \neg R, \ P \wedge \neg Q \wedge R, \ P \wedge Q \wedge R$

故主析取范式为：$(\neg P \wedge Q \wedge \neg R) \vee (P \wedge \neg Q \wedge R) \vee (P \wedge Q \wedge R)$

二、主合取范式

定义 7：对于 n 个命题变元 $P_1, P_2, P_3, \cdots, P_n$，公式 $Q_1 \vee Q_2 \vee Q_3 \vee \cdots \vee Q_n$ 称为极大项，其中 $Q_i = P_i$ 或 $\neg P_i$（$i = 1, 2, \cdots, n$）。

注：从定义可以看出，极大项中每个 P_i（$i = 1, 2, \cdots, n$）必须出现一次，或为肯定形式或为否定形式。

由两个命题变元 P_1, P_2 组成的极大项有四个，它们分别由 $\neg P_1 \vee \neg P_2$，$\neg P_1 \vee P_2$，$P_1 \vee \neg P_2$ 和 $P_1 \vee P_2$ 组成。

依次类推，n 个命题变元组成的极大项有 2^n 个。例如三个命题变元 P, Q 和 R 可构造 8 个极大项。我们把命题变元的否定形式看成 1，肯定形式看成 0，则每个极大项对应一个二进制数，也对应一个十进制数。它们对应如下：

$P \vee Q \vee R$ 与 000 或 0 对应，简记为 M_0；

$P \vee Q \vee \neg R$ 与 001 或 1 对应，简记为 M_1；

$P \vee \neg Q \vee R$ 与 010 或 2 对应，简记为 M_2；

$P \vee \neg Q \vee \neg R$ 与 011 或 3 对应，简记为 M_3；

$\neg P \vee Q \vee R$ 与 100 或 4 对应，简记为 M_4；

$\neg P \vee Q \vee \neg R$ 与 101 或 5 对应，简记为 M_5；

$\neg P \vee \neg Q \vee R$ 与 110 或 6 对应，简记为 M_6；

$\neg P \vee \neg Q \vee \neg R$ 与 111 或 7 对应，简记为 M_7。

定义8：仅有极大项构成的合取范式称为主合取范式。

定理4：任何一个合式公式，均有唯一的一个主合取范式与该合式公式等价。

由前面介绍的范式和解释的关系及主合取范式的定义可知，公式的每一个完全成假解释对应一个极大项，公式的所有完全成假解释对应的极大项的合取就为主合取范式。求一公式的主合取范式可采用下面两种方法：

（1）根据公式的所有完全成假解释，求出与这些成假解释对应的析取式，所有析取式的合取就为公式的主合取范式。

（2）将合取范式中的每一个析取式用 $A \wedge \neg A$ 填满命题变元，然后用等价公式进行变换，消去相同部分，即得公式的主合取范式。

例3：求公式 $(P \rightarrow R) \wedge (\neg P \leftrightarrow (Q \wedge \neg R))$ 的主合取范式。

解：

原式 $= (\neg P \vee R) \wedge ((P \vee (Q \wedge \neg R)) \wedge (\neg P \vee \neg (Q \wedge \neg R)))$

$= (\neg P \vee R) \wedge (P \vee Q) \wedge (P \vee \neg R) \wedge (\neg P \vee \neg Q \vee R)$

$= ((\neg P \vee R) \vee (Q \wedge \neg Q)) \wedge (P \vee Q) \wedge ((P \vee \neg R) \vee (Q \wedge \neg Q)) \wedge (\neg P \vee \neg Q \vee R)$

$= (\neg P \vee Q \vee R) \wedge (\neg P \vee \neg Q \vee R) \wedge (P \vee Q) \wedge (P \vee Q \vee \neg R) \wedge (P \vee \neg Q \vee \neg R) \wedge (\neg P \vee \neg Q \vee R)$

$= (\neg P \vee Q \vee R) \wedge (\neg P \vee \neg Q \vee R) \wedge (P \vee Q \vee \neg R) \wedge (P \vee \neg Q \vee \neg R) \wedge ((P \vee Q) \vee (R \wedge \neg R))$

$= (\neg P \vee Q \vee R) \wedge (\neg P \vee \neg Q \vee R) \wedge (P \vee Q \vee \neg R) \wedge (P \vee \neg Q \vee \neg R) \wedge (P \vee Q \vee R) \wedge (P \vee Q \vee \neg R)$

$= (P \vee Q \vee R) \wedge (P \vee Q \vee \neg R) \wedge (P \vee \neg Q \vee \neg R) \wedge (\neg P \vee Q \vee R) \wedge (\neg P \vee \neg Q \vee R)$

$= \prod (0, 1, 3, 4, 6)$

$= \sum (2, 5, 7)$

综上所述，可得如下结论：

（1）一个公式主合取范式和主析取范式是紧密相关的。如公式：

$$\alpha = (P \rightarrow R) \wedge (\neg P \leftrightarrow (Q \wedge \neg R)) = \prod (0,1,3,4,6)$$

则

$$\alpha = (P \rightarrow R) \wedge (\neg P \leftrightarrow (Q \wedge \neg R)) = \sum (2,5,7)$$

反之亦然。

（2）任何一个命题演算公式具有唯一的主合取范式和主析取范式，因此如果两个公式具有相同的主析取范式或主合取范式，则称两公式逻辑等价。

1.3.3 范式的应用

范式在布尔代数、数字逻辑电路等领域有广泛的应用。下面举一个例子说明范式的应用。

例4：有一个逻辑学家误入某个部落，他被拘于牢，酋长意欲放行，他对逻辑学家说："今有两门，一为自由，一为死亡，你可任意开启一门。为协助你离开，今加派两名战士负责回答你提出的任何问题。唯可虑者，此两战士中一名天性诚实，一名说谎成性，今后生死由你自己选择。"逻辑学家沉思片刻，即向战士发问。他手指向身边一名战士说："这扇门为死亡门，他（指另一名战士）回答'是'吗？"然后开门从容而去。试用真值表及范式说明理由。

解：令P：被问战士是诚实人，

$\quad Q$：被问战士回答"是"，

$\quad R$：另一战士回答"是"，

$\quad S$：这扇门是死亡门。

根据题意可得真值表如图1.9所示。

根据真值表可知析取范式为：

$S = (P \wedge \neg Q) \vee (\neg P \wedge \neg Q)$

$\quad = (P \vee \neg P) \wedge \neg Q$

$\quad = \neg Q$

因此被问战士回答"是"时，此门不是死亡门。

逻辑学家可从此门离去。

P	Q	R	S
T	T	T	F
T	F	F	T
F	T	F	F
F	F	T	T

图1.9　R和S的真值表

1.4　典型例题及解答

例1：把语句"侈而惰者贫，而俭而力者富"化为命题演算公式。

解：令P表示"你侈"，

$\quad Q$表示"你惰"，

$\quad R$表示"你贫"，

则原句译为$((P \wedge Q) \to R) \wedge ((\neg P \wedge \neg Q) \to \neg R)$。

例2：用把公式化为主范式的方法判断下面两式是否等价：

$(P \to R) \wedge (P \leftrightarrow (Q \wedge R))$，$((P \wedge R) \leftrightarrow Q) \wedge (P \to Q)$

解：

$(P \to R) \wedge (P \leftrightarrow (Q \wedge R))$

$= (\neg P \vee R) \wedge ((P \vee \neg (Q \wedge R)) \wedge (\neg P \vee (Q \wedge R)))$

$= (\neg P \vee R) \wedge (P \vee \neg Q \vee \neg R) \wedge (\neg P \vee Q) \wedge (\neg P \vee R)$

$= (\neg P \vee R) \wedge (P \vee \neg Q \vee \neg R) \wedge (\neg P \vee Q)$

$= ((\neg P \vee R) \vee (Q \wedge \neg Q)) \wedge (P \vee \neg Q \vee \neg R) \wedge ((\neg P \vee Q) \vee (R \wedge \neg R))$

$= (\neg P \vee Q \vee R) \wedge (\neg P \vee \neg Q \vee R) \wedge (P \vee \neg Q \vee \neg R) \wedge (\neg P \vee Q \vee R) \wedge (\neg P \vee Q \vee \neg R)$

$= (\neg P \vee Q \vee R) \wedge (\neg P \vee \neg Q \vee R) \wedge (P \vee \neg Q \vee \neg R) \wedge (\neg P \vee Q \vee \neg R)$

$= \prod (4, 6, 3, 5)$

$((P \wedge R) \leftrightarrow Q) \wedge (P \to Q)$

$= ((\neg (P \wedge R) \vee Q) \wedge ((P \wedge R) \vee \neg Q)) \wedge (\neg P \vee Q)$

$= (\neg P \vee Q \vee \neg R) \wedge (P \vee \neg Q) \wedge (\neg Q \vee R) \wedge (\neg P \vee Q)$

$= (\neg P \vee Q \vee \neg R) \wedge ((P \vee \neg Q) \vee (R \wedge \neg R)) \wedge ((\neg Q \vee R) \vee (P \wedge \neg P)) \wedge$

$\quad ((\neg P \vee Q) \vee (R \wedge \neg R))$

$= (\neg P \vee Q \vee \neg R) \wedge (P \vee \neg Q \vee R) \wedge (P \vee \neg Q \vee \neg R) \wedge (P \vee \neg Q \vee R) \wedge (\neg P \vee \neg Q \vee R)$

$\quad (\neg P \vee Q \vee R) \wedge (\neg P \vee Q \vee \neg R)$

$= (\neg P \vee Q \vee \neg R) \wedge (P \vee \neg Q \vee R) \wedge (P \vee \neg Q \vee \neg R) \wedge (\neg P \vee \neg Q \vee R) \wedge (\neg P \vee Q \vee R)$

$= \prod (5, 2, 3, 6, 4)$

显然，两个公式的主合取范式不相等，故两公式不等价。

习 题 一

1.1 判断下列语句是否为命题，若是，则请翻译为符号公式；若不是，则说明理由。

(1) 请给我一支笔!

(2) 火星上有生物。

(3) $X + Y = 8$。

(4) 只有努力工作，方能把事情做好。

(5) 如果嫦娥是虚构的，而圣诞老人也是虚构的，那么许多孩子受骗了。

(6) 3 是素数或 4 是素数。

(7) 2046 年 1 月 1 日是个晴天。

(8) 微信是一种智能手机应用程序。

(9) 如果淡水资源耗尽，则人类就会灭亡。

(10) 2 既是素数又是偶数。

(11) 计算机病毒是一种程序。

(12) 2 为素数当且仅当 3 为素数。

(13) MARY 出生在英国或法国。

(14) TOM 和 JOHN 是兄弟。

(15) JAVA 和 PASCAL 都是高级程序设计语言。

(16) 如果 $2 + 2 = 5$，则雪不是白的。

(17) TCP 和 HTTP 并非都是传输控制协议。

(18) 如果 TOM 和 JOHN 都不喜欢微信，那么 MARY 就喜欢微信。

(19) 如果今天不下雨或下雪，我就去运动，否则我就在家里看书或看报。

(20) 微博是一种网络应用服务；TOM 经常浏览微博。

1.2 根据合适公式的定义，判定下列式子是否为合适公式，若不是，则说明理由。

(1) $(P \wedge Q) \rightarrow R$

(2) $((((P \wedge Q) \rightarrow R) \wedge P)$

(3) $(P \wedge Q) \rightarrow (R \wedge P)$

(4) $((\neg \neg P \wedge Q) \rightarrow ((Q \rightarrow \neg R) \leftrightarrow P))$

(5) $(\neg (P \rightarrow Q) \wedge ((Q \leftrightarrow \neg R) \vee P))$

1.3 试判定下列公式的永真性和可满足性：

(1) $(P \leftrightarrow Q) \rightarrow (\neg P \wedge \neg (Q \rightarrow \neg R))$

(2) $\neg (P \rightarrow Q) \wedge ((Q \leftrightarrow \neg R) \vee \neg P)$

(3) $(\neg \neg P \wedge Q) \rightarrow ((Q \rightarrow \neg R) \leftrightarrow P)$

(4) $(\neg \neg P \rightarrow Q) \rightarrow ((Q \wedge R) \leftrightarrow \neg P)$

(5) $(\neg P \vee Q) \rightarrow ((Q \vee R) \leftrightarrow P)$

1.4 试求下列公式的成真解释和成假解释：

(1) $\neg ((P \rightarrow Q) \rightarrow R) \leftrightarrow (Q \vee R)$

(2) $\neg (P \rightarrow Q) \wedge ((Q \leftrightarrow R) \vee P)$

(3) $(\neg\neg P \wedge Q) \rightarrow ((Q \rightarrow R) \leftrightarrow \neg P)$

(4) $(\neg\neg P \rightarrow \neg Q) \wedge (Q \vee (\neg R \wedge P))$

(5) $\neg (P \rightarrow Q) \wedge ((Q \leftrightarrow \neg R) \vee \neg P)$

1.5　试写出下列公式的对偶式和内否式：

(1) $(\neg P \wedge Q) \rightarrow ((Q \vee \neg R) \wedge P)$

(2) $(P \rightarrow \neg Q) \wedge ((Q \vee R) \wedge \neg P)$

(3) $\neg (P \rightarrow Q) \wedge ((Q \leftrightarrow \neg R) \vee \neg P)$

(4) $(\neg P \rightarrow Q) \vee ((Q \rightarrow \neg R) \vee \neg P)$

(5) $(\neg P \vee Q) \rightarrow ((Q \vee R) \leftrightarrow P)$

1.6　试证明联结词集合 $\{\neg, \rightarrow\}$ 是完备的。

1.7　试证明联结词集合 $\{\wedge\}$，$\{\rightarrow\}$ 不是完备的。

1.8　试求下列公式的析取范式和合取范式：

(1) $(\neg P \vee Q) \rightarrow (P \leftrightarrow \neg Q)$

(2) $(P \rightarrow (Q \rightarrow \neg R)) \rightarrow (R \rightarrow (Q \rightarrow P))$

(3) $\neg (P \rightarrow Q) \wedge ((Q \rightarrow \neg R) \vee \neg P)$

(4) $(P \leftrightarrow Q) \rightarrow (\neg P \wedge \neg (Q \rightarrow \neg R))$

(5) $(\neg P \vee Q) \rightarrow ((Q \vee R) \leftrightarrow P)$

1.9　试求下列公式的主析取范式和主合取范式：

(1) $(\neg P \rightarrow R) \rightarrow (\neg P \leftrightarrow (\neg Q \wedge R))$

(2) $(\neg\neg P \wedge Q) \rightarrow ((Q \rightarrow R) \leftrightarrow \neg P)$

(3) $(P \rightarrow \neg Q) \vee R$

(4) $P \rightarrow (P \wedge (Q \rightarrow P))$

(5) $(\neg P \rightarrow Q) \vee ((Q \rightarrow \neg R) \vee \neg P)$

1.10　用把公式化为主范式的方法判断下列各题中两式是否等价：

(1) $(P \rightarrow Q) \rightarrow (P \wedge Q)$，$(\neg P \wedge Q) \wedge (Q \rightarrow P)$

(2) $(P \rightarrow R) \wedge (Q \rightarrow R)$，$(P \vee Q) \rightarrow R$

第 2 章

命题演算的推理理论

数理逻辑是研究推理特别是数学中推理的科学，具体地讲是研究推理过程中前提和结论间的形式关系，而不考虑它们的内容。如下面的三段论：

如果 $1 + 1 = 3$，则雪是黑的；

$1 + 1 = 3$；

雪是黑的。

引入符号，令 P 表示"$1 + 1 = 3$"，Q 表示"雪是黑的"，便可把上面的推理关系用蕴含式

$$((P \rightarrow Q) \wedge P) \rightarrow Q$$

来表示。

也可表示为：

$P \rightarrow Q$	大前提
P	小前提
Q	结论

又如：如果今天下雨，则运动会将推迟举行；

今天下雨；

运动会将推迟举行。

引入符号，令 S 表示"今天下雨"，R 表示"运动会将推迟举行"，上面的推理关系用蕴含式形式化表示为：

$$((S \rightarrow R) \wedge S) \rightarrow R$$

从上面例子可以看出，两者具有相同的逻辑形式，即

$$((A \rightarrow B) \wedge A) \rightarrow B$$

这种蕴含式就是一种推理形式，说明如果 $A \rightarrow B$ 为真且 A 为真，就可推出 B 为真。此时 A，B 表示任意命题，从而上述推理形式代表一类推理关系。

数理逻辑仅讨论类似这样的形式公式，而不讨论它们的具体内容。

2.1　命题演算的公理系统

命题演算的永真公式的公理系统就是给出若干条永真公式（称为公理），再给出若干条

由永真公式推出永真公式的推理规则，由它们出发推出一切永真公式的系统。

本书给出若干条公理和规则构成一简单的公理系统来进行推理，使读者了解公理系统的构成规则和推理形式，以便培养读者构造公理系统及利用该公理系统进行推理的能力。

2.1.1 公理系统的组成部分

一、语法部分

1. 基本符号

公理系统所允许出现的全体符号的集合。

命题变元：P，Q，R 等字母表示命题变元。

联结词：$\neg$，$\wedge$，$\vee$，$\rightarrow$，$\leftrightarrow$ 是联结词。

括号：（ ）是括号。

推出符：$\vdash$ 是推出符。

合式公式：

（1）任何命题变元均是公式；

（2）如果 P 为公式，则 $\neg P$ 为公式；

（3）如果 P，Q 为公式，则 $(P \vee Q)$，$(P \wedge Q)$，$(P \rightarrow Q)$，$(P \leftrightarrow Q)$ 为公式；

（4）由且仅由经过有限次使用（1）、（2）、（3）所组成的符号串才是公式。

2. 公理

公理 1：$P \rightarrow P$

公理 2：$(P \rightarrow (Q \rightarrow R)) \rightarrow (Q \rightarrow (P \rightarrow R))$

公理 3：$(P \rightarrow Q) \rightarrow ((Q \rightarrow R) \rightarrow (P \rightarrow R))$

公理 4：$(P \rightarrow (P \rightarrow Q)) \rightarrow (P \rightarrow Q)$

公理 5：$(P \leftrightarrow Q) \rightarrow (P \rightarrow Q)$

公理 6：$(P \leftrightarrow Q) \rightarrow (Q \rightarrow P)$

公理 7：$(P \rightarrow Q) \rightarrow ((Q \rightarrow P) \rightarrow (P \leftrightarrow Q))$

公理 8：$(P \wedge Q) \rightarrow P$

公理 9：$(P \wedge Q) \rightarrow Q$

公理 10：$P \rightarrow (Q \rightarrow (P \wedge Q))$

公理 11：$P \rightarrow (P \vee Q)$

公理 12：$Q \rightarrow (P \vee Q)$

公理 13：$(P \rightarrow R) \rightarrow ((Q \rightarrow R) \rightarrow ((P \vee Q) \rightarrow R))$

公理 14：$(P \rightarrow \neg Q) \rightarrow (Q \rightarrow \neg P)$

公理 15：$\neg \neg P \rightarrow P$

3. 规则

（1）代入规则：将公式 α 中出现的某一符号 B 每处均代以某一公式 C，所得到的公式 D 称为 C 对 α 的代入。

（2）分离规则：如果 $A \rightarrow B$ 且 A，则 B。

4. 定理

（1）公理是定理；

（2）由公理出发利用分离规则和代入规则推出来的公式为定理。

二、语义部分

（1）公理是永真公式；

（2）规则规定如何从永真公式推出永真公式。分离规则指明，如果 $A \to B$ 且 A 永真，则 B 也为永真公式；

（3）代入规则指明如果 α 为永真公式，则某一个公式正确代入公式 α 后所得的公式也为永真公式；

（4）定理为永真公式，它们是从公理出发利用分离规则和代入规则推出来的公式。

2.1.2 公理系统的推理过程

本节举一些例子来说明定理的推理过程，且在证明过程中，随时引入一些可引用的定理，以便简化定理的证明。

定理1：$P \to \neg\neg P$

证明：（1）$(P \to \neg Q) \to (Q \to \neg P)$ 　　　　　　　　　　　　　　　公理14

（2）$(\neg P \to \neg P) \to (P \to \neg\neg P)$ 　　　　　　　P 用 $\neg P$，Q 用 P 代入

（3）$P \to P$ 　　　　　　　　　　　　　　　　　　　　　　　　公理1

（4）$\neg P \to \neg P$ 　　　　　　　　　　　　　　　　　　P 用 $\neg P$ 代入

（5）$P \to \neg\neg P$ 　　　　　　　　　　　　　　　　　　　分（2）（4）

定理2：$(P \to Q) \to ((R \to P) \to (R \to Q))$

证明：（1）$(P \to Q) \to ((Q \to R) \to (P \to R))$ 　　　　　　　　　　公理3

（2）$(R \to P) \to ((P \to Q) \to (R \to Q))$ 　　P 用 R，Q 用 P，R 用 Q 代入

（3）$(P \to (Q \to R)) \to (Q \to (P \to R))$ 　　　　　　　　　　　公理2

（4）$((R \to P) \to ((P \to Q) \to (R \to Q))) \to ((P \to Q) \to ((R \to P) \to (R \to Q)))$

　　　　　　　　　　　　　　　　　　P 用 $R \to P$，Q 用 $P \to Q$，R 用 $R \to Q$ 代入

（5）$(P \to Q) \to ((R \to P) \to (R \to Q))$ 　　　　　　　　　　　分（4）（2）

定理3：$(P \to Q) \to (\neg Q \to \neg P)$

证明：（1）$P \to \neg\neg P$ 　　　　　　　　　　　　　　　　　　　　定理1

（2）$Q \to \neg\neg Q$ 　　　　　　　　　　　　　　　　　　　P 用 Q 代入

（3）$(P \to \neg Q) \to (Q \to \neg P)$ 　　　　　　　　　　　　　　公理14

（4）$(P \to \neg\neg Q) \to (\neg Q \to \neg P)$ 　　　　　　　　　　Q 用 $\neg Q$ 代入

（5）$(P \to Q) \to ((R \to P) \to (R \to Q))$ 　　　　　　　　　　定理2

（6）$(Q \to \neg\neg Q) \to ((P \to Q) \to (P \to \neg\neg Q))$

　　　　　　　　　　　　　　　（5）式中 P 用 Q，Q 用 $\neg\neg Q$，R 用 P 代入

（7）$(P \to Q) \to (P \to \neg\neg Q)$ 　　　　　　　　　　　　　分（6）（2）

（8）$(P \to Q) \to ((Q \to R) \to (P \to R))$ 　　　　　　　　　　公理3

（9）$((P \to Q) \to (P \to \neg\neg Q)) \to (((P \to \neg\neg Q) \to (\neg Q \to \neg P)) \to ((P \to Q) \to (\neg Q \to \neg P)))$

　　　　　　　　　　　　　　（8）式中 P 用 $P \to Q$，Q 用 $P \to \neg\neg Q$，R 用 $\neg Q \to \neg P$ 代入

（10）$((P \to \neg\neg Q) \to (\neg Q \to \neg P)) \to ((P \to Q) \to (\neg Q \to \neg P))$

$$分 (9)(7)$$

$(11)\ (P{\rightarrow}Q){\rightarrow}({\neg}\,Q{\rightarrow}{\neg}\,P)$ 分（10）（4）

定理 4： $P{\rightarrow}((P{\rightarrow}Q){\rightarrow}Q)$

证明：（1） $P{\rightarrow}P$ 公理 1

（2） $(P{\rightarrow}Q){\rightarrow}(P{\rightarrow}Q)$ P 用 $P{\rightarrow}Q$ 代入

（3） $(P{\rightarrow}(Q{\rightarrow}R)){\rightarrow}(Q{\rightarrow}(P{\rightarrow}R))$ 公理 2

（4） $((P{\rightarrow}Q){\rightarrow}(P{\rightarrow}Q)){\rightarrow}(P{\rightarrow}((P{\rightarrow}Q){\rightarrow}Q))$

P 用 $P{\rightarrow}Q$，Q 用 P，R 用 Q 代入

（5） $P{\rightarrow}((P{\rightarrow}Q){\rightarrow}Q)$ 分（4）（2）

例： 已知公理：

A： $P{\rightarrow}(Q{\rightarrow}P)$

B： $(P{\rightarrow}(Q{\rightarrow}R)){\rightarrow}((P{\rightarrow}Q){\rightarrow}(P{\rightarrow}R))$

C： $(P{\rightarrow}(Q{\rightarrow}P)){\rightarrow}(Q{\rightarrow}(P{\rightarrow}R))$

D： $P{\rightarrow}(P{\vee}Q)$

E： $(P{\vee}Q){\rightarrow}(Q{\vee}P)$

及分离规则和代入规则，证明公式 $(R{\wedge}{\neg}\,R){\vee}(P{\rightarrow}P)$ 为定理。

证明：（1） $P{\rightarrow}(Q{\rightarrow}P)$ 公理 A

（2） $(P{\rightarrow}(Q{\rightarrow}R)){\rightarrow}((P{\rightarrow}Q){\rightarrow}(P{\rightarrow}R))$ 公理 B

（3） $(P{\rightarrow}(Q{\rightarrow}P)){\rightarrow}((P{\rightarrow}Q){\rightarrow}(P{\rightarrow}P))$ R 用 P 代入

（4） $(P{\rightarrow}Q){\rightarrow}(P{\rightarrow}P)$ 分（3）（1）

（5） $(P{\rightarrow}(Q{\rightarrow}P)){\rightarrow}(P{\rightarrow}P)$ （4）式中 Q 用 $Q{\rightarrow}P$ 代入

（6） $P{\rightarrow}P$ 分（5）（1）

（7） $P{\rightarrow}(P{\vee}Q)$ 公理 D

（8） $(P{\rightarrow}P){\rightarrow}((P{\rightarrow}P){\vee}(R{\wedge}{\neg}\,R))$

P 用 $P{\rightarrow}P$，Q 用 $R{\wedge}{\neg}R$ 代入

（9） $(P{\rightarrow}P){\vee}(R{\wedge}{\neg}\,R)$ 分（8）（6）

（10） $(P{\vee}Q){\rightarrow}(Q{\vee}P)$ 公理 E

（11） $((P{\rightarrow}P){\vee}(R{\wedge}{\neg}\,R)){\rightarrow}((R{\wedge}{\neg}\,R){\vee}(P{\rightarrow}P))$

P 用 $P{\rightarrow}P$，Q 用 $R{\wedge}{\neg}R$ 代入

（12） $(R{\wedge}{\neg}\,R){\vee}(P{\rightarrow}P)$ 分（11）（9）

2.2 若干重要的导出规则

2.2.1 关于分离规则的讨论

本公理系统中我们只引入一条分离规则，即日常推理中我们常说的三段论（大前提、小前提和结论）。虽说分离规则对推理本身而言已足够，但对于以后的推导是不够方便的。为了推导方便起见，我们将从分离规则出发，引入一些导出规则。

假设已证明了定理 $\alpha\to\beta$，编号为（a），又证明了定理 α，编号为（b），由此可得 β，编号为（c），记为分（a）（b）=（c）。β 可以看作对（a）和（b）实施分离规则的结果。换个角度来说，我们也可将 β 看作对"（b）"实施"分（a）"规则的结果，即

$$\text{分（a）规则：} \quad \alpha\vdash\beta$$

也就是说，每给一条定理（a）：$\alpha\to\beta$，我们就有一条相应的分（a）规则 $\alpha\vdash\beta$。即由（a）的前件 α 可得出（a）的后件 β。

同理，假设我们证明了一条定理 $\alpha\to(\beta\to\gamma)$，编号为（a），又有定理（b）：$\alpha$ 和定理（c）：β，由它们利用分离规则可得 γ。其推理过程如下：

$$\text{分（a）（b）}=\text{（d）}\qquad \beta\to\gamma$$
$$\text{分（d）（c）}=\text{（e）}\qquad \gamma$$

将（d）式代入得

$$\text{分分（a）（b）（c）}=\text{（e）}$$

这里我们既可以把 γ 看作两次实施分离规则的结果，第一次是对（a）和（b）实施分离规则，第二次是对（d）和（c）实施分离规则，但也可将其看作对（b）和（c）实施"分分（a）"规则的结果，即

$$\text{分分（a）规则：} \quad \alpha,\beta\vdash\gamma$$

故由（a）的两个前件 α 和 β，可以得出（a）的后件 γ。

依次类推，如果有定理（a）：$\alpha\to(\beta\to(\gamma\to\delta))$，我们就有如下规则：

$$\text{分（a）规则：} \alpha\vdash\beta\to(\gamma\to\delta)$$
$$\text{分分（a）规则：} \alpha,\beta\vdash\gamma\to\delta$$
$$\text{分分分（a）规则：} \alpha,\beta,\gamma\vdash\delta$$

2.2.2 关于公理和定理的导出规则

分2：$P\to(Q\to R)\vdash Q\to(P\to R)$ 调头规则

分分3：$P\to Q,\ Q\to R\vdash P\to R$ 传递规则

分分7：$P\to Q,\ Q\to P\vdash P\leftrightarrow Q$ 充要规则

分分10：$P,\ Q\vdash P\wedge Q$ 合取规则

分分13：$P\to R,\ Q\to R\vdash(P\vee Q)\to R$ 析取规则

分14：$P\to\neg Q\vdash Q\to\neg P$ 逆否规则

对于定理3：$(P\to Q)\to(\neg Q\to\neg P)$，我们可引入导出规则：

分定理3：$P\to Q\vdash\neg Q\to\neg P$ 拒取规则

对于定理2：$(P\to Q)\to((R\to P)\to(R\to Q))$，我们可引入导出规则：

分定理2：$P\to Q\vdash(R\to P)\to(R\to Q)$ 加头规则

利用相关导出规则可以简化定理的证明过程，下面是一个具体的例子。

例：$(\neg P\to Q)\to(\neg Q\to P)$

证明：

（1）$(P\to\neg Q)\to(Q\to\neg P)$ 公理14

（2）$(\neg P\to\neg\neg Q)\to(\neg Q\to\neg\neg P)$ （1）式中 P 用 $\neg P$，Q 用 $\neg Q$ 代入

（3）$P\to\neg\neg P$ 定理1

(4)　$Q \rightarrow \neg \neg Q$ 　　　　　　　　　　　　　　（3）式中 P 用 Q 代入

(5)　$(\neg P \rightarrow Q) \rightarrow (\neg P \rightarrow \neg \neg Q)$ 　　　　　　加头规则（4）

(6)　$(\neg P \rightarrow Q) \rightarrow (\neg Q \rightarrow \neg \neg P)$ 　　　　　传递规则（5）（2）

(7)　$\neg \neg P \rightarrow P$ 　　　　　　　　　　　　　　　公理 15

(8)　$(\neg Q \rightarrow \neg \neg P) \rightarrow (\neg Q \rightarrow P)$ 　　　　　加头规则（7）

(9)　$(\neg P \rightarrow Q) \rightarrow (\neg Q \rightarrow P)$ 　　　　　传递规则（6）（8）

替换定理：如果 $\varphi(\alpha)$ 是一个含有公式 α 的公式，$\varphi(\beta)$ 是把 $\varphi(\alpha)$ 中的若干个 α 替换成 β 的结果，则 $(\alpha \leftrightarrow \beta) \rightarrow (\varphi(\alpha) \leftrightarrow \varphi(\beta))$。

此定理的证明较为复杂，有兴趣的同学可以参见相关书籍。

有了替换定理后，在定理的证明过程中就可采用如下替换规则：

$$(\alpha \leftrightarrow \beta) \vdash \varphi(\alpha) \leftrightarrow \varphi(\beta)$$

2.3　命题演算的假设推理系统

上面我们介绍了命题演算的永真的公理系统，但从定理的证明过程来看，要找一个公式的永真的证明过程往往较复杂，为此我们引入新的证明过程，称之为假设推理系统。由于它的推理形式类似于日常生活中的推理形式，因此也称之为自然推理系统。

2.3.1　假设推理系统的组成

一、扩充的推理规则

（1）设有如下的推理规则：

若 R：A_1，A_2，$\cdots$，$A_n \vdash A$，则称 A 是由 A_1，A_2，$\cdots$，A_n 实施规则 R 而得。实际上，它是分离规则 $A \rightarrow B$，$A \vdash B$ 的推广。

设 $\Gamma = A_1$，A_2，$\cdots$，A_n，则上述规则记为 $\Gamma \vdash A$。其中 Γ 为形式前提，A 为形式结论。

（2）肯定前提律：A_1，A_2，$\cdots$，$A_n \vdash A_i$（$i = 1$，2，$\cdots$，n），即前提中的任何命题均可作为结论。

二、假设推理过程

定义：如果能够做出一系列合式公式序列 A_1，A_2，$\cdots$，A_n，它们满足下列性质：

（1）诸 A_i 或为公理之一；

（2）或为公式 γ_1，γ_2，$\cdots$，γ_k 之一，每个 γ_i 称为假设；

（3）或由前面的若干个 A_g，A_h 利用分离规则而得；

（4）$A_n = B$，

则称这个公式序列 A_1，A_2，$\cdots$，A_n 为由公式 γ_1，γ_2，γ_3，$\cdots$，γ_k 证明 B 的证明过程。把它记为：

$$\gamma_1，\gamma_2，\cdots，\gamma_k \vdash B$$

注意，定义中的假设 γ_1，γ_2，$\cdots$，γ_k 只能理解为其本身，而不能代入。

三、推理定理

如果 Γ，$A \vdash B$，则 $\Gamma \vdash A \rightarrow B$（其中 $\Gamma = A_1$，A_2，$\cdots$，A_n），也可表示为：如果 A_1，

A_2，$\cdots$，A_n，$A \vdash B$，则 A_1，A_2，$\cdots$，$A_n \vdash A \rightarrow B$。依次类推可得定理：

$$\vdash A_1 \rightarrow (A_2 \rightarrow (\cdots \rightarrow (A_n \rightarrow (A \rightarrow B))) \cdots)$$

四、反证律

如果 Γ，$\neg A \vdash B$，Γ，$\neg A \vdash \neg B$，则 $\Gamma \vdash A$。

此定理称为反证法推理定理。

其他公理、规则同前节。

五、假设推理证明定理的方法

（1）把待证公式的前件一一列出，作为假设（或把待证公式的后件的否定作为假设），并在式子后注明为假设。

（2）按上述介绍的推理方法进行推理，但此时不能对假设实施代入规则。

（3）当推导出待证公式的后件时（或推导出矛盾时）就说证明了该定理。括号中的方法称为反证法。

2.3.2　假设推理系统的推理过程

例1：$(P \rightarrow (Q \rightarrow R)) \rightarrow ((P \wedge Q) \rightarrow R)$

证明：（1）$P \rightarrow (Q \rightarrow R)$　　　　　　　　　　　　　　　　假设

（2）$P \wedge Q$　　　　　　　　　　　　　　　　　　　假设

（3）$(P \wedge Q) \rightarrow P$　　　　　　　　　　　　　　　公理8

（4）$(P \wedge Q) \rightarrow Q$　　　　　　　　　　　　　　　公理9

（5）P　　　　　　　　　　　　　　　　　　　　分（3）（2）

（6）Q　　　　　　　　　　　　　　　　　　　　分（4）（2）

（7）$Q \rightarrow R$　　　　　　　　　　　　　　　　　　分（1）（5）

（8）R　　　　　　　　　　　　　　　　　　　　分（7）（6）

由假设推理过程的定义知：

$$P \rightarrow (Q \rightarrow R)，P \wedge Q \vdash R$$

由推理定理得

$$(P \rightarrow (Q \rightarrow R)) \rightarrow ((P \wedge Q) \rightarrow R)$$

例2：$((P \vee Q) \rightarrow (R \wedge S)) \rightarrow (((S \vee W) \rightarrow U) \rightarrow (P \rightarrow U))$

证明：（1）$(P \vee Q) \rightarrow (R \wedge S)$　　　　　　　　　　　　假设

（2）$(S \vee W) \rightarrow U$　　　　　　　　　　　　　　假设

（3）P　　　　　　　　　　　　　　　　　　　　假设

（4）$P \rightarrow (P \vee Q)$　　　　　　　　　　　　　　公理11

（5）$P \vee Q$　　　　　　　　　　　　　　　　　分（4）（3）

（6）$R \wedge S$　　　　　　　　　　　　　　　　　分（1）（5）

（7）$(P \wedge Q) \rightarrow Q$　　　　　　　　　　　　　　公理9

（8）$(R \wedge S) \rightarrow S$　　　　　　　　　　　　（7）式中 P 用 R，Q 用 S 代入

（9）S　　　　　　　　　　　　　　　　　　　　分（8）（6）

（10）$S \rightarrow (S \vee W)$　　　　　　　　　　　（4）式中 P 用 S，Q 用 W 代入

（11）$S \vee W$　　　　　　　　　　　　　　　　分（10）（9）

（12） U	分（2）（11）

由假设推理过程的定义知

$$(P \lor Q) \to (R \land S), \ (S \lor W) \to U, \ P \vdash U$$

由推理定理知

$$((P \lor Q) \to (R \land S)) \to (((S \lor W) \to U) \to (P \to U))$$

例3：$(\neg P \to P) \to P$

证明：

（1） $\neg P \to P$	假设
（2） $\neg P$	假设，后件的否定
（3） P	分（1）（2）

由反证法得：

$$(\neg P \to P) \vdash P$$

由推理定理得

$$(\neg P \to P) \to P$$

例4：用假设推理系统构造下面推理的证明：

如果今天是星期天，IT 兴趣小组就到中山陵或明孝陵去玩；如果中山陵游玩的人太多，IT 兴趣小组就不去中山陵玩；今天是星期天；中山陵游玩的人太多；所以 IT 兴趣小组去明孝陵玩。

证明：设

P：今天是星期天；

Q：IT 兴趣小组去中山陵玩；

R：IT 兴趣小组去明孝陵玩；

S：中山陵人太多；

前提：$P \to (Q \lor R)$，$S \to \neg Q$，P，S

结论：R

（1） $P \to (Q \lor R)$	假设
（2） $S \to \neg Q$	假设
（3） P	假设
（4） S	假设
（5） $Q \lor R$	分（1）（3）
（6） $\neg Q$	分（2）（4）
（7） $\neg Q \to R$	替换（5）
（8） R	分（7）（6）

2.3.3 额外假设推理法

一、附加前提证明法

设推理的形式具有如下结构

$$(A_1 \land A_2 \land \cdots \land A_n) \to (A \to B)$$

其结论也为蕴含式。此时可将结论的前件也作为推理的额外假设，如能推出结论 B，我们就说证明了该公式。此方法的正确性可由前面的推理定理说明之。

例5：用假设推理系统构造成下面推理的证明：

前提：$P \to (\neg R \to \neg Q)$，$R \to \neg S$，$S$

结论：$P \to \neg Q$

证明：

(1) $P \to (\neg R \to \neg Q)$ 假设

(2) $R \to \neg S$ 假设

(3) S 假设

(4) P 额外假设

(5) $(P \to \neg Q) \to (Q \to \neg P)$ 公理14

(6) $(R \to \neg S) \to (S \to \neg R)$ (4) 中 P 用 R，Q 用 S 代入

(7) $S \to \neg R$ 分 (6) (2)

(8) $\neg R$ 分 (7) (3)

(9) $\neg R \to \neg Q$ 分 (1) (4)

(10) $\neg Q$ 分 (9) (8)

二、半反证法

在推理过程中除了把待证公式的前件作为假设外，若待证公式的后件是一个析取式 $\beta \vee \gamma$，此时把析取式的其中一个析取项的否定作为额外假设，如能推出另外一个析取项，我们就证明了该公式。形式描述如下：

若 A_1，A_2，$\cdots$，A_n，$\neg \beta \vdash \gamma$，则 A_1，A_2，$\cdots$，$A_n \vdash \beta \vee \gamma$。

例6：

前提：$(P \wedge Q) \to R$，$S \to P$，$P \to Q$

结论：$\neg S \vee R$

证明：

(1) $(P \wedge Q) \to R$ 假设

(2) $S \to P$ 假设

(3) $P \to Q$ 假设

(4) $\neg \neg S$ 额外假设

(5) $\neg \neg P \to P$ 公理15

(6) $\neg \neg S \to S$ (5) 式中 P 用 S 代入

(7) S 分 (6) (4)

(8) P 分 (2) (7)

(9) Q 分 (3) (8)

(10) $P \wedge Q$ 合取 (8) (9)

(11) R 分 (1) (10)

由半反证法知

$(P \wedge Q) \to R$，$S \to P$，$P \to Q \vdash \neg S \vee R$

三、穷举法

如果在推理过程中，或在假设中出现析取式 $\beta \vee \gamma$，此时分别引入额外假设 β 和 γ，若能分别推出待证公式的后件，我们就说证明了该公式。形式描述如下：

若 A_1，A_2，$\cdots$，A_n，$\beta \vdash B$ 和 A_1，A_2，$\cdots$，A_n，$\gamma \vdash B$，则 A_1，A_2，$\cdots$，A_n，$\beta \vee \gamma \vdash B$。

例 7

前提：$P \to Q$，$P \vee R$

结论：$Q \vee R$

证明：

（1） $P \to Q$		假设
（2） $P \vee R$		假设
（3） P		（2）额外假设
（4） Q		分（1）（3）
（5） $P \to (P \vee Q)$		公理 11
（6） $Q \to (Q \vee R)$		（5）中 P 用 Q，Q 用 R 代入
（7） $Q \vee R$		分（6）（4）
（8） R		（2）额外假设
		后续推理不能使用（3）至（7）
（9） $Q \to (P \vee Q)$		公理 12
（10） $R \to (Q \vee R)$		（9）中 P 用 Q，Q 用 R 代入
（11） $Q \vee R$		分（10）（8）

由穷举法知

$P \to Q$，$P \vee R \vdash Q \vee R$

2.4 命题演算的归结推理法

归结推理法是机器证明的一个重要方法，它是仅有一条推理规则（称为归结规则）的机械推理法，从而便于计算机程序实现。下面先介绍归结推理证明过程。

2.4.1 归结证明过程

要证明公式 $A \to B$（其中 A 和 B 为子公式）为定理，实际上是证明 $\neg(A \to B) = A \wedge \neg B$ 为矛盾式。归结法就是从公式 $A \wedge \neg B$ 出发对子句进行归结。

一、建立子句集

（1）将上述方法所得公式 $A \wedge \neg B$ 化为合取范式；

（2）把合取范式的所有析取式构成一个集合即子句集。

如要证明公式 $((P \to Q) \wedge P) \to Q$，只要证明公式 $((P \to Q) \wedge P) \wedge \neg Q$ 为矛盾式。

根据（1）得合取范式：

$$(\neg P \vee Q) \wedge P \wedge \neg Q$$

根据（2）建立子句集：

$$S = \{\neg P \vee Q, P, \neg Q\}$$

二、对子句集 S 的归结

设有两个子句 $P_1 \vee P_2 \vee \cdots \vee P_n$ 和 $\neg P_1 \vee Q_2 \vee \cdots \vee Q_m$，注意到这两个子句，其中一个含有

命题变元的肯定形式，另一个含有该变元的否定，由这两个子句就可以推出一个新子句，该子句称为这两个子句归结式。此归结式是由两个子句析取然后消去互补对 P_1 和 $\neg P_1$ 而得，即 $P_2 \vee \cdots \vee P_n \vee Q_2 \vee Q_3 \vee Q_m$，并将此归结式加入子句集中进行新的归结。

下面给出若干重要的归结规则：

父辈子句	归结式	说明
P 和 $\neg P \vee Q$	Q	三段论
$P \vee Q$ 和 $\neg P \vee Q$	Q	子句合并成 Q
$P \vee Q$ 和 $\neg P \vee \neg Q$	$\neg P \vee P$ 或 $\neg Q \vee Q$	两个可能的子句均为重言式
$\neg P$ 和 P	$\square$	空子句，归结结束
$P \vee Q$ 和 $\neg Q \vee \neg R$	$P \vee \neg R$	一般归结

三、归结证明

依上述归结规则进行归结，直至归结出空子句（用"$\square$"表示），则证明原公式为定理，否则不为定理。

2.4.2 归结证明举例

例1：$(P \to \neg Q) \to ((\neg R \vee Q) \to ((R \wedge \neg S) \to \neg P))$

证明：先将 $(P \to \neg Q) \wedge \neg ((\neg R \vee Q) \to ((R \wedge \neg S) \to \neg P))$ 化为合取范式得

$$(\neg P \vee \neg Q) \wedge (\neg R \vee Q) \wedge R \wedge \neg S \wedge P$$

建立子句集

$$\{\neg P \vee \neg Q, \neg R \vee Q, R, \neg S, P\}$$

归结过程为：

(1) $\neg P \vee \neg Q$

(2) $\neg R \vee Q$

(3) R

(4) $\neg S$

(5) P

(6) Q　　　　　　　　　　　　　　　　　　　　　　（2）（3）归结

(7) $\neg P$　　　　　　　　　　　　　　　　　　　　（1）（5）归结

(8) $\square$　　　　　　　　　　　　　　　　　　　　（7）（5）归结

例2：$\neg P \vee R, \neg Q \vee S, P \wedge Q \vdash W \to (R \wedge S)$

证明：先将 $(\neg P \vee R) \wedge (\neg Q \vee S) \wedge P \wedge Q \wedge \neg (W \to (R \wedge S))$ 化为合取范式得

$$(\neg P \vee R) \wedge (\neg Q \vee S) \wedge P \wedge Q \wedge W \wedge (\neg R \vee \neg S)$$

建立子句集 $\{\neg P \vee R, \neg Q \vee S, P, Q, W, \neg R \vee \neg S\}$

归结过程为

(1) $\neg P \vee R$

(2) $\neg Q \vee S$

(3) P

(4) Q

(5) W

(6) $\neg R \vee \neg S$

(7) R (1)(3) 归结

(8) $\neg S$ (7)(6) 归结

(9) $\neg Q$ (2)(8) 归结

(10) □   (4)(9) 归结

例 3：用归结原理证明下列推理的正确性。

如果 TOM 去北京工作，那么 MARY 或 JOHN 感到高兴；如果 MARY 感到高兴，则 TOM 不去北京工作；如果 MARK 高兴，则 JOHN 不高兴。所以如果 TOM 去北京，则 MARK 不高兴。

解：设 P 表示"TOM 去北京工作"，

        Q 表示"MARY 感到高兴"，

        R 表示"JOHN 感到高兴"，

        S 表示"MARK 感到高兴"。

上述推理的前提为：

(1) $P \rightarrow (Q \vee R)$

(2) $Q \rightarrow \neg P$

(3) $S \rightarrow \neg R$

结论：$P \rightarrow \neg S$

把上述前提和结论化为子句及归结过程如下：

(1) $\neg P \vee Q \vee R$

(2) $\neg Q \vee \neg P$

(3) $\neg S \vee \neg R$

(4) P

(5) S

(6) $Q \vee R$ (1)(4) 归结

(7) $\neg R$ (3)(5) 归结

(8) Q (6)(7) 归结

(9) $\neg P$ (2)(8) 归结

(10) □   (4)(9) 归结

2.5 典型例题及解答

例 1：试用永真的公理系统证明 $(P \rightarrow \neg P) \rightarrow \neg P$ 为定理。

证明：

(1) $P \rightarrow ((P \rightarrow Q) \rightarrow Q)$ 定理 4

(2) $P \rightarrow ((P \rightarrow \neg P) \rightarrow \neg P)$ Q 用 $\neg P$ 代入

(3) $(P \rightarrow \neg Q) \rightarrow (Q \rightarrow \neg P)$ 公理 14

(4) $((P→¬P)→¬P)→(P→¬(P→¬P))$

                             P 用 $P→¬P$ 代入，Q 用 P 代入

(5) $(P→((P→¬P)→¬P))→(P→(P→¬(P→¬P)))$ 加头（4）

(6) $P→(P→¬(P→¬P))$ （5）（2）分离

(7) $(P→(P→Q))→(P→Q)$ 公理4

(8) $(P→(P→¬(P→¬P)))→(P→¬(P→¬P))$ Q 用 $¬(P→¬P)$ 代入

(9) $P→¬(P→¬P)$ （8）（6）分离

(10) $(P→¬(P→¬P))→((P→¬P)→¬P)$ （3）式中 Q 用 $P→¬P$ 代入

(11) $(P→¬P)→¬P$ （10）（9）分离

例2：试用假设推理方法证明下式为定理：

$$(P→(Q→R))→((Q→(R→S))→((P∧Q)→(R∧S)))$$

证明：(1) $P→(Q→R)$ 假设

        (2) $Q→(R→S)$ 假设

        (3) $P∧Q$ 假设

        (4) $(P∧Q)→P$ 公理8

        (5) $(P∧Q)→Q$ 公理9

        (6) P 分（4）（3）

        (7) Q 分（5）（3）

        (8) $Q→R$ 分（1）（6）

        (9) R 分（8）（7）

        (10) $R→S$ 分（2）（7）

        (11) S 分（10）（9）

        (12) $P→(Q→(P∧Q))$ 公理10

        (13) $R→(S→(R∧S))$ P 用 R，Q 用 S 代入

        (14) $S→(R∧S)$ 分（13）（9）

        (15) $R∧S$ 分（14）（11）

由假设推理过程的定义知

$P→(Q→R),Q→(R→S),P∧Q⊢R∧S$

由推理定理知

$(P→(Q→R))→((Q→(R→S))→((P∧Q)→(R∧S)))$

例3：试用归结原理证明下式为定理：

$(P∨Q)→((Q→R)→((P→S)→(¬S→(R∧(P∨Q)))))$

证明：(1) $P∨Q$

        (2) $¬Q∨R$

        (3) $¬P∨S$

        (4) $¬S$

        (5) $¬R∨¬P$

        (6) $¬R∨¬Q$

        (7) $¬P$ （3）（4）归结

        (8) Q （1）（7）归结

(9) R	(8) (2) 归结
(10) ¬ P	(9) (5) 归结
(11) S	(10) (3) 归结
(12) □	(11) (4) 归结

● 习 题 二

2.1 用永真公理系统证明下列公式:

(1) $P \leftrightarrow (P \vee P)$

(2) $(\neg P \rightarrow Q) \rightarrow (\neg Q \rightarrow P)$

(3) $P \vee \neg P$

(4) $P \rightarrow (Q \rightarrow P)$

(5) $(P \rightarrow (Q \rightarrow R)) \rightarrow ((P \wedge Q) \rightarrow R)$

2.2 已知公理: A : $P \rightarrow (Q \rightarrow P)$

$\qquad B$: $(Q \rightarrow R) \rightarrow ((P \rightarrow Q) \rightarrow (P \rightarrow R))$

$\qquad C$: $(P \vee P) \rightarrow P$

$\qquad D$: $Q \rightarrow (P \vee Q)$

$\qquad E$: $(P \vee Q) \rightarrow (Q \vee P)$

及分离规则和代入规则。

试证明: (1) $P \rightarrow P$ 为定理

$\qquad$ (2) $(P \rightarrow P) \vee (R \wedge \neg R)$ 为定理。

2.3 假设推理系统证明下列公式为定理:

(1) $(P \rightarrow Q) \rightarrow ((P \rightarrow \neg Q) \rightarrow \neg P)$

(2) $(P \rightarrow (Q \rightarrow R)) \rightarrow ((P \rightarrow Q) \rightarrow (P \rightarrow R))$

(3) $((P \wedge Q) \rightarrow R) \rightarrow (P \rightarrow (Q \rightarrow R))$

(4) $((P \wedge Q) \wedge ((P \rightarrow R) \wedge (Q \rightarrow S))) \rightarrow (S \wedge R)$

(5) $((P \wedge Q) \rightarrow R) \rightarrow ((S \rightarrow P) \rightarrow (Q \rightarrow (S \rightarrow R)))$

(6) $((P \wedge Q) \rightarrow R) \rightarrow (P \rightarrow (Q \rightarrow (S \vee R)))$

(7) $(P \rightarrow R) \rightarrow ((Q \rightarrow S) \rightarrow ((P \wedge Q) \rightarrow (W \rightarrow (R \wedge S))))$

(8) $(P \rightarrow Q) \rightarrow ((R \rightarrow S) \rightarrow ((P \vee R) \rightarrow (Q \vee S)))$

2.4 用假设推理系统构造下面推理的证明:

(1) 如果 TOM 是文科生,则他的英语成绩一定很好;如果 TOM 不是理科生,则他一定是文科生;TOM 的英语成绩不好;结论:TOM 是理科生。

(2) 如果所有成员都预先得到通知,且到场人数达到法定人数,则会议将如期举行;如果至少有 20 人到场就算达到法定人数;如果邮局没有罢工,通知就会提前送到;现在会议没有如期举行。结论:如果到场人数达到 20 人,则邮局罢工了。

2.5 用穷举法构造下面推理的证明:

前提: $(P \wedge Q) \rightarrow R$, $\neg S \vee P$, $S \rightarrow R$, Q

结论: R

2.6 用半反证法构造下面推理的证明:

前提: $\neg P \rightarrow Q$, $P \rightarrow R$, $Q \rightarrow S$

结论：$R \vee S$

2.7 用归结原理证明下列公式为定理：

(1) $((P \wedge Q) \wedge ((P \rightarrow R) \wedge (Q \rightarrow S))) \rightarrow (S \wedge R)$

(2) $(P \rightarrow Q) \rightarrow ((P \rightarrow \neg Q) \rightarrow \neg P)$

(3) $\neg (P \wedge \neg Q) \wedge (\neg Q \vee R) \wedge \neg R \vdash \neg P$

(4) $\neg P \vee P$

(5) $((P \wedge Q) \rightarrow R) \rightarrow ((S \rightarrow P) \rightarrow (Q \rightarrow (S \rightarrow R)))$

(6) $((P \wedge Q) \rightarrow R) \rightarrow (P \rightarrow (Q \rightarrow (S \vee R)))$

(7) $(P \rightarrow R) \rightarrow ((Q \rightarrow S) \rightarrow ((P \wedge Q) \rightarrow (W \rightarrow (R \wedge S))))$

(8) $(P \rightarrow Q) \rightarrow ((R \rightarrow S) \rightarrow ((P \vee R) \rightarrow (Q \vee S)))$

2.8 用归结原理证明下面推理的正确性：

如果 TOM 或 MARY 去马尔代夫，则 JOHN 也去马尔代夫；MARK 不去马尔代夫或 TOM 去马尔代夫；如果 MARY 不去马尔代夫，则 TOM 去马尔代夫。所以如果 MARK 去马尔代夫，则 JOHN 去马尔代夫。

第 3 章

谓词演算基础

在命题演算中，我们把不可剖开或分解为更简单命题的原子命题作为基本单元，把语句分解为原子命题，而不对原子命题的内部结构加以分析。本章将对原子命题进一步剖析，分解为个体和谓词。一般地讲，原子命题是由若干谓词和项组成的，我们的目标是把日常永真的知识表达成谓词演算的形式语言，再加上一些永真的规则，推出一些新的知识，研究它们的形式结构和逻辑关系。谓词演算中语句的符号化是人工智能中知识表示的基础。

3.1 个体和谓词

3.1.1 个体

（1）个体：个体是指具有独立意义、独立存在的东西。

如："南京理工大学""2"等均为常个体。常个体也称为实体，常用 a，b，c，…表示。

（2）个体域：由个体组成的集合称为个体域。

如：$\{2,4,6,8\}$，$\{x \mid x$ 为计算机系的学生$\}$ 等就是个体域。个体域常用 I，J，K，…表示。

（3）全总个体域：所有个体不管是何种类型的个体综合在一起组成的个体域称为全总个体域，用 U 表示。

（4）个体变元：以个体域 I 中的变元为变域的变元称为个体域 I 上的个体变元。常用 x，y，z，…表示。

（5）项：构成原子公式的一部分。常量符号是最简单类型的项，是用来表示论域中的个体或实体。一般地讲，个体和实体可以是物理的个体、人、概念或有名词的任何事情。

项包括实体、变量符号和函数符号等。

3.1.2　谓词

一、有关概念

1. 谓词的定义

谓词是指个体所具有的性质或若干个体之间的关系。

如："2 为质数""5 大于 4"等中的"为质数""大于"均为谓词。前者是个体"2"所具有的性质，它为一元谓词；后者是指个体"5"和"4"所具有的关系，它为二元谓词。

约定用大写字母 A，B，C 等表示谓词。

例如：

（1）2 为质数。令 A 表示"是质数"，实体 a 表示"2"，则语句可表示为：$A(a)$。

（2）5 大于 4。令 A 表示"大于"，实体 a 表示"5"，实体 b 表示"4"，则语句可表示为：$A(a,b)$。

2. 谓词填式

单个谓词不构成完整的意思，只有当谓词后填以个体后才能构成完整的意义，这种在谓词后填以个体后的式子称为谓词填式。

如："是质数"是谓词，但不构成完整的意义，而谓词填式"2 为质数""7 为质数"等就表达完整的意思。

3. 谓词命名式

谓词后填以命名变元 e 后的式子称为谓词命名式。命名变元仅代表谓词的元数，不代表其他意思。

如 $A(e)$ 表示 A 为一元谓词；$A(e_1, e_2)$ 表示 A 为二元谓词；依次类推。

4. 谓词变元

以谓词组成的集合为变域的变元称为谓词变元。

上面已经描述过，大写字母 A，B，C 等表示特定的谓词，小写字母 a，b，c 表示特定的个体或实体。现在约定用大写字母 X，Y，Z 等表示谓词变元，小写字母 x，y，z 等表示个体变元。

二、谓词语句的符号化

一阶谓词演算是一种形式化语言，用它可以表示各种各样的语句。这种形式语言的表达式可以作为产生式数据库的组成部分。现在讨论谓词语句是如何进行符号化的。一般地讲，动词、系动词、形容词和集合名词均可以表达成谓词。

例1：我送他这本书。

解：令 $A(e_1, e_2, e_3)$ 表示"e_1 送 $e_2 e_3$"，

　　　$B(e)$ 表示"e 为书"，

　　　a 表示"我"，

　　　b 表示"他"，

　　　c 表示"这"，

则原句译为：$A(a, b, c) \wedge B(c)$。

例2：这只大红书柜摆满了那些古书。

解：令 $A(e_1, e_2)$ 表示"e_1 摆满了 e_2，

　　　$B(e)$ 表示"e 为大的"，

$C(e)$ 表示 "e 为红的"，

$D(e)$ 表示 "e 为书柜"，

$E(e)$ 表示 "e 为古书"，

a 表示 "这只"，

b 表示 "那些"，

则原句译为：

$$A(a,b) \wedge B(a) \wedge C(a) \wedge D(a) \wedge E(b)$$

上面分别介绍了谓词和个体的有关知识，事实上我们仅仅介绍了基于实体（或称特定个体）上的谓词，但在谓词演算中，知识的表示往往采用变量即个体变元来表达一类相同的事实和概念。

例如：Shakespeare wrote "Hamlet"。可以符号化为：

$$\text{WRITE}(\text{Shakespeare}，\text{Hamlet})$$

此表达式表示常谓词 WRITE、实体 Shakespeare 和 Hamlet 之间的关系。

下面讨论另外两种情况：

（1）WRITE $(x，y)$ 即个体为变量的符号项。

此表达式表示 x 和 y 的关系是 WRITE，即作者 x 写书 y。此时 x 可在个体域 I（表示作者的集合）上变化；y 可在个体域 J（表示书名的集合）上变化。

因而表达式 WRITE $(x，y)$ 表达一类关系。

（2）$A(x，y)$ 即个体为变量符号项，谓词为谓词变元。

此表达式表示 x 和 y 有关系 A，此时 x，y，A 分别在三个个体域上变化。

综上所述，注意到谓词和个体是息息相关的，基于个体的谓词才是一个完整的谓词，且个体、谓词、个体域三者是可以变化的。

以某个个体域 I 为定义域，以真假为值域的谓词称作个体域 I 上的谓词。

以某个个体域 I 上的谓词为变域的变元称作个体域 I 上的谓词变元。

下面我们讨论 h 个个体组成的个体域 I 上的 m 元谓词。

先讨论个体域 $\{a，b\}$ 上的谓词。

一元谓词 $A(e)$ 如图 3.1 所示。

从图可知一元谓词共有四个，确切地说共有四类。

e	A_1	A_2	A_3	A_4
a	T	F	T	F
b	T	T	F	F

图 3.1　两个个体的一元谓词

二元谓词 $A(e_1，e_2)$ 共有 16 个，如图 3.2 所示。

e_1	e_2	A_0	A_1	A_2	A_3	A_4	A_5	A_6	A_7	A_8	A_9	A_{10}	A_{11}	A_{12}	A_{13}	A_{14}	A_{15}
a	a	T	F	T	T	T	F	F	F	T	T	T	T	F	F	F	F
a	b	T	T	F	T	T	F	T	T	F	F	T	F	T	F	F	F
b	a	T	T	T	F	T	T	F	T	F	T	F	F	F	T	F	F
b	b	T	T	T	T	F	T	T	F	T	F	F	F	F	F	T	F

图 3.2　两个个体的二元谓词

不难验证，h 个个体组成的个体域 I 上的一元谓词有 2^h 个，二元谓词共有 2^{h^2} 个，m 元谓词共有 2^{h^m} 个。

3.2　函数项和量词

上节讨论了基于实体和变量符号项的谓词，下面讨论函数项和量词。

3.2.1　函数项

函数项是以个体为定义域，以个体为值域的函数，约定用 f，g，h 等表示抽象的函数项。

例如：语句 John's mother is married to his father 符号化如下：

$$M(m(John), f(John))$$

其中 $M(e_1, e_2)$ 表示 e_1 is married to e_2，

$f(e)$ 表示 e 的 father，

$m(e)$ 表示 e 的 mother。

3.2.2　量词

在引入量词以前我们先看一个例子：

设 $P(x)$ 表示 x 为教授，若 x 的个体域表示计算机系的教师，则 $P(x)$ 表示计算机系的教师均为教授，而事实并非如此，确切的表达应该是计算机系的有些老师是教授。如果仍用 $P(x)$ 表示 x 为教授，显然会引起概念上的混乱，为此我们必须引入量词来表示"所有的""有一些"等不同的概念。

从以上简单的例子可以看出，要完整地表达一个语句，每次必须约定个体的取值范围才能确定完整的意思。如上例规定 x 的取值范围为计算机系的教师，也可约定 x 为哲学系的教师的集合，如此约定很显然不利于计算机的识别和处理。采用如下方法可解决上面的不利因素：

（1）约定变量符号即个体变元 x 取值于全总个体域 U；

（2）用谓词来限定 x 的取值范围；

（3）引进全称量词 $\forall x$ 表示"所有的 x""一切 x"等，存在量词 $\exists x$ 表示"存在一些 x""有一些 x"等概念；

（4）规定一般情况下紧跟在全称量词 $\forall x$ 之后的主联结词为"$\rightarrow$"，紧跟在存在量词 $\exists x$ 之后的主联结词为"$\wedge$"。

至此我们再来看上面的例子"计算机系的有些老师是教授"。

设 $A(e)$ 表示 e 为计算机系的教师，

$P(e)$ 表示 e 为教授，

则原句译为：

$$\exists x(A(x) \wedge P(x))$$

此例中 x 就取值于全总个体域 U，谓词 $A(e)$ 限定 x 取值范围。

有了量词的概念，知识的符号化问题就很容易得到解决。下面我们举一些例子来说明把知识表达成符号公式的方法。

例1：某些人对某些食物过敏。

解：设$A(e)$表示e为人，

$B(e)$表示e为食物，

$C(e_1，e_2)$表示e_1对e_2过敏，

则原句译为：

$$\exists x(A(x)\wedge\exists y(B(y)\wedge C(x,y)))$$

例2：金子闪光，但闪光的并非全是金子。

解：设$G(e)$表示e为金子，

$S(e)$表示e闪光，

则原句译为：

$$\forall x(G(x)\rightarrow S(x))\wedge\neg\ \forall x(S(x)\rightarrow G(x))$$

例3：If a program can not be told a fact, then it can not learn that fact.

解：设$P(e)$表示e为program，

$F(e)$表示e为fact，

$T(e_1，e_2)$表示$e_1$can be told e_2，

$L(e_1，e_2)$表示$e_1$can learn e_2，

则原句译为：

$$\forall x\forall y((P(x)\wedge F(y)\wedge\neg\ T(x,y))\rightarrow\neg\ L(x,y))$$

例4：并非"人不为己，天诛地灭"。

解：设$P(e)$表示e为人，

$A(e_1，e_2)$表示e_1为e_2，

$B(e_1，e_2)$表e_1诛e_2，

$C(e_1，e_2)$表示e_1灭e_2，

a表示天，

b表示地，

则原句译为：

$$\neg\ \forall x((P(x)\wedge\neg\ A(x,x))\rightarrow(B(a,x)\wedge C(b,x)))$$

例5：任何人均会犯错误。

解：设$P(e)$表示e为人，

$M(e)$表示e为错误，

$D(e_1，e_2)$表示e_1犯e_2，

则原句译为：

$$\forall x(P(x)\rightarrow\exists y(M(y)\wedge D(x,y)))$$

例6：己所不欲勿施于人。

解：设$P(e)$表示e为人，

$T(e)$表示e为东西，

$W(e_1，e_2)$表示e_1要e_2，

$S(e_1，e_2，e_3)$表示e_1送e_2给e_3，

则原句译为：

$$\forall x\forall y((P(x)\wedge T(y)\wedge\neg\ W(x,y))\rightarrow\forall z(P(z)\rightarrow\neg\ S(x,y,z)))$$

3.3　自由变元和约束变元

3.3.1　自由出现和约束出现

在第 1 章中给出了命题演算公式的形式定义，同样对于谓词演算来说，它也存在合式公式的形式定义的问题。首先约定：$A(x_1, x_2, \cdots, x_n)$ 称为谓词演算公式的原子公式，其中 $x_1, x_2, \cdots, x_n$ 是项（实体、变量符号、函数）。

定义 1：谓词演算的合式公式（简称公式）是由原子命题、谓词填式或由它们利用联结词和量词构成的式子。

合式公式的形式定义如下：

（1）原子命题 P 是合式公式；

（2）谓词填式 $A(x_1, x_2, \cdots, x_n)$ 是合式公式；

（3）若 A 是公式，则 $\neg A$ 是合式公式；

（4）若 A 和 B 是合式公式，则 $(A \vee B)$，$(A \wedge B)$，$(A \rightarrow B)$，$(A \leftrightarrow B)$ 为公式；

（5）若 A 是合式公式，x 是 A 中出现的任何个体变元，则 $\forall x A(x)$，$\exists x A(x)$ 为合式公式；

（6）只有有限次使用（1）、（2）、（3）、（4）、（5）所得到的式子才是合式公式。

定义 2：设 α 为任何一个谓词演算公式，$\forall x \alpha(x)$，$\exists x \alpha(x)$ 为公式 α 的子公式，此时紧跟在 $\forall$、$\exists$ 之后的 x 称为量词的指导变元或作用变元，$\alpha(x)$ 称为相应量词的作用域，在作用域中 x 的一切出现均称为约束出现，在 α 中除了约束出现外的一切出现均称为自由出现。

例 1：指出合式公式 $\forall x(A(x, y) \rightarrow \exists y(B(x, y) \wedge C(z)))$ 的作用域、约束出现和自由出现。

解：$\forall x$ 的作用域为：$A(x, y) \rightarrow \exists y(B(x, y) \wedge C(z))$；

$\exists y$ 的作用域为：$B(x, y) \wedge C(z)$；

公式中的 x 为约束出现，第一个 y 和 z 是自由出现，$B(x, y) \wedge C(z)$ 中的 y 为约束出现。

定义 3：若一个变元 x 在公式中有自由出现，则称此变元为自由变元；若有约束出现，则称为约束变元。

注意，自由出现的变元可以在量词的作用域中出现，但不受相应量词的约束，所以有时我们把它看作公式中的参数。特例：若公式中无自由变元，公式即为命题。

3.3.2　改名和代入

一、改名

从上面的例子可以看出，同一个变元，如在公式 $\forall x(A(x, y) \rightarrow \exists y(B(x, y) \wedge C(z)))$ 中的 y 既有约束出现又有自由出现。为了避免变元的约束出现和自由出现在一公式中同时出现，引起概念上的混乱，可以对约束变元进行改名，使得同一个变元要么为约束出现，要么为自由出现，同时使不同的量词所约束的变元不同名，便于计算机对知识的处理。之所以可以这样做,是因为一个公式的约束变元所用的符号跟公式的真假是无关的。譬如,公式 $\forall xA(x)$ 和公式 $\forall yA(y)$ 具有相同的意义。

下面给出改名的规则:

(1) 改名是对约束变元而言,自由变元不能改名,改名时应对量词的指导变元及其作用域中所出现的约束变元处处进行;

(2) 改名前后不能改变变元的约束关系;

(3) 改名时用的新名应是该作用域中没有使用过的变元名称。

例2:对公式 $\forall x(A(x, y) \rightarrow \exists y(B(x, y) \wedge C(z)))$ 实施改名。

解:可把公式改名为:

$$\forall x(A(x, y) \rightarrow \exists u(B(x, u) \wedge C(z)))$$

但不能改名为:

$$\forall x(A(x, y) \rightarrow \exists z(B(x, z) \wedge C(z)))$$

因为如此改名改变了变量的约束关系。

二、代入

谓词演算公式中的自由变元可以更改,称为代入。代入是对自由变元而言,约束变元不能代入,代入后的式子是原式的特例。代入必须遵循下列规则:

(1) 代入必须处处进行,即代入时必须对公式中出现的所有同名的自由变元进行;

(2) 代入后不能改变原式和代入式的约束关系;

(3) 代入也可以对谓词填式进行,但也要遵循上面两条规则;

(4) 命题变元也可以实施代入。

例3:已知公式 $\forall x(A(x, y) \rightarrow \exists y(B(x, y) \wedge C(z)))$,

(1) 试把公式中的自由变元 y 代以式子 $x^2 + 2$;

(2) 试把公式中的谓词变元 $A(e_1, e_2)$ 代以 $\forall yD(e_1, e_2, y, x)$。

解:

(1) 先把式子 $x^2 + 2$ 直接代入原式观察结果。

代入后得式子:

$$\forall x(A(x, x^2 + 2) \rightarrow \exists y(B(x, y) \wedge C(z)))$$

显然代入式中的 x^2 中的 x 本应为自由变元,而现在受全称量词 $\forall x$ 约束,改变了它的约束关系,因此是一种非法代入。为此必须采用下面的方法:

先对原式改名,$\forall x$ 改为 $\forall u$,$\exists y$ 改为 $\exists v$。

改名后得式子:

$$\forall u(A(u, y) \rightarrow \exists v(B(u, v) \wedge C(z)))$$

最后代入得式子:

$$\forall u(A(u, x^2 + 2) \rightarrow \exists v(B(u, v) \wedge C(z)))$$

验证公式可知,没有改变变元的约束关系,所以这种代入符合代入规则。

(2) 采用直接代入,查看结果。

代入后得式子:

$$\forall x(\exists yD(x, y, y, x) \rightarrow \exists y(B(x, y) \wedge C(z)))$$

显然代入式中的 x 本应为自由变元,代入后受 $\forall x$ 约束,改变了约束关系;原式中的 y 本是自由变元,代入后受 $\exists y$ 约束,改变了约束关系,因此是一种非法代入。

先对原式改名，$\forall x$ 改为 $\forall u$，$\exists y$ 改为 $\exists v$ 得：
$$\forall u(A(u, y) \rightarrow \exists v(B(u, v) \wedge C(z)))$$

再对代入式改名，$\exists y$ 改为 $\exists t$ 得：
$$\exists t D(e_1, e_2, t, x)$$

最后代入得式子：
$$\forall u(\exists t D(u, y, t, x) \rightarrow \exists v(B(u, v) \wedge C(z)))$$

3.4 永真性和可满足性

3.4.1 真假性

由前讨论，可以知道谓词演算公式的真假性跟四个因素有关。下面简单讨论相关的理由，以便对知识的真假性有一个全面了解。

(1) 个体域：设 $A(e)$ 表示 e 为偶数，公式 $\forall x A(x)$ 随个体域的不同而不同。如个体域 I 为 $\{1, 2, 3, 4\}$ 时，公式的值为假；个体域 I 为 $\{2, 4, 6\}$ 时，公式的值为真。

(2) 自由变元：取值于个体域，对于公式 $A(x)$，当 x 取 2 时，其值为 T；当 x 取为 3 时，其值为 F。所以公式的真假性随变元取值情况不同而不同。

(3) 谓词变元：对于个体域 $I = \{2, 4, 6, 8\}$，

当 $A(e)$ 表示 e 为偶数时，$\forall x A(x) = T$；

当 $A(e)$ 表示 e 为奇数时，$\forall x A(x) = F$。

(4) 命题变元：对于个体域 $I = \{2, 4, 6, 8\}$，$A(e)$ 表示 e 为偶数。

考虑公式 $\forall x A(x) \wedge P$，当 $P = T$ 时，公式的值为真；当 $P = F$ 时，公式的值为假。

设 α 为任何一个谓词演算公式，其中自由变元为 $x_1, x_2, \cdots, x_n$；谓词变元为 $X_1, X_2, \cdots, X_m$；命题变元为 $P_1, P_2, \cdots, P_k$。此时 α 可表示为：

$$\alpha(x_1, x_2, \cdots, x_n; X_1, X_2, \cdots, X_m; P_1, P_2, \cdots, P_k)$$

有了上面的讨论，就可对谓词演算公式给予解释。

设个体域 I 解释为常个体域 I^0；

自由变元 $x_1, x_2, \cdots, x_n$ 解释为 I^0 中的个体 $a_1, a_2, \cdots, a_n$；

谓词变元 $X_1, X_2, \cdots, X_m$ 解释为 I^0 上的谓词 $A_1, A_2, \cdots, A_m$；

命题变元解释为 $P_1^0, P_2^0, \cdots, P_k^0$，其中 $P_i^0 = T$ 或 $F(i = 1, 2, \cdots, k)$。

则给了公式 α 一个解释：

$$(I^0; a_1, a_2, \cdots, a_n; A_1, A_2, \cdots, A_m; P_1^0, P_2^0, \cdots, P_k^0)$$

公式在该解释下的值记为：

$$\alpha(a_1, a_2, \cdots, a_n; A_1, A_2, \cdots, A_m; P_1^0, P_2^0, \cdots, P_k^0)$$

简记为：$\alpha(a; A; P^0)$。

如果该值取为 T，则称该解释 $(I^0; a_1, a_2, \cdots, a_n; A_1, A_2, \cdots, A_m; P_1^0, P_2^0, \cdots, P_k^0)$ 为成真解释；

如果该值取为 F，则称该解释 $(I^0; a_1, a_2, \cdots, a_n; A_1, A_2, \cdots, A_m; P_1^0, P_2^0, \cdots, P_k^0)$

为成假解释。

下面讨论含有量词的谓词演算公式的真假性。首先讨论公式 $\forall x\alpha(x)$ 和 $\exists x\alpha(x)$ 的真假性。

$\forall x\alpha(x)$ 为真 $\Leftrightarrow$ 个体域 I 中的每一个个体均使得 α 取为真；

$\exists x\alpha(x)$ 为真 $\Leftrightarrow$ 个体域 I 中有一个个体使得 α 取为真。

下面举例说明，给定一个解释后求公式真假性的方法。

例 1：已知公式 $\forall x\forall y(X((x, y)\wedge Y(z))\rightarrow Z(x, y))$，试求公式在解释 $(I; z; X(e_1, e_2)$, $Y(e)$, $Z(e_1, e_2)) = (\{1, 2, 3, 4\}; 2; e_1 \geq e_2$, e 为偶数 $e_1 \leq e_2)$ 之下的值。

解：将解释代入公式得：

原式 $= \forall x\forall y((x \geq y \wedge 2$ 为偶数$)\rightarrow x \leq y)$

$\qquad = \forall x\forall y(x \geq y\rightarrow x \leq y)$

（1）当 $x = 1$ 时，

原式的作用域 $= \forall y(1 \geq y\rightarrow 1 \leq y)$

① 当 $y = 1$ 时，$\forall y$ 的作用域 $= (1 \geq 1\rightarrow 1 \leq 1) = T\rightarrow T = T$

② 当 $y \geq 2$ 时，$\forall y$ 的作用域 $= 1 \geq y\rightarrow 1 = F\rightarrow T = T$

（2）当 $x = 2$ 时，

原式的作用域 $= \forall y(2 \geq y\rightarrow 2 \leq y)$

① 当 $y = 1$ 时，$\forall y$ 的作用域 $= 2 \geq 1\rightarrow 2 \leq 1 = T\rightarrow F = F$

② 当 $y = 2$ 时，$\forall y$ 的作用域 $= (2 \geq 2\rightarrow 2 \leq 2)\rightarrow T\rightarrow T = T$

③ 当 $y \geq 3$ 时，$\forall y$ 的作用域 $= 2 \geq y\rightarrow 2 \leq y = F\rightarrow T = T$

（3）当 $x = 3$ 时，

原式的作用域 $= \forall y(3 \geq y\rightarrow 3 \leq y)$

① 当 $y = 1, 2$ 时，$\forall y$ 的作用域 $= 3 \geq y\rightarrow 3 \leq y = T\rightarrow F = F$

② 当 $y = 3$ 时，$\forall y$ 的作用域 $= 3 \geq 3\rightarrow 3 \leq 3 = T\rightarrow T = T$

③ 当 $y = 4$ 时，$\forall y$ 的作用域 $= 3 \geq 4\rightarrow 3 \leq 4 = F\rightarrow T = T$

（4）当 $x = 4$ 时，

原式的作用域 $= \forall y(4 \geq y\rightarrow 4 \leq y)$

① 当 $y = 1, 2, 3$ 时，$\forall y$ 的作用域 $= T\rightarrow F = F$

② 当 $y = 4$ 时，$\forall yy$ 的作用域 $= 4 \geq 4\rightarrow 4 \leq 4 = T\rightarrow T = T$

综上所述，当 $x = 2$，$y = 1$；$x = 3$，$y = 1, 2$；$x = 4$，$y = 1, 2, 3$ 时，

$$\forall y(x \geq y\rightarrow x \leq y) = F$$

所以，根据含有全称量词公式真假的定义知：

$$\forall x\forall y(X((x, y)\wedge Y(z))\rightarrow Z(x, y)) = F$$

故原式在已知解释下的值为 F。

3.4.2 同真假性、永真性和可满足性

有了解释的概念，我们就可讨论公式的同真假性、永真性和可满足性。

定义 1：设有两公式 α 和 β，如果对于个体域 I 上任何解释，公式 α 和 β 均取得相同的真假值，则称 α 和 β 在 I 上同真假。

如果 α 和 β 在每一个非空域上均同真假，则称 α 和 β 同真假。

下面我们给出两组等价公式：

（1）关于否定的等价公式。

$$\neg \forall x\alpha(x) = \exists x\neg \alpha(x)$$

$$\neg \exists x\alpha(x) = \forall x\neg \alpha(x)$$

对于上面两个公式，我们可在有限域上加以说明，当然在无限域上等价公式仍成立。

设个体域 I 中所有实体变元为 a_1，a_2，$\cdots$，a_n，则有：

$$
\begin{aligned}
\neg \forall x\alpha(x) &= \neg (\alpha(a_1)\wedge\alpha(a_2)\wedge\cdots\wedge\alpha(a_n)) \\
&= \neg \alpha(a_1)\vee\neg \alpha(a_2)\vee\cdots\vee\neg \alpha(a_n) \\
&= \exists x\neg \alpha(x)
\end{aligned}
$$

$$
\begin{aligned}
\neg \exists x\alpha(x) &= \neg (\alpha(a_1)\vee\alpha(a_2)\vee\cdots\vee\alpha(a_n)) \\
&= \neg \alpha(a_1)\wedge\neg \alpha(a_2)\wedge\cdots\wedge\neg \alpha(a_n) \\
&= \forall x\neg \alpha(x)
\end{aligned}
$$

（2）量词作用域的收缩与扩张。

设公式 γ 中不含有自由的 x，则下面的公式成立：

$$\exists x(\alpha(x)\vee\gamma) = \exists x\alpha(x)\vee\gamma$$

$$\exists x(\alpha(x)\wedge\gamma) = \exists x\alpha(x)\wedge\gamma$$

$$\forall x(\alpha(x)\vee\gamma) = \forall x\alpha(x)\vee\gamma$$

$$\exists x(\alpha(x)\wedge\gamma) = \exists x\alpha(x)\wedge\gamma$$

例2：试用上面的等价公式判断两公式 $\forall x\alpha(x)\to r$ 和 $\forall x(\alpha(x)\to r)$ 是否等价？

解：

$$
\begin{aligned}
\forall x\alpha(x)\to r &= \neg \forall x\alpha(x)\vee\gamma \\
&= \exists x\neg \alpha(x)\vee\gamma \\
&= \exists x(\neg \alpha(x)\vee\gamma) \\
&= \exists x(\alpha(x)\to\gamma) \\
&\neq \forall x(\alpha(x)\to\gamma)
\end{aligned}
$$

所以两公式不等价。

定义2：给定一个谓词演算公式 α，其个体域为 I，对于 I 中的任意一个解释，

若 α 均取为真，则称公式 α 在 I 上为永真的；

若 α 均取为假，则称公式 α 在 I 上为永假的，也称为公式在 α 上不可满足的。

定义3：给定一个谓词演算公式 α，其个体域为 I，

如果在个体域 I 上存在一个解释使得 α 取为真，则称公式 α 在 I 上为可满足公式；

如果在个体域 I 上存在一个解释使得 α 取为假，则称公式 α 在 I 上为非永真公式。

定理1：如果 I，J 是两个具有相同个数个体的个体域（个体本身可不相同），则任意一个公式 α，若在 I 中永真当且仅当其在 J 中永真；若在 I 中可满足当且仅当其在 J 中可满足。

证明：要证明该问题，首先要在两个个体域 I 和 J 上建立个体、谓词、解释等元素间的一一对应关系。构造如下：

（1）因为 I 和 J 具有相同个数的个体域，所以可在两者之间建立一一对应关系，即在 I 中有一个个体 a，总能在 J 中找到一个个体与之对应，反之亦然。

（2）现作个体域 I 和 J 上谓词的一一对应关系：

设 $X(x_1, x_2, \cdots, x_n)$ 是 I 上的 n 元谓词，令满足下列性质的 J 中 n 元谓词 $X(x_1', x_2', \cdots, x_n')$ 是其对应的谓词，$X(x_1, x_2, \cdots, x_n)$ 为真当且仅当 $X(x_1', x_2', \cdots, x_n')$ 为真，其中 x 在 I 中取值，x' 在 J 中取值。

（3）把 I 中的解释与 J 中的解释作一一对应关系：

设有 I 中的一个解释

$$(x_1, x_2, \cdots, x_n; X_1, X_2, \cdots, X_m; P_1, P_2, \cdots, P_k)$$

$$= (a_1, a_2, \cdots, a_n; A_1, A_2, \cdots, A_m; P_1^0, P_2^0, \cdots, P_k^0)$$

省记为 $(x; X; P) = (a; A; P^0)$

则令 J 中的下列解释为其对应的解释

$$(a_1', a_2', \cdots, a_n'; A_1', A_2', \cdots, A_m'; P_1^0, P_2^0, \cdots, P_k^0)$$

省记为 $(a'; A'; P^0)$

利用归纳法可证明 $\alpha\ (a; A; P^0) = \alpha\ (a'; A'; P^0)$ （3.1）

如果 α 为命题变元，命题显然成立。

如果 α 为谓词填式 $X(x_1, x_2, \cdots, x_n)$，则有

$$\alpha(a; A; P^0) = A(a_1, a_2, \cdots, a_n)$$

$$= A'(a_1', a_2', \cdots, a_n')$$

$$= \alpha(a'; A'; P^0)$$

故命题成立。

如果 α 为下列五种情形之一：

$$\neg\beta_1,\ \beta_1 \vee \beta_2,\ \beta_1 \wedge \beta_2,\ \beta_1 \rightarrow \beta_2,\ \beta_1 \leftrightarrow \beta_2$$

由归纳假设知 β_1 和 β_2 满足式（3.1），即

$$\beta_1(a; A; P^0) = \beta_1(a'; A'; P^0)$$

$$\beta_2(a; A; P^0) = \beta_2(a'; A'; P^0)$$

当 $\alpha = \neg\beta_1$ 时，

$$\alpha(a; A; P^0) = \neg\beta_1(a; A; P^0)$$

$$= \neg\beta_1(a'; A'; P^0)$$

$$= \alpha(a'; A'; P^0)$$

故式（1）成立。

当 $\alpha = \beta_1 \vee \beta_2$ 时，

$$\alpha(a; A; P^0) = (\beta_1 \vee \beta_2)(a; A; P^0)$$

$$= \beta_1(a; A; P^0) \vee \beta_2(a; A; P^0)$$

$$= \beta_1(a'; A'; P^0) \vee \beta_2(a'; A'; P^0)$$

$$= (\beta_1 \vee \beta_2)(a'; A'; P^0)$$

$$= \alpha(a'; A'; P^0)$$

故式（1）成立。

同理可证其他三种情形。

如果 α 为 $\exists y\beta_1(x; X; P; y)$ 之形。由归纳假设，

$$\beta_1(a; A; P^0; y) = \beta_1(a'; A'; P^0; y') \qquad (3.2)$$

$\exists y\beta_1(x; X; P; y)$ 为真，即在个体域 I 中有一个个体 b 使得 $\beta_1(a; A; P^0; b)$ 为真，根据式（3.2）知：

$\beta_1(a'; A'; P^0; b')$ 为真，即 $\exists y\beta_1(x; X; P; y)$ 在 J 上取为真。

故式（3.1）成立。

如果 α 为 $\forall y\beta_1(x; X; P; y)$ 之形，同理可证。

设 α 在 I 中可满足，即在 I 中存在一个解释 $(a; A; P^0)$ 使得 α 取真值，由解释的一一对应关系和式（3.1）知，在 J 中也存在一个解释 $(a'; A'; P^0)$ 使得 α 取为真，故 α 在 J 中可满足。反之亦然。

同理可证，α 在 I 中永真当且仅当 α 在 J 中永真。

讨论公式的永真性和可满足性的目的是为了简化讨论任一谓词演算公式在某一个体域上的真假性。由上可知，有限域上一个公式的永真性和可满足性依赖于个体域中个体的数目，与个体的内容无关，因此要讨论一公式 α 在任何 k 个个体域上的永真性和可满足性，只要讨论公式 α 在个体域 $I = \{1, 2, 3, \cdots, k\}$ 上的永真性和可满足性即可。我们把个体域 $\{1, 2, 3, \cdots, k\}$ 称为 k 域，即由 k 个个体组成的个体域。当 $k = 1$ 时，就称为 1 域，依次类推。

显然有下面的定理：

定理 2：如果一公式在 k 域上永真，则其在 $h(h < k)$ 域上永真。

定理 3：如果一公式在 h 域上可满足，则其在 $k(k > h)$ 域上可满足。

例 3：试讨论公式 $\forall x(X(x) \rightarrow (\exists y(Y(y) \land Z(z)) \rightarrow \forall xY(x)))$ 的永真性和可满足性。

解：

（1）讨论 1 域即个体域 $\{1\}$ 的情形。

$$\begin{aligned} 公式 &= X(1) \rightarrow ((Y(1) \land Z(1)) \rightarrow Y(1)) \\ &= X(1) \rightarrow T \\ &= T \end{aligned}$$

所以公式在 1 域上永真。

（2）讨论 2 域上的情形，此时个体域 $I = \{1, 2\}$。

由于公式在 1 域上永真，由定理 3 知公式在 2 域上可满足。

由前讨论 2 域上的一元谓词有四个，如图 3.3 所示。

e	X_1	X_2	X_3	X_4
1	T	F	T	F
2	T	T	F	F

图 3.3　域上的一元谓词

公式在解释 $(I; z; X, Y, Z) = (\{1, 2\}; 2; X_1, X_2, X_2)$ 下，

$$\begin{aligned} 原式 &= \forall x(X_1(x) \rightarrow (\exists y(X_2(y) \land X_2(2)) \rightarrow \forall xX_2(x))) \\ &= \forall x(X_1(x) \rightarrow (\exists y(X_2(y) \land T) \rightarrow \forall xX_2(x))) \\ &= \forall x(X_1(x) \rightarrow (\exists yX_2(y) \rightarrow \forall xX_2(x))) \\ &= \forall x(X_1(x) \rightarrow (T \rightarrow \forall xX_2(x))) \\ &= \forall x(X_1(x) \rightarrow \forall xX_2(x)) \end{aligned}$$

$$= \forall x(X_1(x) \to F)$$
$$= \forall x \neg X_1(x)$$
$$= F$$

故公式在 2 域上可满足但非永真。

（3）讨论 k 域（$k > 2$）上的情形。

因为公式在 2 域上可满足，根据定理 3 知，公式在 k 域上可满足；

设公式在 k 域上永真，根据定理 2 知，公式在 2 域上永真，与公式在 2 域上非永真矛盾。

故公式在 k 域上可满足但非永真。

3.4.3　范式

在命题演算中，任一命题演算公式均有一范式与之等价。对于谓词演算公式也有相应的范式，其中任一谓词演算公式均有一前束范式与之等价。前束范式对于计算机处理和识别谓词演算公式有着重要的作用。

一、前束范式

定义 4：如果一谓词演算公式 α 中的一切量词均在公式的最前面（量词前不含否定词），且其作用域一直延伸到公式的末端，则称公式 α 为前束形公式。前束形公式的一般形式为：

$$Q_1 x_1 Q_2 x_2 \cdots Q_n x_n M(x_1, x_2, \cdots, x_n)$$

其中 Q_i 为 $\forall$ 或 $\exists$，M 称为公式 α 的母式且其中不含有量词。

定理 4：任意一个谓词演算公式均有一前束范式与之等价。

下面根据具体的例子来说明该定理。

例 4：把公式 $\forall x X(x) \leftrightarrow \forall x Y(x)$ 化为前束范式。

解：

（1）利用等值公式消去"$\to$"和"$\leftrightarrow$"得：

原式 $= (\neg \forall x X(x) \vee \forall x Y(x)) \wedge (\forall x X(x) \vee \neg \forall x Y(x))$

（2）否定深入得：

原式 $= (\exists x \neg X(x) \vee \forall x Y(x)) \wedge (\forall x X(x) \vee \exists x \neg Y(x))$

（3）改名得：

原式 $= (\exists x \neg X(x) \vee \forall y Y(y)) \wedge (\forall u X(u) \vee \exists v \neg Y(v))$

（4）前移量词得：

原式 $= \exists x \forall y \forall u \exists v((\neg X(x) \vee Y(y)) \wedge (X(u) \vee \neg Y(v)))$
$$= \exists x \forall y \forall u \exists v M(x, y, u, v)$$

二、SKOLEM 标准形

定义 5：仅含有全称量词的前束范式称为 SKOLEM 标准形。

定理 5：任一谓词演算公式 α，均可以化成相应的 SKOLEM 标准形，且 α 为不可满足的当且仅当其 SKOLEM 标准形是不可满足的。

SKOLEM 标准形的求解算法：

（1）先求谓词演算公式的前束范式。

（2）按如下方法消去存在量词：

① 若存在量词 $\exists x$ 前无全称量词，则引入 SKOLEM 常量 a，代替公式中受 $\exists x$ 约束的变

元，消去存在量词；

② 若存在量词∃x 前有 n 个全称量词，则引入 n 元 SKOLEM 函数 f，代替公式中受∃x 约束的变元，消去存在量词。

（3）从左至右重复上述过程，直至公式中不含有存在量词。

例5：求公式∃$x(X(x) \wedge (\exists y Y(x, y) \rightarrow \exists x Z(x)))$ 的 SKOLEM 标准形。

解：

① 先把公式化为前束范式：

$$原式 = \exists x(X(x) \wedge (\neg \exists y Y(x, y) \vee \exists x Z(x)))$$
$$= \exists x(X(x) \wedge (\forall y \neg Y(x, y) \vee \exists x Z(x)))$$
$$= \exists x(X(x) \wedge (\forall y \neg Y(x, y) \vee \exists u Z(u)))$$
$$= \exists x \forall y \exists u (X(x) \wedge (\neg Y(x, y) \vee Z(u)))$$

② 化为 SKOLEM 标准形：

$$原式 = \forall y \exists u (X(a) \wedge (\neg Y(a, y) \vee Z(u)))$$
$$= \forall y (X(a) \wedge (\neg Y(a, y) \vee Z(f(y))))$$

3.5 唯一性量词和摹状词

3.5.1 唯一性量词

日常语句中常常出现"只有一个""恰好有一个"等语句，对于这些语句可以引进唯一性量词"∃!x"来表示它们。

∃!$x\alpha(x)$ 表示恰好有一个 x 使得 α（x）为真。∃!称为唯一性量词。

可以利用等价公式消去唯一性量词。等价公式如下：

$$\exists! x \alpha(x) = \exists x(\alpha(x) \wedge \forall y(x \neq y \rightarrow \neg \alpha(y)))$$

下面利用唯一性量词符号化下列语句。

例1：他是唯一没有去过北京的人。

解：设 $A(e)$ 表示 "e 为人"，

$B(e_1, e_2)$ 表示 e_1 去过 e_2，

a 表示 "他"，

b 表示 "北京"，

则语句可译为：∃!$x(A(x) \wedge \neg B(x, b) \wedge x = a)$

例2：地球是唯一有人的星球。

解：设 $A(e)$ 表示 "e 为星球"，

$B(e)$ 表示 "e 为人"，

$C(e_1, e_2)$ 表示 e_1 上有 e_2，

a 表示 "地球"，

则原句译为：∃!$x \exists y(A(x) \wedge B(y) \wedge C(x, y) \wedge x = a)$

3.5.2 摹状词

日常语句中经常使用"纸的发明者""上帝的创造者"等利用个体的特征性质来描述特定的个体，这种描述特定个体的短语称为摹状词。它跟谓词正好相反，谓词 $P(x)$ 是指 x 所具有的性质，而摹状词是指具有性质 P 的那个个体 x。

$\gamma_x\alpha(x)$ 是指使得 $\alpha(x)$ 成立的那个唯一的个体，其中 γ 称为摹状词，x 称为摹状词的指导变元，$\alpha(x)$ 称为摹状词的作用域。

注意，摹状词的作用域与量词的作用域均为谓词演算公式，但摹状词的值为个体，而量词的值为真或假，且要使用摹状词必须满足存在唯一性。对于不满足存在性和唯一性的语句，如"地球的创造者"其不满足存在性、"计算机的发明者"其不满足唯一性等，我们引入下面的表示方法：

$$\gamma_x^\gamma\alpha(x) = \begin{cases} x, & \text{当} \exists!x\alpha(x) \text{成立时，指使} \alpha(x) \text{成立时那个唯一的个体} x \\ y, & \text{否则} \end{cases}$$

由摹状词的定义可知，下列等式成立：

$$\beta(\gamma_x^y\alpha(x)) = (\exists!x\alpha(x) \wedge \exists t(\beta(t) \wedge \alpha(t))) \vee (\neg \exists!x\alpha(x) \wedge \beta(y))$$

下面我们利用摹状词来符号化公式。

例3：并非读书最多的人最有知识。

解：设 $A(e)$ 表示"e 为人"，

$B(e_1, e_2)$ 表示 e_1 比 e_2 读书多，

$C(e_1, e_2)$ 表示 e_1 比 e_2 有知识，

则"读书最多的人"译为：

$$\gamma_x^y(A(x) \wedge \forall y((A(y) \wedge y \neq x) \to B(x, y)))$$

把它记为 u，故原句译为：

$$\neg \forall t((A(t) \wedge t \neq u) \to C(u, t))$$

3.6 典型例题及解答

例1：把下列语句翻译为谓词演算公式：

（1）微信是一种智能手机应用程序；但并非所有人均喜欢微信；

（2）有些人喜欢所有的网络服务。

解：

（1）$S(e)$ 表示"e 为一种智能手机应用程序"，

$P(e)$ 表示"e 为人"，

$L(e_1, e_2)$ 表示"e_1 喜欢 e_2"，

则原句译为：

$S($微信$)\wedge\neg\ \forall(P(x)\to L(x,$微信$))$

（2）$S(e)$表示"e为网络服务"，

$P(e)$表示"e为人"，

$L(e_1, e_2)$表示"e_1喜欢e_2"，

则原句译为：$\exists x(P(x)\wedge\forall y(S(y)\to L(x, y)))$

例2：试讨论公式$\exists xX(x)\to\forall xX(x)$的永真性和可满足性。

证明：

（1）讨论1域即个体域$\{1\}$的情形。

公式$=X(1)\to X(1)=T$

所以公式在1域上永真。

（2）讨论2域上的情形，此时个体域$I=\{1, 2\}$。

由于公式在1域上永真，由定理3知公式在2域上可满足。

由前讨论2域上的一元谓词有四个，如图3.4所示。

e	X_1	X_2	X_3	X_4
1	T	F	T	F
2	T	T	F	F

图3.4　2域上的一元谓词

公式在解释$(I; X)=(\{1, 2\}; X_2)$下

原式$=\exists xX_2(x)\to\forall xX_2(x)=T\to F=F$

故公式在2域上可满足但非永真。

（3）讨论k域（$k>2$）上的情形

因为公式在2域上可满足，根据定理3知，公式在k域上可满足；

设公式在k域上永真，根据定理2知，公式在2域上永真，与公式在2域上非永真矛盾。

故公式在k域上可满足但非永真。

例3：试求公式$\exists xF(x)\vee(\neg\ (\forall xF(x)\to\forall yG(y))\wedge\exists yG(y))$的SKOLEM标准形。

解：

（1）利用等值公式消去"$\to$"和"$\leftrightarrow$"

原式$=\exists xF(x)\vee(\neg\ (\neg\ \forall xF(x)\vee\forall yG(y))\wedge\exists yG(y))$

（2）否定深入

原式$=\exists xF(x)\vee((\forall xF(x)\wedge\exists y\neg\ G(y))\wedge\exists yG(y))$

（3）改名

原式$=\exists xF(x)\vee((\forall yF(y)\wedge\exists u\neg\ G(u))\wedge\exists vG(v))$

（4）前移量词

原式$=\exists x\forall y\exists u\exists v(F(x)\vee(F(y)\wedge\neg\ G(u))\wedge G(v))$

（5）消去存在量词

$$原式=\forall y\exists u\exists v(F(a)\vee(F(y)\wedge\neg\ G(u))\wedge G(v))$$
$$=\forall y\exists v(F(a)\vee(F(y)\wedge\neg\ G(f(y)))\wedge G(v))$$
$$=\forall y(F(a)\vee(F(y)\wedge\neg\ G(f(y)))\wedge G(g(y)))$$

● 习 题 三

3.1 试把下列语句符号化:

(1) 如果我知道你不在家,我就不去找你了。

(2) 他送给我这只大的红气球。

(3) 苏州位于南京与上海之间。

(4) 他既熟悉 C++ 语言又熟悉 PASCAL 语言。

3.2 试将下列语句符号化为含有量词的谓词演算公式:

(1) 没有不犯错误的人。

(2) 有不是奇数的质数。

(3) 尽管有人能干,但未必一切人能干。

(4) 鱼我所欲,熊掌亦我所欲。

(5) 人不犯我,我不犯人;人若犯我,我必犯人。

(6) 有一种液体可熔化任何金属。

(7) 并非"人为财死,鸟为食亡"。

(8) 若要人不知,除非己莫为。

(9) 任何一数均有一数比它大。

(10) 每个作家均写过作品。

(11) 有些作家没有写过小说。

(12) 天下乌鸦一般黑。

3.3 令 $P(e)$ 表示"e 为质数",

$E(e)$ 表示"e 为偶数",

$O(e)$ 表示"e 为奇数",

$D(e_1, e_2)$ 表示"e_1 除尽 e_2",

试把下列语句翻译为日常语句:

(1) $E(2) \wedge P(2)$

(2) $\forall x(D(2, x) \rightarrow E(x))$

(3) $\forall x(\neg E(x) \rightarrow \neg D(2, x))$

(4) $\forall x(E(x) \rightarrow \forall y(D(x, y) \rightarrow E(y)))$

(5) $\exists x(E(x) \wedge P(x))$

3.4 指出下列公式的约束关系、自由变元和约束变元:

(1) $\forall x(A(x, y) \rightarrow \forall y(B(x, y) \rightarrow C(z)))$

(2) $\forall x(A(x) \rightarrow B(y, t)) \rightarrow \exists y(A(y) \wedge B(x, y))$

3.5 已知公式 $\forall x A(x) \rightarrow \exists y(B(x, y) \wedge P(y))$:

(1) 试对公式中的自由变元 x 代以 $y^3 + 2$;

(2) 试对公式中的谓词变元 $B(e_1, e_2)$ 代以式子 $\forall x C(e_1, e_2, x, y)$。

3.6 试讨论公式 $\forall x \forall y X(x, y)$ 在个体域 $\{1, 2\}$ 上的成真解释和成假解释。

3.7 利用量词的等价公式判断下列几组公式是否等价,其中 γ 中不含有自由的 x。

(1) $\gamma \rightarrow \forall x \alpha(x)$ 和 $\forall x(\gamma \rightarrow \alpha(x))$

(2) $\neg \forall x \neg \alpha(x) \rightarrow \gamma$ 和 $\exists x(\alpha(x) \rightarrow \gamma)$

3.8 试讨论公式 $\forall x(X(x) \vee Y(x)) \leftrightarrow (\forall xX(x) \vee \forall xY(x))$ 的永真性和可满足性。

3.9 试讨论公式 $\forall x(X(x) \wedge Y(x)) \leftrightarrow (\forall xX(x) \wedge \forall xY(x))$ 的永真性和可满足性。

3.10 试求下列公式的前束范式和 SKOLEM 标准形：

(1) $\exists x(\neg (\forall y(X(x, y)) \rightarrow (\exists zY(z) \wedge Z(x))))$

(2) $\exists x \forall y \forall z(X(x, y, z) \wedge (\exists uY(u, x) \rightarrow \exists xW(y, x)))$

3.11 试用唯一性量词或摹状词符号化下列语句：

(1) 只有一个人去过南极。

(2) 最后一个离开办公室的人关门窗关电源。

(3) 并非年龄最大的人最有知识。

(4) 每个数均有唯一的数是它的后继。

第4章

谓词演算的推理理论

4.1 谓词演算的永真推理系统

与命题演算的永真推理系统一样，谓词演算也存在永真的推理系统，且该系统比命题演算更能确切地描述知识的推理形式。

下面我们介绍谓词公理系统的组成形式。

4.1.1 公理系统的组成部分

一、语法部分

1. 基本符号

公理系统所允许出现的全体符号的集合。

(1) 命题变元：P，Q，R，…字母表示命题变元；

(2) 个体变元：x，y，z，…小写字母表示个体变元；

(3) 谓词变元：X，Y，Z，…大写字母表示谓词变元；

(4) 联结词：¬、∧、∨、→、↔是联结词；

(5) 量词：全称量词∀、存在量词∃；

(6) 括号：(、)是括号；

(7) 全称封闭符：△；

(8) 合式公式：

(i) 原子命题 P 是合式公式；

(ii) 谓词填式 $A(x_1, x_2, x_3, \cdots, x_n)$ 是合式公式；

(iii) 如果 A 为公式，则¬A 为公式；

(iv) 如果 A，B 为公式，则$(A \vee B)$，$(A \wedge B)$，$(A \rightarrow B)$，$(A \leftrightarrow B)$为公式；

(V) 若 A 是合式公式，x 是 A 中出现的任何个体变元，则 $\forall x A(x)$，$\exists x A(x)$为合式公式。

(vi) 只有有限次使用(i)、(ii)、(iii)、(iv)、(v)所得到的式子才是合式公式。

(9) 全称封闭式：设 α 为含有 n 个自由变元的公式，如果在 α 前用全称量词把 n 个自由变元约束起来后所得到的公式，称为 α 的全称封闭式。记为△α。

如 $\forall xX(x, y) \rightarrow \exists uY(u, v)$ 的全称封闭式为：

$\triangle\alpha = \triangle(\forall xX(x, y) \rightarrow \exists uY(u, v))$

$= \forall y\forall v(\forall xX(x, y) \rightarrow \exists uY(u, v))$

2. 公理（注：公式 P, Q, R 均是谓词演算公式）

公理 1：$\triangle(P \rightarrow P)$

公理 2：$\triangle((P \rightarrow (Q \rightarrow R)) \rightarrow (Q \rightarrow (P \rightarrow R)))$

公理 3：$\triangle((P \rightarrow Q) \rightarrow ((Q \rightarrow R) \rightarrow (P \rightarrow R)))$

公理 4：$\triangle((P \rightarrow (P \rightarrow Q)) \rightarrow (P \rightarrow Q))$

公理 5：$\triangle((P \leftrightarrow Q) \rightarrow (P \rightarrow Q))$

公理 6：$\triangle((P \leftrightarrow Q) \rightarrow (Q \rightarrow P))$

公理 7：$\triangle((P \rightarrow Q) \rightarrow ((Q \rightarrow P) \rightarrow (P \leftrightarrow Q)))$

公理 8：$\triangle((P \wedge Q) \rightarrow P)$

公理 9：$\triangle((P \wedge Q) \rightarrow Q)$

公理 10：$\triangle(P \rightarrow (Q \rightarrow (P \wedge Q)))$

公理 11：$\triangle(P \rightarrow (P \vee Q))$

公理 12：$\triangle(Q \rightarrow (P \vee Q))$

公理 13：$\triangle((P \rightarrow R) \rightarrow ((Q \rightarrow R) \rightarrow ((P \vee Q) \rightarrow R)))$

公理 14：$\triangle((P \rightarrow \neg Q) \rightarrow (Q \rightarrow \neg P))$

公理 15：$\triangle(\neg \neg P \rightarrow P)$

公理 16：$\triangle(\forall xP(x) \rightarrow P(x))$

公理 17：$\triangle(P(x) \rightarrow \exists xP(x))$

3. 规则

（1）分离规则：如果 $\triangle A \vdash \triangle B$ 且 $\triangle A$，则 $\triangle B$。

（2）全称规则：$\triangle(\gamma \rightarrow P(x)) \vdash \triangle(\gamma \rightarrow \forall xP(x))$（其中 γ 中不含自由的 x）。

（3）全称量词消去规则：$\triangle \forall xP(x) \vdash \triangle P(x)$（$x$ 可以为任意的变元）。

（4）存在量词引入规则：$\triangle(P(x) \rightarrow \gamma) \vdash \triangle(\exists xP(x) \rightarrow \gamma)$（其中 γ 中不含自由的 x）。

二、语义部分

（1）公理是永真公式。

（2）规则规定如何从永真公式推出永真公式。分离规则指明，如果 $\triangle A \vdash \triangle B$ 永真且 $\triangle A$ 永真，则 $\triangle B$ 也为永真公式。

（3）定理为永真公式，它们是从公理出发利用上述规则推出来的公式。

三、关于公理的几点说明

（1）本系统中不引入代入规则，它的作用由（2）来实现；

（2）我们把本系统中的所有公理看作公理模式，即只要形如某一公理，我们就称其为某一公理。

如 $\triangle(P \rightarrow P)$，$\triangle((P \rightarrow (Q \rightarrow R)) \rightarrow (P \rightarrow (Q \rightarrow R)))$ 和 $\triangle(\forall xP(x) \rightarrow \forall xP(x))$ 等均为公理 1。

4.1.2 公理系统的推理过程

例1：由上面的全称规则，证明规则$\triangle\alpha(x)\vdash\triangle\forall x\alpha(x)$，此规则称为全$_0$规则。

证明：

(1) $\triangle\alpha(x)$

(2) $\triangle(\alpha(x)\rightarrow((P\rightarrow P)\rightarrow\alpha(x)))$ 引用定理$\triangle(P\rightarrow(Q\rightarrow P))$

(3) $\triangle((P\rightarrow P)\rightarrow\alpha(x))$ (2)(1) 分离

(4) $\triangle((P\rightarrow P)\rightarrow\forall\alpha(x))$ 全称规则 (3)

(5) $\triangle(P\rightarrow P)$ 公理 (1)

(6) $\triangle\forall x\alpha(x)$ (4)(5) 分离

则有全$_0$规则$\triangle\alpha(x)\vdash\triangle\forall x\alpha(x)$

同理可证全$_n$规则和存$_n$规则：

全$_n$规则：

$$\triangle(\gamma_1\rightarrow(\gamma_2\rightarrow(\cdots(\gamma_n\rightarrow\alpha(x))\cdots))\vdash\triangle(\gamma_1\rightarrow(\gamma_2\rightarrow(\cdots(\gamma_n\rightarrow\forall x\alpha(x))\cdots))$$

存$_n$规则：

$$\triangle(\gamma_1\rightarrow(\gamma_2\rightarrow(\cdots(\gamma_n\rightarrow(\alpha(x)\rightarrow\gamma))\cdots))\vdash\triangle(\gamma_1\rightarrow(\gamma_2\rightarrow(\cdots(\gamma_n\rightarrow(\exists x\alpha(x)\rightarrow\gamma))\cdots))$$

例2：已知定理：$\triangle((P\rightarrow Q)\rightarrow(\neg Q\rightarrow\neg P))$

试证明：$\triangle(\forall x\neg P(x)\leftrightarrow\neg\exists xP(x))$

证明：分别证明：$(A)\triangle(\forall x\neg P(x)\rightarrow\neg\exists xP(x))$

                             $(B)\triangle(\neg\exists xP(x)\rightarrow\forall x\neg P(x))$

先证 (A)：

(1) $\triangle(\forall x\neg P(x)\rightarrow\neg P(x))$ 公理20

(2) $\triangle((\forall x\neg P(x)\rightarrow\neg P(x))\rightarrow(P(x)\rightarrow\neg\forall x\neg P(x)))$ 公理14

(3) $\triangle(P(x)\rightarrow\neg\forall x\neg P(x))$ (2)(1) 分离

(4) $\triangle(\exists xP(x)\rightarrow\neg\forall x\neg P(x))$ 存在量词引入规则 (3)

(5) $\triangle((\exists xP(x)\rightarrow\neg\forall x\neg P(x))\rightarrow(\forall x\neg P(x)\rightarrow\neg\exists xP(x)))$ 公理14

(6) $\triangle(\forall x\neg P(x)\rightarrow\neg\exists xP(x))$ (5)(4) 分离

再证 (B)：

(7) $\triangle(P(x)\rightarrow\exists xP(x))$ 公理21

(8) $\triangle((P(x)\rightarrow\exists xP(x))\rightarrow(\neg\exists xP(x)\rightarrow\neg P(x)))$ 已知定理

(9) $\triangle(\neg\exists xP(x)\rightarrow\neg P(x))$ (8)(7) 分离

(10) $\triangle(\neg\exists xP(x)\rightarrow\forall x\neg P(x))$ 全称规则 (9)

(11) $\triangle((\forall x\neg P(x)\rightarrow\neg\exists xP(x))\rightarrow((\neg\exists xP(x)\rightarrow\forall x\neg P(x))$

      $\rightarrow(\forall x\neg P(x)\leftrightarrow\neg\exists xP(x))))$ 公理7

(12) $\triangle((\neg\exists xP(x)\rightarrow\forall x\neg P(x))\rightarrow(\forall x\neg P(x)\leftrightarrow\neg\exists xP(x)))$

                                                         (11)(6)分离

(13) $\triangle(\forall x\neg P(x)\leftrightarrow\neg\exists xP(x))$ (12)(10) 分离

例3：已知定理：$\triangle((P\rightarrow Q)\rightarrow((P\vee R)\rightarrow(Q\vee R)))$

试证明：$\triangle(\exists x(P(x)\vee\gamma)\leftrightarrow(\exists xP(x)\vee\gamma))$

证明：

(1) $\triangle(P(x)\rightarrow\exists xP(x))$ 公理21

(2) $\triangle((P(x)\rightarrow\exists xP(x))\rightarrow((P(x)\vee\gamma)\rightarrow(\exists xP(x)\vee\gamma)))$ 定理

(3) $\triangle((P(x)\vee\gamma)\rightarrow(\exists xP(x)\vee\gamma))$ (2)(1) 分离

(4) $\triangle(\exists x(P(x)\vee\gamma)\rightarrow(\exists xP(x)\vee\gamma))$ 存在量词引入规则（3）

(5) $\triangle((P(x)\vee\gamma)\rightarrow\exists x(P(x)\vee\gamma))$ 公理21

(6) $\triangle(P(x)\rightarrow(P(x)\vee\gamma))$ 公理11

(7) $\triangle(P(x)\rightarrow\exists x(P(x)\vee\gamma))$ 传递(6)(5)

(8) $\triangle(\exists xP(x)\rightarrow\exists x(P(x)\vee\gamma))$ 存在量词引入规则(7)

(9) $\triangle(\gamma\rightarrow(P(x)\vee\gamma))$ 公理12

(10) $\triangle(\gamma\rightarrow\exists x(P(x)\vee\gamma))$ 传递(9)(5)

(11) $\triangle((\exists xP(x)\vee\gamma)\rightarrow\exists x(P(x)\vee\gamma))$ 析取规则(8)(10)

(12) $\triangle(\exists x(P(x)\vee\gamma)\leftrightarrow(\exists xP(x)\vee\gamma))$ 充要规则(4)(11)

例4：$\triangle((\forall xP(x)\rightarrow Q(x))\rightarrow(\forall xP(x)\rightarrow\exists xQ(x)))$

证明：

(1) $\triangle(Q(x)\rightarrow\exists xQ(x))$ 公理21

(2) $\triangle((\forall xP(x)\rightarrow Q(x))\rightarrow((Q(x)\rightarrow\exists xQ(x))\rightarrow(\forall xP(x)\rightarrow\exists xQ(x))))$

公理3

(3) $\triangle(((\forall xP(x)\rightarrow Q(x))\rightarrow((Q(x)\rightarrow\exists xQ(x))\rightarrow(\forall xP(x)\rightarrow\exists xQ(x))))$
$\rightarrow((Q(x)\rightarrow\exists xQ(x))\rightarrow((\forall xP(x)\rightarrow Q(x))\rightarrow(\forall xP(x)\rightarrow\exists xQ(x)))))$

公理2

(4) $\triangle((Q(x)\rightarrow\exists xQ(x))\rightarrow((\forall xP(x)\rightarrow Q(x))\rightarrow(\forall xP(x)\rightarrow\exists xQ(x))))$

(3)(2)分离

(5) $\triangle((\forall xP(x)\rightarrow Q(x))\rightarrow(\forall xP(x)\rightarrow\exists xQ(x)))$ (4)(1) 分离

4.2 谓词演算的假设推理系统

4.2.1 假设推理系统的组成及证明方法

一、假设推理系统的组成

（1）如果 Γ，$\triangle A\vdash\triangle B$，则 $\Gamma\vdash\triangle A\rightarrow\triangle B$，也可表示为：如果 $\triangle A_1$，$\triangle A_2$，$\cdots$，$\triangle A_n$，$\triangle A\vdash\triangle B$，则 $\triangle A_1$，$\triangle A_2$，$\cdots$，$\triangle A_n\vdash\triangle A\rightarrow\triangle B$。依次类推可得定理：

$$\vdash\triangle A_1\rightarrow(\triangle A_2\rightarrow(\cdots\rightarrow(\triangle A_n\rightarrow(\triangle A\rightarrow\triangle B))\cdots)$$

（2）存在推理定理：如果在假设中或在推理过程中出现 $\exists xP(x)$，我们可引入额外假设 $P(e)$（其中 e 为尚未使用过的变元），若能推导出不含 e 的公式 Q，则证明了该公式。

存在推理定理描述如下：

如果有 $\triangle A_1$，$\triangle A_2$，$\cdots$，$\triangle A_n$，$\triangle\exists xP(x)$，$\triangle P(e)\vdash\triangle Q$，其中 Q 中不含有自由的 e，且在推理过程中不对假设中的自由变元和额外假设中的自由变元实施全规则和存在规则，

则有：

$$\triangle A_1，\triangle A_2，\cdots，\triangle A_n，\triangle\exists xP(x)\vdash\triangle Q$$

二、假设推理过程的证明方法

（1）把待证公式的前件作为假设——一列出，假设中的全称量词$\forall$可用全称量词消去规则消去，存在量词可引入额外假设删除，并在式子后注明它为额外假设；

（2）按永真的证明方法进行证明，但此时不能对假设实施代入；

（3）待证公式的后件中若有全称量词，可用全$_0$规则引入，存在量词可由公理21引入。

4.2.2 定理的推导过程

例1：$\exists x(P(x)\to Q(x))\to(\forall xP(x)\to\exists xQ(x))$

解：(1) $\exists x(P(x)\to Q(x))$ 假设

     (2) $\forall xP(x)$ 假设

     (3) $P(e)\to Q(e)$ 额外假设

     (4) $P(e)$ 全称量词消去规则（2）

     (5) $Q(e)$ （3）（4）分离

     (6) $Q(e)\to\exists xQ(x)$ 公理21

     (7) $\exists xQ(x)$ （6）（5）分离

由存在推理定理得：

$$\exists x(P(x)\to Q(x))，\forall xP(x)\vdash\exists xQ(x)$$

由假设推理定理得：

$$\exists x(P(x)\to Q(x))\to(\forall xP(x)\to\exists xQ(x))$$

例2：已知知识：

(1) 有些病人喜欢所有的医生，

(2) 所有的病人均不喜欢庸医，

试证明结论：所有的医生均不是庸医。

证明：先把知识翻译为符号公式：

令$P(e)$表示"e为病人"，

  $D(e)$表示"e为医生"，

  $Q(e)$表示"e为庸医"，

  $L(e_1，e_2)$表示"e_1喜欢e_2"，

则已知知识翻译为：

(1) $\exists x(P(x)\wedge\forall y(D(y)\to L(x，y)))$

(2) $\forall x(P(x)\to\forall y(Q(y)\to\neg L(x，y)))$

结论翻译为：

$$\forall x(D(x)\to\neg Q(x))$$

(1) $\exists x(P(x)\wedge\forall y(D(y)\to L(x，y)))$ 假设

(2) $\forall x(P(x)\to\forall y(Q(y)\to\neg L(x，y)))$ 假设

(3) $P(a)\wedge\forall y(D(y)\to L(a，y))$ 额外假设

(4) $(P(a)\wedge\forall y(D(y)\to L(a，y)))\to P(a)$ 公理8

（5）$(P(a) \wedge \forall y(D(y) \rightarrow L(a, y))) \rightarrow \forall y(D(y) \rightarrow L(a, y))$　　　　　公理 9

（6）$P(a)$　　　　　　　　　　　　　　　　　　　　　　　　　（4）（3）分离

（7）$\forall y(D(y) \rightarrow L(a, y))$　　　　　　　　　　　　　　　　（5）（3）分离

（8）$P(a) \rightarrow \forall y(Q(y) \rightarrow \neg L(a, y))$　　　　　　　　　全称量词消去规则（2）

（9）$\forall y(Q(y) \rightarrow \neg L(a, y))$　　　　　　　　　　　　　　（8）（6）分离

（10）$D(b) \rightarrow L(a, b)$　　　　　　　　　　　　　　　　全称量词消去规则（7）

（11）$Q(b) \rightarrow \neg L(a, b)$　　　　　　　　　　　　　　全称量词消去规则（9）

（12）$((Q(b) \rightarrow \neg L(a, b)) \rightarrow (L(a, b) \rightarrow \neg Q(b))$　　　　　　公理 14

（13）$L(a, b) \rightarrow \neg Q(b)$　　　　　　　　　　　　　　　（12）（11）分离

（14）$D(b) \rightarrow \neg Q(b)$　　　　　　　　　　　　　　　　　传（10）（13）

（15）$\forall x(D(x) \rightarrow \neg Q(x))$　　　　　　　　　　　　　　全$_0$规则（14）

最后，把公式翻译为日常语句得结论：所有的医生均不是庸医。

4.3　谓词演算的归结推理系统

在第二章的归结推理中，用归结的方法来证明命题演算的定理，这种证明方法也可用来证明谓词演算公式。对定理的证明不限于数学中的应用，我们也研究信息检索、常识性知识的推理和程序的自动化等方面的应用。前面定理证明系统中，如果有一个公式 S，从 S 出发希望证明某个目标公式 T，在归结系统中首先否定目标公式，然后将这个公式加到公式集 S 中，再将该公式化成子句集，若能归结成空子句（用□表示），则认为证明了该公式。

下面举一个简单例子来说明此归结过程。

设有语句串及它的符号表示如下：

（1）无论谁能读就有知识：$\forall x(R(x) \rightarrow L(x))$

（2）所有的海豚均没有知识：$\forall x(H(x) \rightarrow \neg L(x))$

（3）有些海豚有智慧：$\exists x(H(x) \wedge I(x))$

从这些语句出发，证明语句：

（4）一些有智慧的个体不能读：$\exists x(I(x) \wedge \neg R(x))$

对应语句（1）至（4）的子句集为：

（1）$\neg R(x_1) \vee L(x_1)$

（2）$\neg H(x_2) \vee \neg L(x_2)$

（3）$H(a)$

（4）$I(a)$

其中子句（3）（4）为对式（3）SKOLEM 化而得，a 为 SKOLEM 常量。

要证明的定理的否定式为：

$$\neg \exists x(I(x) \wedge \neg R(x))$$

即　　　　　　　　　　　　$$\forall x(\neg I(x) \vee R(x))$$

化为子句形式为：

（5）$\neg I(x_3) \vee R(x_3)$

（6）$R(a)$　　　　　　　　　　　　　　　　　　　$\{a/x_3\}$（4）（5）归结

$(7)\ L(a)$ $\quad\quad\quad\quad\quad\quad\quad\quad\quad\quad$ $\{a/x_1\}(6)(1)$ 归结

$(8)\ \neg\ H(a)$ $\quad\quad\quad\quad\quad\quad\quad\quad\quad$ $\{a/x_2\}(7)(2)$ 归结

$(9)\ \square$ $\quad\quad\quad\quad\quad\quad\quad\quad\quad\quad\quad\quad$ $(8)(3)$ 归结

从上面的讨论可看出，归结时使用了未讨论过的置换的概念。

4.3.1　置换

置换实际上是项对变量的替换。前面已定义过，项可以是变量符号、常量符号和函数项。置换的准则：

（1）置换必须处处进行。

一个置换应对某个变量的所有出现均用同一个变量来置换。

如：表达式 $P(x,g(x),b)$ 中的变量 x 置换为实体项 a，应为 $P(a,g(a),b)$，而不是部分置换 $P(a,g(x),b)$。

（2）要求没有变量被含有同一变量的项来代替。

如表达式 $P(x,g(x),b)$ 中的 x 不能用含有 x 的项 $f(x)$ 来置换，即 $P(f(x),g(f(x)),b)$ 是错误的置换。

有了置换的准则，就可找出某一表达式的正确的置换式。

如已知表达式 $P(x,g(y),b)$ 可有下面若干置换：

$$P(x,g(a),b)$$
$$P(f(y),g(a),b)$$
$$P(a,g(y),b)$$
$$P(a,g(b),b)$$

一般地，置换可通过有序对的集合 $\{t_1/v_1,\ t_2/v_2,\ \cdots,\ t_n/v_n\}$ 来表达，其中 t_i/v_i 表示变量 v_i 处处以项 t_i 来代替。由此上述四个置换可用下面式子表示：

$$S_1=\{a/y\}$$
$$S_2=\{f(y)/x,\ a/y\}$$
$$S_3=\{a/x\}$$
$$S_4=\{a/x,\ b/y\}$$

4.3.2　归结反演系统

一、谓词演算公式子句的形成

下面根据具体的例子来说明谓词演算公式子句的形成算法。

$$\exists xP(x)\wedge\forall x(A(x)\rightarrow\exists y(B(y)\wedge W(x,y)))$$

（1）消去蕴含词和等价词。

原式 $=\exists xP(x)\wedge\forall x(\neg A(x)\vee\exists y(B(y)\wedge W(x,y)))$

（2）否定深入，如果必要的话。

（3）约束变元改名：利用改名方法对上式施行改名，以保证每一个量词约束的变元不同名。

原式 = $\exists x P(x) \wedge \forall z(\neg A(z) \vee \exists y(B(y) \wedge W(z, y)))$

（4）化为前束范式。

原式 = $\exists x \forall z \exists y(P(x) \wedge(\neg A(z) \vee(B(y) \wedge W(z, y))))$

（5）消去存在量词。

原式 $\Leftrightarrow \forall z(P(a) \wedge(\neg A(z) \vee(B(f(z)) \wedge W(z, f(z)))))$

（6）消去全称量词。

原式 $\Leftrightarrow P(a) \wedge(\neg A(z) \vee(B(f(z)) \wedge W(z, f(z))))$

（7）利用分配律化为合取范式。

原式 $\Leftrightarrow P(a) \wedge(\neg A(z) \vee B(f(z))) \wedge(\neg A(z) \vee W(z, f(z)))$

（8）消去合取词得子句集，此时公式中只含有一些文字的析取。

$$P(a)$$
$$\neg A(z) \vee B(f(z))$$
$$\neg A(z) \vee W(z, f(z))$$

（9）改变变量的名称：改名使得每个变量符号不出现在一个以上的子句中。

$$P(a)$$
$$\neg A(z_1) \vee B(f(z_1))$$
$$\neg A(z_2) \vee W(z_2, f(z_2))$$

二、一般归结

知道了命题演算基子句的归结，对含有变量的子句使用归结时，只需寻找一个置换，把它们作用到母体子句上使它们含有互补的文字对（如 P 和 $\neg P$），再利用基子句的归结方法，就能完成对谓词演算公式的归结。

如有两个子句：

$$P(x, g(a)) \vee Q(y) \text{ 和} \neg P(z, g(a)) \vee \neg Q(z)$$

由上面两子句可得归结式如下：

$$Q(y) \vee \neg Q(z) \qquad \qquad \{z/x\}$$
$$P(x, g(a)) \vee \neg P(z, g(a)) \qquad \qquad \{z/y\}$$

归结反演系统可以认为是一个产生式系统，子句集看作为一个综合数据库，而规则表就是归结，表中的规则用到数据库中的子句对，产生一个新的子句，把新子句加入数据库中产生新的数据库，形成新的归结，重复此过程，观察数据库中是否含有空子句。

例1：已知知识：

（1）每个作家均写过作品，

（2）有些作家没写过小说，

结论：有些作品不是小说。

证明：先把知识翻译为符号公式：

令 $A(e)$ 表示"e 为作家"，

$B(e)$ 表示"e 为作品"，

$N(e)$ 表示"e 为小说"，

$W(e_1, e_2)$ 表示"e_1 写了 e_2"。

（1）$\forall x(A(x) \rightarrow \exists y(B(y) \wedge W(x, y)))$

（2）$\exists x(A(x) \wedge \forall y(N(y) \rightarrow \neg W(x, y)))$

结论：$\exists x(B(x) \wedge \neg N(x))$

把上面公式转换为子句：

(1) $\neg A(x_1) \vee B(f(x_1))$

(2) $\neg A(x_2) \vee W(x_2, f(x_2))$

(3) $A(a)$

(4) $\neg N(y) \vee \neg W(a, y)$

否定结论论得：$\neg \exists x(B(x) \wedge \neg N(x)) = \forall x(\neg B(x) \vee N(x))$

从而有子句：

(5) $\neg B(x) \vee N(x)$

(6) $\neg A(x_1) \vee N(f(x_1))$ $\{f(x_1)/x\}$ (5)(1) 归结

(7) $N(f(a))$ $\{a/x_1\}$ (6)(3) 归结

(8) $\neg W(a, f(a))$ $\{f(a)/y\}$ (7)(4) 归结

(9) $\neg A(a)$ $\{a/x_2\}$ (8)(2) 归结

(10) □   (9)(3) 归结

三、归结反演算系统的应用

问题求解中有一类较复杂的问题，它们要求给出一连串的动作以完成某一个目标，在人工智能领域中称为规划生成问题。

例2：给机器人 r 编制一程序，使它能够登上一只椅子 c 以取下挂在房顶的香蕉 b。

解：设有两个谓词：

$P(x, y, z, s)$ 表示在状态 s 时，r 在 x 处，b 在 y 处，c 在 z 处；

$R(s)$ 表示 s 是成功状态，即在状态 s 时可取到 b。

所用的三个函数为：

$walk(y, z, s)$ 表示一个新的状态，它是从原始状态 s 经过 "r 由 y 处走到 z 处" 后的状态；

$carry(y, z, s)$ 表示一个新的状态，它是从原始状态 s 经过 "r 将 c 由 y 处走到 z 处" 后的状态；

$climb(s)$ 表示一个新的状态，它是从原始状态 s 经过 "r 登上 c" 后的状态；

四个常元 r_0, c_0, b_0, s_0 分别表示 r, c, b, s 的初始位置及初始状态，对 b 而言 b_0 是指香蕉的投影位置。

我们告诉机器人 r 的除了初始数据外，还有：

(1) $\forall x \forall y \forall z \forall s(P(x, y, z, s) \rightarrow P(z, y, z, walk(x, z, s)))$

(2) $\forall x \forall y \forall s(P(x, y, x, s) \rightarrow P(y, y, y, carry(x, y, s)))$

(3) $\forall s(P(b_0, b_0, b_0, s) \rightarrow R(climb(s)))$

(4) $P(r_0, b_0, c_0, s_0)$

我们要问的是：

(5) $\exists s R(s)$

将上述语句化为子句并加入提取谓词 $PRINT(s)$：

（i）$\neg P(x_1, y_1, z_1, s_1) \vee P(z_1, y_1, z_1, walk(x_1, z_1, s_1))$

（ii）$\neg P(x_2, y_2, x_2, s_2) \vee P(y_2, y_2, y_2, carry(x_2, y_2, s_2))$

（iii）$\neg P(b_0, b_0, b_0, s_3) \vee R(climb(s_3))$

（ⅳ） $P(r_0, b_0, c_0, s_0)$

（ⅴ） $\neg R(s_4) \vee PRINT(s_4)$

（ⅵ） $\neg P(b_0, b_0, b_0, s_3) \vee PRINT(climb(s_3))$ $\{climb(s_3)/s_4\}$（ⅲ）（ⅴ）归结

（ⅶ） $\neg P(x_2, b_0, x_2, s_2) \vee PRINT(climb(carry(x_2, b_0, s_2)))$

$$\{b_0/y_2, carry(x_2, b_0, s_2)/s_3\}（ⅱ）（ⅵ）归结$$

（ⅷ） $\neg P(x_1, b_0, x_2, s_1) \vee PRINT(climb(carry(x_2, b_0, walk(x_1, x_2, s_1))))$

$$\{b_0/y_1, x_2/z_1, walk(x_1, x_2, s_1)/s_2\}（ⅱ）（ⅵ）归结$$

（ⅸ） $PRINT(climb(carry(c_0, b_0, walk(r_0, c_0, s_0))))$

$$\{r_0/x_1, c_0/x_2, s_0/s_1\}（ⅳ）（ⅷ）归结$$

4.3.3　霍恩子句逻辑程序

上一节介绍了归结反演系统，即把公式化成子句形式（如 $P \rightarrow Q = \neg P \vee Q$），并把目标公式的否定化成子句形式，然后利用基于子句的归结原理对定理进行证明。这种方法能解决定理的证明问题，而事实上许多人工智能系统中使用的知识是由一般的蕴含表达式来表示的，如果一味地把蕴含式 $(P \wedge Q) \rightarrow R$ 化为等价的析取式 $\neg P \vee \neg Q \vee R$，往往会丢失可能包含在蕴含式中的重要的、超逻辑的控制信息。

本节中以蕴含式的原始给定形式来使用，而不把公式化为析取子句，且规定表示有关问题陈述的知识分为两类：一类是规则，由蕴含式表示，表达了有关领域的一般知识，且可作为产生式规则来使用；另一类是事实，由不包含蕴含式的陈述组成，用来表达某一领域专门的知识。为此我们的产生式系统是根据这些事实和规则来证明目标公式，这种推理强调使用规则进行演绎，直观且易于理解，因此这类系统称为基于规则的演绎系统。由于篇幅有限，本节仅介绍逆向演绎系统。

约定作为规则的一些公式限制为如下形式的公式：

$$W \rightarrow L$$

这些产生式规则和事实应满足下列条件：

（1） L 是单文字，事实上即使 L 不是单文字，也可把该蕴含式化为多重规则。

如： $W \rightarrow (L_1 \wedge L_2)$ 等价于规则对 $W \rightarrow L_1$ 和 $W \rightarrow L_2$；

（2） W 是任一公式（假设是与或形公式）。

逆向演绎系统采用霍恩子句逻辑及霍恩逻辑程序来介绍。

一、子句的蕴含表示形式

一个子句是若干文字的析取，文字是原子公式或原子公式的否定。为了叙述方便，约定当文字为原子公式时，称它为正文字，否则为负文字。

一般地，子句 $C = \neg P_1 \vee \neg P_2 \vee \cdots \vee \neg P_n \vee Q_1 \vee Q_2 \vee \cdots \vee Q_m$（其中 P_i 和 Q_i 为谓词，变元被省略）可以表示为：

$$(P_1 \wedge P_2 \wedge \cdots \wedge P_n) \rightarrow (Q_1 \vee Q_2 \vee \cdots \vee Q_m)$$

如果约定蕴含前件的文字之间恒为合取，而蕴含后件的文字之间恒为析取，那么上式可改写为如下形式：

$$P_1, P_2, \cdots, P_n \rightarrow Q_1, Q_2, \cdots, Q_m$$

根据 m 和 n 值的不同，上式可以改写成如下四种形式：

$$Q_1, Q_2, \cdots, Q_m \leftarrow P_1, P_2, \cdots, P_n \qquad m \neq 0, n \neq 0$$
$$\leftarrow P_1, P_2, \cdots, P_n \qquad m = 0, n \neq 0$$
$$Q_1, Q_2, \cdots, Q_m \leftarrow \qquad m \neq 0, n = 0$$
$$\square（空子句） \qquad m = 0, n = 0$$

约定本节所说子句为如上定义的子句，下面简单说明此种类型子句的性质：

（1）$Q_1, Q_2, \cdots, Q_m \leftarrow$，等价于 $Q_1 \vee Q_2 \vee \cdots \vee Q_m$；而 $\leftarrow P_1, P_2, \cdots, P_n$，等价于 $\neg P_1 \vee \neg P_2 \vee \cdots \vee \neg P_n$。当 $m = n = 0$ 时，表示空子句。

（2）若子句 C：$Q_1, Q_2, \cdots, Q_m \leftarrow P_1, P_2, \cdots, P_n$ 和子句 C'：$Q_1', Q_2', \cdots, Q_s' \leftarrow P_1', P_2', \cdots, P_t'$ 中有 Q_i 和 P_j'（或 P_i 和 Q_j'）相同，则 C 和 C' 可进行归结。

（3）要证明定理 $(A_1 \wedge A_2 \wedge \cdots \wedge A_n) \to B$，只要将 $A_1 \wedge A_2 \wedge \cdots \wedge A_n \wedge \neg B$ 化为子句集，并证明其不可满足，即用以上方式归结出空子句。

二、霍恩子句逻辑程序

定义1：子句 $L_1 \vee L_2 \vee \cdots \vee L_n$ 中，如果至多只含有一个正文字，那么该子句称为霍恩子句。霍恩子句 $C = P \vee \neg Q_1 \vee \neg Q_2 \vee \cdots \vee \neg Q_n$：

$$P \leftarrow Q_1, Q_2, \cdots, Q_n$$

由前面的讨论可知，霍恩子句必为下列四种形式之一：

（1）$P \leftarrow Q_1, Q_2, \cdots, Q_n$ $n \neq 0$

（2）$P \leftarrow$ $n = 0$

（3）$\leftarrow Q_1, Q_2, \cdots, Q_n$ $n \neq 0$

（4）$\square$（空子句）   上式 $n = 0$ $\square$

四种子句形式所代表的含义如下：

形如 $P \leftarrow Q_1, Q_2, \cdots, Q_n$ 的霍恩子句称为一个过程，P 称为过程名，$\{Q_1, Q_2, \cdots, Q_n\}$ 称为过程体，诸 Q_i 解释为过程调用；

形如 $P \leftarrow$ 的霍恩子句称为一个事实；

形如 $\leftarrow Q_1, Q_2, \cdots, Q_n$ 的霍恩子句称为目标，目标全部由过程调用所组成，常用来表示一个询问。

形如 $\square$（空子句）称为停机语句，表示执行成功。

定义2：霍恩子句逻辑就是由如上形式的子句构成的一阶谓词演算系统的子系统。

定义3：霍恩子句逻辑程序就是指由上面被称为过程、事实和目标的霍恩子句的集合。

逻辑程序的执行过程类似于子句的归结过程，其执行算法如下：

（1）给定一个霍恩子句逻辑程序，它由目标中的一个过程调用与事实或与一个过程的过程名匹配启动，当匹配成功后，形成新的目标，完成一次匹配。

（2）再由目标中的另一个过程调用重新启动程序，直至目标中全部过程调用匹配成功（即归结为空子句），或者某一过程调用不能与事实或过程名相匹配。

例3：已知知识：

（1）桌子上的每一本书均是杰作，

（2）写出杰作的人是天才，

（3）某个不出名的人写了桌上某本书，

结论：某个不出名的人是天才。

解：先把知识翻译为符号公式：

令 $A(e)$ 表示 "e 为桌上的书"，

$B(e)$ 表示 "e 为杰作"，

$C(e)$ 表示 "e 为天才"，

$D(e)$ 表示 "e 出名"，

$P(e)$ 表示 "e 为人"，

$W(e_1, e_2)$ 表示 "e_1 写了 e_2"，

(1) $\forall x(A(x) \rightarrow B(x))$

(2) $\forall x \forall y((P(x) \wedge B(y) \wedge W(x, y)) \rightarrow C(x))$

(3) $\exists x \exists y(P(x) \wedge A(y) \wedge \neg D(x) \wedge W(x, y))$

结论：$\exists x(P(x) \wedge \neg D(x) \wedge C(x))$

改写为霍恩子句逻辑程序及执行过程为：

(1) $B(x_1) \leftarrow A(x_1)$

(2) $C(x_2) \leftarrow P(x_2), B(y), W(x_2, y)$

(3) $P(a) \leftarrow$

(4) $A(b) \leftarrow$

(5) $\leftarrow D(a)$

(6) $W(a, b) \leftarrow$

(7) $D(x_3) \leftarrow P(x_3), C(x_3)$

(8) $\leftarrow P(a), C(a)$ $\{a/x_3\}$ (5)(7) 归结

(9) $\leftarrow C(a)$ (8)(3) 归结

(10) $\leftarrow P(a), B(y), W(a, y)$ $\{a/x_2\}$ (9)(2) 归结

(11) $\leftarrow B(y), W(a, y)$ (10)(3) 归结

(12) $\leftarrow A(y), W(a, y)$ $\{y/x_1\}$ (11)(1) 归结

(13) $\leftarrow W(a, b)$ $\{b/y\}$ (12)(4) 归结

(14) $\square$ (13)(6) 归结

4.4 典型例题及解答

例1：已知知识

(1) $\exists x F(x) \rightarrow \forall y((F(y) \vee G(y)) \rightarrow R(y))$

(2) $\exists x F(x)$

结论：$\exists x R(x)$

试用假设推理证明之。

证明：

(1) $\exists x F(x) \rightarrow \forall y((F(y) \vee G(y)) \rightarrow R(y))$ 假设

(2) $\exists x F(x)$ 假设

(3) $\forall y((F(y) \vee G(y)) \rightarrow R(y))$ (1)(2) 分离

(4) $F(a)$ (2) 额外假设

$(5)(F(a)\vee G(a))\to R(a)$ （3）去全称量词

$(6)F(a)\to(F(a)\vee G(a))$ 公理11

$(7)F(a)\vee G(a)$ （4）（6）分离

$(8)R(a)$ （5）（7）分离

$(9)\exists xR(x)$ 存在量词引入

由假设推理过程的定义知：

$$\exists xF(x)\to\forall y((F(y)\vee G(y))\to R(y)),\exists xF(x)\vdash\exists xR(x)$$

例2：已知知识：

$(1)\exists xP(x)\to\forall x((P(x)\vee Q(x))\to R(x))$

$(2)\exists xP(x)$

结论： $\exists x\exists y(R(x)\wedge R(y))$

试用归结原理和霍恩子句逻辑程序证明之。

证明：归结原理证明

$(1)\neg P(x)\vee\neg P(y)\vee R(y)$

$(2)\neg P(x_1)\vee\neg Q(y_1)\vee R(y_1)$

$(3)P(a)$

$(4)\neg R(x_2)\vee\neg R(y_2)$

$(5)\neg P(y)\vee R(y)$ $\{a/x\}$（1）（3）归结

$(6)R(a)$ $\{a/y\}$（5）（3）归结

$(7)\neg R(y_2)$ $\{a/x_2\}$（4）（6）归结

$(8)\square$ $\{a/y_2\}$（6）（7）归结

霍恩子句逻辑程序证明

$(1)R(y)\leftarrow P(x),P(y)$

$(2)R(y_1)\leftarrow P(x_1),Q(y_1)$

$(3)P(a)\leftarrow$

$(4)\leftarrow R(x_2),R(y_2)$

$(5)\leftarrow P(x),P(x_2),R(y_2)$ $\{x_2/y\}$（1）（4）归结

$(6)\leftarrow P(x_2),R(y_2)$ $\{a/x\}$（5）（3）归结

$(7)\leftarrow R(y_2)$ $\{a/x_2\}$（3）（6）归结

$(8)\leftarrow P(x),P(y)$ $\{y/y_2\}$（1）（7）归结

$(9)\leftarrow P(y)$ $\{a/x\}$（3）（8）归结

$(10)\square$ $\{a/y\}$（3）（9）归结

● 习 题 四

4.1 用永真的公理系统证明下列定理：

$(1)\forall x(\gamma\to P(x))\leftrightarrow(\gamma\leftarrow\forall xP(x))$

$(2)\forall x(P(x)\to\gamma)\leftrightarrow(\exists xP(x)\to\gamma)$

4.2 已知公理$(A)\triangle((P\to(Q\to P))$

$(B)\triangle(P\to P)$

及分离规则和全称规则，全称规则为：

$$\triangle(\gamma_1 \rightarrow (\gamma_2 \rightarrow \alpha(x))) \vdash \triangle(\gamma_1 \rightarrow (\gamma_2 \rightarrow \forall x \alpha(x)))$$

试证明：全$_0$规则 $\triangle \alpha(x) \vdash \triangle \forall x \alpha(x)$。

4.3　指出下列推理过程的错误所在：

(1)　① $\forall x \exists y(x > y)$　　　　　　　　　　　　　　　假设

　　　② $\exists y(z > y)$　　　　　　　　　　　　　　　全称量词消去

　　　③ $z > b$　　　　　　　　　　　　　　　　　　额外假设引入

　　　④ $\forall z(z > b)$　　　　　　　　　　　　　　　全$_0$规则

　　　⑤ $b > b$　　　　　　　　　　　　　　　　　　全称量词消去

　　　⑥ $\forall x(x > x)$　　　　　　　　　　　　　　　全$_0$规则

(2)　$\exists x P(x) \rightarrow \forall x P(x)$ 的证明过程如下：

　　　① $\exists x P(x)$　　　　　　　　　　　　　　　　假设

　　　② $P(e)$　　　　　　　　　　　　　　　　　　额外假设

　　　③ $\forall x P(x)$　　　　　　　　　　　　　　　　全$_0$规则

(3)　① $\forall x(P(x) \rightarrow Q(x))$　　　　　　　　　　　假设

　　　② $\exists x P(x)$　　　　　　　　　　　　　　　　假设

　　　③ $P(c) \rightarrow Q(c)$　　　　　　　　　　　　　全称量词消去

　　　④ $P(c)$　　　　　　　　　　　　　　　　　　额外假设引入

　　　⑤ $Q(c)$　　　　　　　　　　　　　　　　　(3)(4) 分离

　　　⑥ $\exists x Q(x)$　　　　　　　　　　　　　　　存在量词引入

4.4　用假设推理证明下列公式：

(1)　$\forall x(P(x) \rightarrow Q(x)) \rightarrow ((\forall x Q(x) \rightarrow \forall x R(x)) \rightarrow (\forall x P(x) \rightarrow \forall x R(x)))$

(2)　$\exists x P(x) \rightarrow \forall x((P(x) \vee Q(x)) \rightarrow R(x))$，$\exists x P(x) \vdash \exists x \exists y(R(x) \wedge R(y))$

4.5　已知知识如下：

(1)　桌子上的每一本书均是杰作，

(2)　写出杰作的人是天才，

(3)　某个不出名的人写了桌上某本书，

结论：某个不出名的人是天才。

(1)　试用归结原理证明之。

(2)　试用假设推理证明之。

4.6　用归结方法证明下列公式：

(1)　$\forall x(P(x) \vee Q(x))$，$\forall x(Q(x) \rightarrow \neg R(x))$，$\forall x R(x) \vdash \forall x P(x)$

(2)　$\exists x \exists y((P(f(x)) \wedge Q(f(b))) \rightarrow (P(f(a)) \wedge P(x) \wedge Q(y)))$

4.7　已知知识如下：

(1)　每个程序员均写过程序；

(2)　病毒是一种程序；

(3)　有些程序员没写过病毒；

结论：有些程序不是病毒。

试用霍恩子句逻辑程序证明之。

4.8　已知有关公司信息的知识：

(1)　John 是 PD 公司经理；

（2）Smith 在 PD 公司任职；

（3）Jones 在 PD 公司任职；

（4）Peter 在 PD 公司任职；

（5）Hall SD 公司经理；

（6）Mary 在 SD 公司任职；

（7）Bell 在 SD 公司任职；

（8）Jones 的 Mary 已结婚；

（9）在某公司当经理者必在该公司任职；

（10）在某公司当经理者是在该公司任职的人的老板；

（11）*A* 和 *B* 结婚，则 *B* 和 *A* 结婚；

（12）一对夫妇不在同一公司任职；

（13）所有在 SD 公司任职的已婚者可享有 EC 保险的人寿保险。

现在我们查询 Mary 是否在 SD 公司任职？她结婚了吗？丈夫是谁？她是否享受保险？试用霍恩子句逻辑程序证明之。

第 5 章

递归函数论

递归函数是数论函数，是以自然数为研究对象，定义域和值域均为自然数。它为能行可计算函数找出各种理论上的、严密的类比物，即某个函数能否用若干可计算函数采用某种已有的算法如迭置或算子在有限步内递归产生，若能，说明该函数为可计算性函数，否则它为不可计算函数，因此，递归函数又称为可计算性理论。

下面举几个例子来说明函数的可计算性。

例 1：$g(n) = [\sqrt{n}]$，表示取自然数 n 的平方根的整数部分。

解：将 n 依次与 1^2，2^2，…作比较总可求得 $g(n)$ 的值，所以 $g(n)$ 是可计算的。

例 2：
$$g(n) = \begin{cases} 0, & \pi \text{ 的展开式中有 } n \text{ 个连续的 } 8 \\ 1, & \text{否则} \end{cases}$$

解：因 π 的展式是一个无穷序列，要计算上述函数可能是一个无限过程，故函数 $g(n)$ 为不可计算函数。

5.1 数论函数和数论谓词

5.1.1 数论函数

定义 1：数论函数是指以自然数集为定义域及值域的函数。下面简单介绍一些常用的数论函数，其中 x，y 均为自然数域中的变元。

$x + y$ 指 x 与 y 的和。

xy 指 x 与 y 的积。

$x \dotminus y$ 指 x 与 y 的算术差，即 $x \geqslant y$ 时，其值为 x 减 y，否则为 0。

$x \mathbin{\dot\sim} y$ 指 x 与 y 的绝对差，即大数减小数。

$[\sqrt{x}]$ 指 x 的平方根的整数部分。

$[x/y]$ 指 x 与 y 的算术商。

$rs(x, y)$ 指 y 除 x 的余数，约定 $y = 0$ 时，$rs(x, y) = x$。

$dv(x, y)$ 指 x 与 y 的最大公约数，约定 $xy = 0$ 时，其值为 $x + y$。

$lm(x, y)$ 指 x 与 y 的最小公倍数，约定 $xy = 0$ 时，其值为 0。

$I(x) = x$ 函数值与自变量的值相同，称为幺函数。

$I_{mn}(x_1, x_2, \cdots, x_n, \cdots, x_m) = x_n$，即函数值与第 n 个自变元的值相同，此函数称为广义幺函数。

$O(x) = 0$ 即函数值永为 0，称为零函数。

$S(x) = x + 1$，此函数为后继函数。

$D(x)$ 指 x 的前驱，称为前驱函数。当 $x = 0$ 时，其值为 0，$x > 1$ 时，其值为 $x - 1$。

$C_a(x) = a$，即函数值永为 a，这个函数称为常值函数。

函数 xNy，xN^2y 的定义如下：

$$xNy = \begin{cases} x, & \text{当 } y = 0 \text{ 时} \\ 0, & \text{当 } y \neq 0 \text{ 时} \end{cases} \qquad xN^2y = \begin{cases} 0, & \text{当 } y = 0 \text{ 时} \\ x, & \text{当 } y \neq 0 \text{ 时} \end{cases}$$

特例，当 $x = 1$ 时有

$$Ny = \begin{cases} 1, & \text{当 } y = 0 \text{ 时} \\ 0, & \text{当 } y \neq 0 \text{ 时} \end{cases} \qquad N^2y = \begin{cases} 0, & \text{当 } y = 0 \text{ 时} \\ 1, & \text{当 } y \neq 0 \text{ 时} \end{cases}$$

$$eq(x, y) = \begin{cases} 0, & \text{当 } x = y \text{ 时} \\ 1, & \text{当 } x \neq y \text{ 时} \end{cases}$$

特别地，把广义幺函数、零函数和后继函数称为本原函数，它们是构造函数的最基本单位。

5.1.2　数论谓词和特征函数

一、数论谓词和特征函数

在第三章中提到的谓词是以个体为定义域，以真假为值域的函数，而含变元的语句是指含有个体变元的谓词填式或由它们利用真值联结词和量词组成的式子，即谓词演算公式。

定义 2：数论谓词是指以自然数集为定义域以真假为值域的谓词。由数论谓词利用联结词和量词构成的式子称为数论语句。例如："2 为质数""8 > 7 且 9 为平方数"等均为数论语句。

定义 3：设 $A(x_1, x_2, \cdots, x_n)$ 是一个含有 n 个变量的语句，$f(x_1, x_2, \cdots, x_n)$ 是一个数论函数，若对于任何变元组均有：

$A(x_1, x_2, \cdots, x_n)$ 为真时，$f(x_1, x_2, \cdots, x_n) = 0$；

$A(x_1, x_2, \cdots, x_n)$ 为假时，$f(x_1, x_2, \cdots, x_n) = 1$。

则 $f(x_1, x_2, \cdots, x_n)$ 是语句 $A(x_1, x_2, \cdots, x_n)$ 的特征函数，记为 $ctA(x_1, x_2, \cdots, x_n)$。

定理 1：任何一个语句 A 均有唯一的特征函数。

证明：

（1）存在性：对于任何一个语句 A，恒可以按如上定义一个函数 $f(x_1, x_2, \cdots, x_n)$，此函数必为语句 A 的特征函数，故存在性得证。

（2）唯一性：设 f 和 g 为语句 A 的两个特征函数，由上定义知：

当 $A(x_1, x_2, \cdots, x_n)$ 为真时，$f(x_1, x_2, \cdots, x_n) = g(x_1, x_2, \cdots, x_n) = 0$；

当 $A(x_1, x_2, \cdots, x_n)$ 为假时，$f(x_1, x_2, \cdots, x_n) = g(x_1, x_2, \cdots, x_n) = 1$。

再由函数的相等性知，$f(x_1, x_2, \cdots, x_n) = g(x_1, x_2, \cdots, x_n)$，即语句 $A(x_1, x_2, \cdots, x_n)$ 特征函数是唯一的。

定理 2：如果有一函数 $f(x_1, x_2, \cdots, x_n)$ 满足下列条件：

$A(x_1, x_2, \cdots, x_n)$为真当且仅当$f(x_1, x_2, \cdots, x_n) = 0$，

则$N^2 f(x_1, x_2, \cdots, x_n)$为语句$A(x_1, x_2, \cdots, x_n)$的特征函数。

证明： 当$A(x_1, x_2, \cdots, x_n)$为真时，由于$f(x_1, x_2, \cdots, x_n) = 0$所以$N^2 f(x_1, x_2, \cdots, x_n) = 0$；当$A(x_1, x_2, \cdots, x_n)$为假时，由已知条件知：

$$f(x_1, x_2, \cdots, x_n) \neq 0，所以 N^2 f(x_1, x_2, \cdots, x_n) = 1$$

由特征函数的定义知：$N^2 f(x_1, x_2, \cdots, x_n)$为语句$A(x_1, x_2, \cdots, x_n)$的特征函数。此时我们把函数$f(x_1, x_2, \cdots, x_n)$称为$A(x_1, x_2, \cdots, x_n)$的准特征函数。

二、简单语句的特征函数

下面为一些含变元的语句的特征函数：

语句	特征函数
x 为 0	$N^2 x$
x 不等于 0	Nx
x 为 y 的倍数	$N^2 rs(x, y)$
x 小于 y	$N^2((x+1) \dot- y)$
x 与 y 互质	$N^2(dv(x,y) \dot- 1)$

三、复合语句的特征函数

定理3： 设A，B为任意两个语句，则有

$ct \neg A = 1 \dot- ctA = NctA$

$ct(A \vee B) = ctA \cdot ctB = \min(ctA, ctB)$

$ct(A \wedge B) = N^2(ctA + ctB) = \max(ctA, ctB)$

$ct(A \to B) = ctB \cdot NctA$

$ct(A \leftrightarrow B) = ctA \dot- ctB$

例1： x异于0，且x为平方数。

解： x异于0的特征函数为Nx；

x为平方数的特征函数为$N^2\left(x \dot- \left[\sqrt{x}\right]^2\right)$

由定理知原句的特征函数为：

$$N^2\left(Nx + N^2\left(x \dot- \left[\sqrt{x}\right]^2\right)\right)$$

例2： $x \geq 2$且由a除尽x可推出$a = 1$或$a = x$。

解： 令A表示"$x \geq 2$"，其特征函数为$N^2(2 \dot- x)$

$\quad B$表示"a除尽x"，其特征函数为$N^2 rs(x, a)$

$\quad C$表示"$a = 1$"，其特征函数为$N^2(a \dot- 1)$

$\quad D$表示"$a = x$"，其特征函数为$N^2(a \dot- x)$

原句翻译为公式：

$$A \wedge (B \to (C \vee D))$$

其特征函数为：

$$ct(A \wedge (B \to (C \vee D))) = N^2(ctA + ctC \cdot ctD \cdot NctB)$$

原句的特征函数为：

$$N^2(N^2(2\mathbin{\dot-}x)+N^2(a\mathbin{\dot-}1)N^2(a\mathbin{\dot-}x)N^2rs(x,a))$$

下面简单讨论用量词构成的语句的特征函数。

$\forall\limits_{x\to n}A(x)$ 表示对于任何 0 到 n 之间的一切 x 均使得 $A(x)$ 成立。此量词称为受限全称量词。

$\exists\limits_{x\to n}A(x)$ 表示对于任何 0 到 n 之间至少有一个 x 使得 $A(x)$ 成立。此量词称为受限存在量词。

定理 4：设 $A(x)$ 为任意一个含有 x 的语句，则有

$$(1)\,ct(\forall\limits_{x\to n}A(x))=\max(ctA(0),ctA(1),\cdots,ctA(n))$$

$$=N^2(ctA(0)+ctA(1)+\cdots+ctA(n))$$

$$(2)\,ct(\exists\limits_{x\to n}A(x))=\min(ctA(0),ctA(1),\cdots,ctA(n))$$

$$=ctA(0)\cdot ctA(1)\cdots ctA(n)$$

5.2　函数的构造

前面介绍了一些常用的简单函数，这些简单函数均可采用直接定义的方法来产生，显然直接定义的方法只能产生少量且简单的函数，而对于绝大多数函数来说，无法用直接定义的方法产生，为此，必须利用已定义的函数（称为旧函数）来构造新函数，这种利用旧函数构造新函数的方法称为派生法。派生法有两类：一类是迭置；另一类是算子。

5.2.1　迭置法

定义 1：设新函数在某一变元处的值与诸旧函数的 n 个值有关，如果 n 不随新函数的变元组的变化而变化，则称该新函数是由旧函数利用迭置而得。

例如：设有函数 $S(x)$，a 为常数。现构造一元函数 $S^a(x)$，显然 $S^a(x)$ 在 x_0 处的值

与 $S(x)$ 在 $S^{a-1}(x_0)$，$S^{a-2}(x_0)$，$\cdots$，$S(x_0)$，x_0 等 a 个值有关，而且 a 为跟 x_0 无关的常量，所以 $S^a(x)$ 可由 $S(x)$ 利用迭置而得。

一、(m,n) 标准迭置

设有一个 m 元函数 $f(x_1,x_2,\cdots,x_m)$，m 个 n 元函数 $g_1(x_1,x_2,\cdots,x_n)$，$g_2(x_1,x_2,\cdots,x_n)$，$\cdots$，$g_m(x_1,x_2,\cdots,x_n)$，由 f 和 g 如下作出的函数：

$h(x_1,x_2,\cdots,x_n)=f(g_1(x_1,x_2,\cdots,x_n),g_2(x_1,x_2,\cdots,x_n),\cdots,g_m(x_1,x_2,\cdots,x_n))$

称为 (m,n) 标准迭置。

称函数 h 是由 m 个 g 对 f 作 (m,n) 迭置而得，简记为：

$$h=f(g_1,g_2,\cdots,g_m)$$

注意，通常的迭置并不满足上述条件，但可以采用本原函数把它们化为 (m,n) 标准迭置。

例 1：利用本原函数把下面的迭置化为 (m,n) 标准迭置。

$$h(x_1, x_2, x_3) = f(3, g_1(x_1, 2), g_2(x_1, x_2), x_3)$$

解：$h(x_1, x_2, x_3) = f(h_1, h_2, h_3, h_4)(x_1, x_2, x_3)$

其中，$h_1(x_1, x_2, x_3) = S^3 OI_{31}(x_1, x_2, x_3)$

$h_2(x_1, x_2, x_3) = g_1(I_{31}, S^2 OI_{32})(x_1, x_2, x_3)$

$h_3(x_1, x_2, x_3) = g_2(I_{31}, I_{32})(x_1, x_2, x_3)$

$h_4(x_1, x_2, x_3) = I_{33}(x_1, x_2, x_3)$

故函数 $h(x_1, x_2, x_3)$ 是由函数 h_1，h_2，h_3，h_4 对 f 作（4，3）迭置而得。

二、凑合定义法

所谓凑合定义法是指如下构造函数的方法：

$$h(x_1, x_2, \cdots, x_n) = \begin{cases} f_1(x_1, x_2, \cdots, x_n), & \text{当 } A_1(x_1, x_2, \cdots, x_n) \text{ 为真时} \\ f_2(x_1, x_2, \cdots, x_n), & \text{当 } A_2(x_1, x_2, \cdots, x_n) \text{ 为真时} \\ \cdots\cdots \\ f_k(x_1, x_2, \cdots, x_n), & \text{当 } A_k(x_1, x_2, \cdots, x_n) \text{ 为真时} \end{cases}$$

新函数 h 称由旧函数 f_1，f_2，$\cdots$，f_k 及数论语句 A_1，A_2，$\cdots$，A_k 利用凑合定义而得。注意，数论语句 A_1，A_2，$\cdots$，A_k 互不可兼，即对任何一个变元组 $(x_1, x_2, \cdots, x_n)$，有且仅有一个条件 A_i 成立。

可以看出，此种定义的方法不利于计算机的符号处理，为此，我们利用前面定义的一些简单函数（如 xNy）把新函数化归为迭置，即：

$h(x_1, x_2, \cdots, x_n) = f_1(x_1, x_2, \cdots, x_n) \cdot NctA_1(x_1, x_2, \cdots, x_n) + f_2(x_1, x_2, \cdots, x_n) \cdot NctA_2(x_1, x_2, \cdots, x_n) + \cdots + f_n(x_1, x_2, \cdots, x_n) \cdot NctA_n((x_1, x_2, \cdots, x_n))$

例2：试用凑合定义法定义函数 $lm(x, 3)$，并把它化为迭置。

解：
$$lm(x, 3) = \begin{cases} x, & \text{当 } x \text{ 为 3 的倍数} \\ 3x, & \text{当 } x \text{ 不为 3 的倍数} \end{cases}$$

根据凑合定义法知：

$$lm(x, 3) = xNN^2 rs(x, 3) + 3xNNrs(x, 3)$$
$$= xNrs(x, 3) + 3xN^2 rs(x, 3)$$
$$= xrs(x, 3) + xN^2 rs(x, 3) + 2xN^2 rs(x, 3)$$
$$= x + 2xN^2 rs(x, 3)$$

5.2.2 算子法

定义2：设新函数在某一变元组处的值与诸旧函数的 n 个值有关，如果 n 随新函数的变元组的变化而变化，则称该新函数是由旧函数利用算子而得。

例如：设有函数 $S(x)$，现构造函数 $S^y(x)$，显然 $S^y(x)$ 在 (x_0, y_0) 处的值与 $S(x)$ 在 $S^{y_0-1}(x_0)$，$S^{y_0-2}(x_0)$，$\cdots$，$S(x_0)$，x_0 等 y_0 个值有关，而且 y_0 随着变元组 (x_0, y_0) 的变化而变化，所以 $S^y(x)$ 可由 $S(x)$ 利用算子而得。

算子的类型很多，下面介绍迭函算子和原始递归式两种算子。

一、迭函算子

定义 3：设有二元函数 $A(x, y)$ 和一元函数 $f(x)$，利用它们作如下函数：

$$g(0) = f(0)$$
$$g(1) = Ag(0)f(1) = Af(0)f(1)$$
$$g(2) = Ag(1)f(2) = A^2f(0)f(1)f(2)$$
$$\cdots\cdots$$
$$g(n+1) = Ag(n)f(n+1) = A^{n+1}f(0)f(1)\cdots f(n+1)$$

显然，$g(n)$ 的值依赖于函数 $A(x, y)$ 和函数 $f(x)$。若把 $A(x, y)$ 固定，而把函数 $f(x)$ 看作为被改造函数，则称 $g(n)$ 是由旧函数 $f(x)$ 利用迭函算子而得。如把 A 分别固定为加法和乘法时可得不同的迭函算子。

迭加算子：取 A 为加法，记为 $\sum\limits_{x \to n}$。

如 $\sum\limits_{x \to n} f(x) = f(0) + f(1) + \cdots + f(n)$

迭乘算子：取 A 为乘法，记为 $\prod\limits_{x \to n}$。

如 $\prod\limits_{x \to n} f(x) = f(0) \times f(1) \times \cdots \times f(n)$

二、原始递归式

递归的概念我们多次提到，如阶乘的函数

$$n! = \begin{cases} 1, & \text{当 } n = 0 \text{ 时} \\ n(n-1)!, & \text{当 } n \geq 1 \text{ 时} \end{cases}$$

有了此例子，我们来定义原始递归式。

（1）不含参数的原始递归式

$$\begin{cases} g(0) = a \\ g(n+1) = B(n, g(n)) \end{cases}$$

其中 a 为常数，$B(x, y)$ 为已知函数。此式称为不含参数的原始递归式的标准形式。

如上式 $g(n) = n!$ 可用递归式表示如下：

$$\begin{cases} g(0) = 1 \\ g(n+1) = (n+1) \times g(n) = B(n, g(n)) \end{cases}$$

其中函数 $B(x, y)$ 为 $\times(SI_{21}, I_{22})$，它是已知函数。

（2）含参数的原始递归式

$$\begin{cases} g(u_1, u_2, \cdots, u_k, 0) = A(u_1, u_2, \cdots, u_k) \\ g(u_1, u_2, \cdots, u_k, n+1) = B(u_1, u_2, \cdots, u_k, n, g(u_1, u_2, \cdots, u_k, n)) \end{cases}$$

其中 $A(u_1, u_2, \cdots, u_k)$，$B(u_1, u_2, \cdots, u_k, x, y)$ 为已知函数，此式称为含参数的原始递归式的标准形式。

5.2.3　原始递归函数

一、原始递归函数的构造方法

有了上面介绍的内容，我们可知构造递归函数的方法如下：

（1）本原函数为原始递归函数；

（2）对已建立的原始递归函数使用迭置而得的函数仍为原始递归函数；

（3）对已建立的原始递归函数使用原始递归式而得的函数仍为原始递归函数。

所以，原始递归函数是由本原函数出发，利用迭置和原始递归式而得的函数称为原始递归函数。

二、原始递归函数的构造过程

下面是若干递归函数的例子，以便说明原始递归函数的构造过程，其他函数可依次类推。

（1）$S(x) = x + 1$ 本原函数。

（2）$O(x) = 0$ 本原函数。

（3）$f(x, y) = x + y$

可用原始递归表示如下：

$$\begin{cases} f(x, 0) = x \\ f(x, y+1) = x + y + 1 = B(x, y, f(x, y)) \end{cases}$$

其中 B 为 SI_{33}，它为函数的迭置。

（4）$f(n) = \sum_{x \to n} g(x)$

可用原始递归表示如下：

$$\begin{cases} f(0) = g(0) \\ f(n+1) = \sum_{x \to n} g(x) + g(n+1) = B(n, f(n)) \end{cases}$$

其中 B 为 $+(I_{22}, g(SI_{21}))$，它为函数的迭置。

（5）$f(x) = rs(x, 2)$

可用原始递归表示如下：

$$\begin{cases} f(0) = rs(0, 2) = 0 \\ f(x+1) = rs(x+1, 2) = Nrs(x, 2) = B(x, f(x)) \end{cases}$$

其中 B 为 NI_{22}。

（6）$\min(x, y)$

因为 $\min(x, y) = x \dot{-} (x \dot{-} y)$，又因为 $x \dot{-} y$ 是原始递归函数，由它迭置所得的函数仍为原始递归函数，故 $\min(x, y)$ 为原始递归函数。

● 习 题 五

5.1 写出下列函数的特征函数：

（1）x 大于或等于 y。

（2）a 为 b, c 的公倍数。

（3）x 为质数。

（4）x 为 y 的倍数且 x 为平方数。

（5）x 为非负数或 x 为奇数。

（6）在 a, b 间的一切 x 均使得 $A(x)$ 成立。

（7）在 a, b 间有一个 x 使得 $A(x)$ 成立。

5.2 试把下列函数化为标准迭置：

（1） $h(x_1, x_2, x_3) = f(x_2, 5, g_1(x_1, x_3), g_2(x_2))$

（2） $h(x_1, x_2, x_4) = f(3, x_4, g_1(x_1, x_2))$

5.3 用凑合定义法定义函数 $dv(x, 3)$，并把它化为迭置。

5.4 试证明下列函数为原始递归函数：

（1） $D(x)$

（2） a^x

（3） $I_{mn}(x_1, x_2, \cdots, x_n, \cdots, x_m)$

（4） $\max(x, y)$

（5） $x \doteq y$

（6） $\prod\limits_{x \to n} f(x)$

第6章

集　合

集合是数学中的一个基本概念，它可以作为所有已知的数学分支的基础。集合论是德国数学家康托（Cantor）在19世纪70年代建立的，他所做的工作一般称为朴素集合论。朴素集合论在定义集合的方法上缺乏限制，会导致悖论。经许多数学家的努力，在20世纪初创立的一门更新的理论称为公理集合论。公理集合论作为数理逻辑的一个重要分支，至今仍在发展中。本章的内容是介绍集合论入门知识，十分类似朴素集合论。

6.1　集合的基本概念

6.1.1　集合的定义

集合是最基本的数学概念之一，是不能精确定义的数学概念。由于它太基本了，所以不能用更基本的概念来定义它，然而，这并不影响我们去理解它和掌握它。

事实上，每一个人都知道许多集合，例如：

数 0，1 可以组成一个集合 $\{0, 1\}$。

$\{微信, 微博, 博客\}$ 是一个集合，它由三项信息服务所组成。

十个数字可以组成一个集合 $\{0, 1, 2, 3, 4, 5, 6, 7, 8, 9\}$。

$\{a, b, c, \cdots, z\}$ 是一个集合，它由二十六个英文字母所组成。

一、集合与元素

通常把集合描述为：一个集合是某些确定的、能够区分的对象的聚合。组成一个集合的那些对象称为这一集合的元素或成员。通常用大写字母 A，B，C，$\cdots$ 代表集合，用小写英文字母 a，b，c，$\cdots$ 代表集合的元素。

设 a 为一个对象，A 为一个集合。如果 a 是集合 A 的一个元素，就叫作 a 属于集合 A，并记作 $a \in A$。如果 a 不是集合 A 中的一个元素，就叫作 a 不属于 A，记作 $a \notin A$。

在本书中我们约定：

$\mathbf{N}$ 代表自然数集，它由所有自然数（包括正整数与零）组成。

$\mathbf{I}$ 代表整数集，它由所有自然数以及负整数组成。

$\mathbf{Q}$ 代表有理数集，它可以表示如下：

$$\left\{ \frac{p}{q} \,\middle|\, p \in \mathbf{I},\ q \in \mathbf{I},\ q \neq 0 \right\}.$$

R 代表实数集，它由所有实数（包括有理数与无理数）组成。

一个集合本身可以看成为一个对象而成为组成另一个集合的元素。例如，可以定义由数 -1 与自然数集 **N** 组成的一个集合如下：

$$A = \{ -1, \mathbf{N} \},$$

该集合 A 只包含了两个元素 -1 与 **N**。

二、集合与对象的关系

对于任给的一个对象 a 和任给的一个集合 A，或者 a 属于 A，或者 a 不属于 A，二者必居其一，但二者不可兼得。

例：对于给定的集合 $A = \{ -1, \mathbf{N} \}$，有：

$$-1 \in A, \mathbf{N} \in A,$$

尽管 $0 \in \mathbf{N}$，$1 \in \mathbf{N}$，但 $0 \notin A$，$1 \notin A$。

6.1.2　集合的表示

通常有两种方法表示一个集合。

一、枚举法

枚举出集合中的所有元素。例如：

$A = \{ 2, 3, 5, 7, 9, 11, 13, 17, 19, 23, 29 \}$，

$B = \{ (-2, 0), (-1, -1), (-1, 0), (-1, 1), (0, -2), (0, -1), (0, 0), (0, 1), (0, 2), (1, -1), (1, 0), (1, 1), (2, 0) \}$。

二、描述法

利用元素所具有的性质来描述集合。例如：

$A = \{ x \mid x \in \mathbf{N}, x \leq 30, x \text{ 为质数} \}$，

$B = \{ (x, y) \mid (x, y) \text{ 是 } xy \text{ 平面上的格点}, x^2 + y^2 \leq 4 \}$

$C = \{ a + bi \mid a \in \mathbf{R}, b \in \mathbf{R} \}$，

其中 $i = \sqrt{-1}$ 是虚数单位。

一般地，将集合中元素的特征用性质 ξ 来描述如下：

$$S = \{ a \mid a \text{ 具有性质 } \xi \},$$

其意义是：集合 S 由且仅由满足性质 ξ 的对象 a 所组成，即 $a \in S$ 当且仅当 a 具有性质 ξ。

三、罗素悖论

用描述法表示一个集合具有局限性，有些性质特征不能定义集合。通常遇到的集合，其本身不能成为它自己的元素，例如，$\{ a \} \notin \{ a \}$。然而，在考虑一个概念的集合时，可能会出现集合本身可以成为它自己的元素的情形。

例1：定义 S 是由不以自身为元素的集合为元素组成的，即 $S = \{ A \mid A \notin A \}$。问：$S$ 是不是一个集合？

如果我们假定 S 是集合，那么按集合与对象的关系，S 本身或者是自己的元素，或者不是自己的元素，二者居其一且只居其一。

若 $S \in S$，则 S 是集合 S 的元素，所以 S 应满足 S 中的元素的性质特征，即 $S \notin S$，与 $S \in S$ 产生矛盾。

若 $S \notin S$，则因为 S 是集合，且 $S \notin S$，即 S 满足 S 中的元素的性质特征，故有 $S \in S$，与

假设 $S \notin S$ 矛盾。

两方面的矛盾说明我们假定 S 是集合是错误的。这是有名的罗素（B. Russell）悖论，也可以用理发师悖论通俗表述如下：西班牙的塞维利亚有一个理发师，他有一条拗口的规定，他只给那些"不给自己刮胡子"的人刮胡子。理发师自己的胡子谁来刮？

四、公理化集合论

罗素悖论起因于不受限制地定义集合，特别地，集合可以是自己的元素的许可值得商榷。为了消除这个隐患，数学家们创造了公理化集合论，明确提出形成集合的原则，且规定只能按照这些确定的原则形成集合，以避免已知的一些集合论的悖论，这些原则称为集合论的公理。在现代集合论中，有许多不同的集合论公理系统，最著名的一个系统是由蔡梅罗（Zermelo）1908 年提出，后经弗兰克尔（Fraenkel）等人改进而建立的，人们称之为 ZF 系统。本书不涉及这些理论。按集合论的公理，一个集合不可以是自己的元素。

6.1.3　集合的包含关系

下面我们讨论集合之间关系。

一、子集与包含关系

定义 1：A，B 是两个集合，对于任意的 x，若 $x \in A$，则 $x \in B$，我们说集合 A 是集合 B 的子集，也说集合 B 包含集合 A，记为 $A \subseteq B$。

若 A 不是 B 的子集，记为 $A \nsubseteq B$，也说 B 不包含 A。

二、空集

设 $K = \{x \mid x^2 + 1 = 0, \, x \in \mathbf{R}\}$，$K$ 是一个集合。我们都知道集合 K 中什么元素也没有，这样没有一个元素的集合称为空集，用 $\varnothing$ 来表示。

命题 1：A 是任意一个集合，$\varnothing$ 是空集，则

① $A \subseteq A$；

② $\varnothing \subseteq A$。

证明：

① 对于任意的 x，若 $x \in A$，则显然有 $x \in A$，所以 $A \subseteq A$。

② 用反证法：若 $\varnothing$ 不包含于 A，则存在 x，$x \in \varnothing$，但 $x \notin A$。

显然，这与空集 $\varnothing$ 的定义矛盾。故 $\varnothing \subseteq A$ 得证。

三、相等关系

定义 2：A，B 是两个集合，若 $A \subseteq B$，且 $B \subseteq A$，则 A 与 B 是相等的两个集合，记为 $A = B$。若 $A \subseteq B$ 且 $A \neq B$，说 A 是 B 的真子集，记为 $A \subset B$。

命题 2：空集是唯一的。

证明：设 $\varnothing_1$，$\varnothing_2$ 是两个空集合。由命题 1 知 $\varnothing_1 \subseteq \varnothing_2$，且 $\varnothing_2 \subseteq \varnothing_1$。故由定义 2 知 $\varnothing_1 = \varnothing_2$。

6.1.4　集合的特点

根据我们的定义，我们所讨论的集合有以下特点：

第一，我们所讨论的集合，仅考虑它所包含的不同的元素，也就是说集合中元素重复出

现没有意义。例如，

$$\{g, o, o, d\} = \{g, o, d\},$$

$$Q \triangleq \left\{ \frac{p}{q} \,\middle|\, p \in \mathbf{I}, q \in \mathbf{I}, q \neq 0 \right\} = \left\{ \frac{p}{q} \,\middle|\, p \in \mathbf{I}, q \in \mathbf{I}, q > 0, p \text{ 与 } q \text{ 互质} \right\}。$$

第二，我们所讨论的集合，集合中的元素没有任何顺序。例如，

$$\{g, o, d\} = \{d, o, g\},$$

$$B = \{(-2, 0), (-1, -1), (-1, 0), (-1, 1), (0, -2), (0, -1), (0, 0), (0, 1),$$
$$(0, 2), (1, -1), (1, 0), (1, 1), (2, 0)\}$$
$$= \{(0, -2), (-1, -1), (0, -1), (1, -1), (-2, 0), (-1, 0), (0, 0), (1, 0),$$
$$(2, 0), (-1, 1), (0, 1), (1, 1), (0, 2)\}。$$

第三，我们所讨论的集合，对集合中的元素没有任何的限制，也就是一个集合中的元素之间彼此独立，可以毫不相干。例如，

$$A = \{a, 2, \text{华盛顿}, \text{中国}\},$$

A 是一个确定的集合，由 4 个元素所组成。

我们还要指出，一个集合也可以是另一个集合的元素，例如，

$$B = \{a, \{a\}, \varnothing\},$$

B 是一个集合，它由 3 个元素所组成：英文字母 a、单点集 $\{a\}$ 以及空集 $\varnothing$。显然，有：

$$a \in B, \{a\} \in B, \{a\} \subseteq B, \{a\} \subset B, \varnothing \in B, \varnothing \subseteq B, \varnothing \subset B。$$

6.2　集合的基本运算

6.2.1　集合的并、交、差

一、并、交、差

定义 1：设 A 和 B 是两个集合，则

① 存在一个集合，它的元素是所有的或者属于集合 A 或者属于集合 B 的元素组成，称这个集合为集合 A 与集合 B 的并集，记之为 $A \cup B$，即

$$A \cup B = \{x \mid x \in A \text{ 或 } x \in B\}。$$

② 存在一个集合，它的元素是所有的既属于集合 A 又属于集合 B 的元素组成，称这个集合为集合 A 与集合 B 的交集，记之为 $A \cap B$，即

$$A \cap B = \{x \mid x \in A \text{ 且 } x \in B\}。$$

③ 存在一个集合，它的元素是所有的属于集合 A 但不属于集合 B 的元素组成，称这个集合为集合 A 与集合 B 的差，记之为 $A - B$，即

$$A - B = \{x \mid x \in A \text{ 且 } x \notin B\}。$$

二、基本定理

集合的交和并运算满足以下基本定理：

定理：设 A，B，C 是三个任意集合，则：

① $A \cup A = A$

　$A \cap A = A$　　　（幂等律）

②$A \cup B = B \cup A$

    $A \cap B = B \cap A$ （交换律）

③$A \cup (B \cup C) = (A \cup B) \cup C$

    $A \cap (B \cap C) = (A \cap B) \cap C$ （结合律）

④$A \cup (B \cap C) = (A \cup B) \cap (A \cup C)$

    $A \cap (B \cup C) = (A \cap B) \cup (A \cap C)$ （分配律）

证明： 我们仅证明④中的第一个式子，即 $A \cup (B \cap C) = (A \cup B) \cap (A \cup C)$。

首先证明 $A \cup (B \cap C) \subseteq (A \cup B) \cap (A \cup C)$。

对于任意的 x，若 $x \in A \cup (B \cap C)$，则 $x \in A$，或 $x \in B \cap C$。

若 $x \in A$，则 $x \in A \cup B$，且 $x \in A \cup C$，于是 $x \in (A \cup B) \cap (A \cup C)$。

若 $x \in B \cap C$，则 $x \in B$，且 $x \in C$，就有 $x \in A \cup B$，且 $x \in A \cup C$，于是 $x \in (A \cup B) \cap (A \cup C)$。

故 $A \cup (B \cap C) \subseteq (A \cup B) \cap (A \cup C)$。

其次证明 $(A \cup B) \cap (A \cup C) \subseteq A \cup (B \cap C)$。

对于任意的 x，若 $x \in (A \cup B) \cap (A \cup C)$，则 $x \in A \cup B$，且 $x \in A \cup C$。

由 $x \in A \cup B$，得 $x \in A$ 或 $x \in B$；由 $x \in A \cup C$，得 $x \in A$ 或 $x \in C$。

下面分 $x \in A$ 与 $x \notin A$ 两种情况进行讨论：

若 $x \in A$，于是 $x \in A \cup (B \cap C)$。

若 $x \notin A$，由上知式 $x \in B$，且 $x \in C$，即有 $x \in B \cap C$，于是 $x \in A \cup (B \cap C)$。

故 $(A \cup B) \cap (A \cup C) \subseteq A \cup (B \cap C)$。

综上所述，$A \cup (B \cap C) = (A \cup B) \cap (A \cup C)$。

例1： 设 A，B，C 是三个任意集合，问：等式 $(A - B) \cup (A - C) = A$ 在什么条件下成立？

解： 根据分析，当且仅当 $A \cap B \cap C = \varnothing$ 时，等式成立。

下面证明我们的结论。

先证，若 $A \cap B \cap C = \varnothing$，等式成立。

对于任意的 x，若 $x \in (A - B) \cup (A - C)$，则有 $x \in A - B$ 或 $x \in A - C$。

若 $x \in A - B$，则 $x \in A$ 且 $x \notin B$，即有 $x \in A$；

若 $x \in A - C$，则 $x \in A$ 且 $x \notin C$，即有 $x \in A$。

所以 $(A - B) \cup (A - C) \subseteq A$。

对于任意的 x，若 $x \in A$，根据元素 x 与集合 B 的关系知，$x \in B$ 或 $x \notin B$。

若 $x \notin B$，则 $x \in A - B$，即 $x \in (A - B) \cup (A - C)$；

若 $x \in B$，则 $x \in A \cap B$。又由于 $A \cap B \cap C = \varnothing$，则 $x \notin C$，即 $x \in A - C$，也即 $x \in (A - B) \cup (A - C)$。

所以有 $A \subseteq (A - B) \cup (A - C)$。

综上所述，$(A - B) \cup (A - C) = A$。

再证，若等式成立，则 $A \cap B \cap C = \varnothing$。

我们用反证法，若 $A \cap B \cap C \neq \varnothing$，则存在 $x \in A \cap B \cap C$，即有 $x \in A$，$x \in B$，$x \in C$。

由 $x \in A$，$x \in B$，得 $x \notin A - B$；由 $x \in A$，$x \in C$，得 $x \notin A - C$。

综合得到 $x \notin (A - B) \cup (A - C)$，因为 $(A - B) \cup (A - C) = A$，所以 $x \notin A = (A - B) \cup (A - C)$，矛盾。故 $A \cap B \cap C = \varnothing$。

6.2.2 集合的对称差

定义 2：设 A 和 B 是两个集合，则存在一个集合，它的元素是所有的或者属于 A 不属于 B，或者属于 B 不属于 A 的元素组成，称它为集合 A 和集合 B 的对称差，记之为 $A \oplus B$，即

$$A \oplus B = \{x \mid x \in A \text{ 且 } x \notin B \text{ 或 } x \in B \text{ 且 } x \notin A\}。$$

由定义不难知：

$$A \oplus B = (A - B) \cup (B - A)。$$

命题 1：设 A 和 B 是两个集合，则 $A \oplus B = (A \cup B) - (A \cap B)$。

证明：先证 $A \oplus B \subseteq (A \cup B) - (A \cap B)$。

对于任何一个 x，若 $x \in A \oplus B$，由对称差的定义知，有 $x \in A - B$，或 $x \in B - A$。

若 $x \in A - B$，则有 $x \in A$ 且 $x \notin B$，从而有 $x \in A \cup B$，且 $x \notin A \cap B$，所以 $x \in (A \cup B) - (A \cap B)$；

若 $x \in B - A$，则 $x \in B$ 且 $x \notin A$，从而有 $x \in A \cup B$，且 $x \notin A \cap B$，所以 $x \in (A \cup B) - (A \cap B)$。

因此，$A \oplus B \subseteq (A \cup B) - (A \cap B)$。

再证 $(A \cup B) - (A \cap B) \subseteq A \oplus B$。

对于任何一个 x，若 $x \in (A \cup B) - (A \cap B)$，则 $x \in A \cup B$，且 $x \notin A \cap B$。

若 $x \in A$，又 $x \notin A \cap B$，所以 $x \notin B$，从而有 $x \in A - B$，故由对称差的定义知 $x \in A \oplus B$。

若 $x \in B$，又 $x \notin A \cap B$，所以 $x \notin A$，从而有 $x \in B - A$，故由对称差的定义知 $x \in A \oplus B$。

因此 $(A \cup B) - (A \cap B) \subseteq A \oplus B$。

综上所述，$A \oplus B = (A \cup B) - (A \cap B)$。

6.2.3 文氏图

我们可以用图来表示两个集合的运算，如果令 A 和 B 是图 6.1（a）中阴影区域所表示的集合，那么图 6.1（b）中阴影区域分别表示 $A \cup B$，$A \cap B$，$A \oplus B$ 和 $A - B$。这些图通常称为文氏（Venn）图。

下面我们来应用文氏图说明一些重要公式。

命题 2：对于任何集合 A，有

$$A \oplus A = \varnothing，$$

$$A \oplus \varnothing = A。$$

命题 3：设 A，B，C 是三个任意集合，则对称差具有结合律：

$$(A \oplus B) \oplus C = A \oplus (B \oplus C)。$$

我们用文氏图来先看看 $(A \oplus B) \oplus C$ 中的元素有什么特点。

设 $x \subset (A \oplus B) \oplus C$，即有 $x \in A \oplus B$ 且 $x \notin C$，或 $x \in C$ 且 $x \notin A \oplus B$。

由 $x \in A \oplus B$ 且 $x \notin C$，可以得到 $x \in A$，$x \notin B$，$x \notin C$；或 $x \notin A$，$x \in B$，$x \notin C$。

由 $x \in C$ 且 $x \notin A \oplus B$，可以得到 $x \in C$，$x \notin A$，$x \notin B$；或 $x \in C$，$x \in A$，$x \in B$。

图 6.2 中的四个阴影区域 1，2，3，4 分别给出了属于 $(A \oplus B) \oplus C$ 的元素的特点。

再看看 $A \oplus (B \oplus C)$ 中的元素有什么特点。

(a)

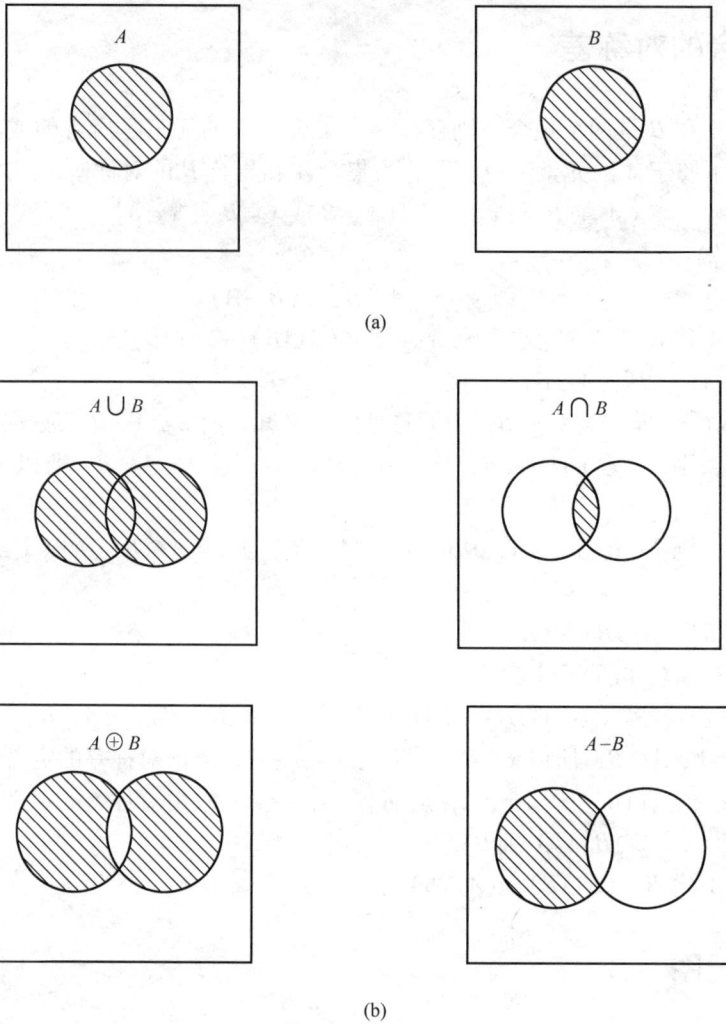

(b)

图6.1　集合的文氏图表示

设 $x \in A \oplus (B \oplus C)$，即有 $x \in A$ 且 $x \notin B \oplus C$，或 $x \notin A$ 且 $x \in B \oplus C$。

由 $x \in A$ 且 $x \notin B \oplus C$，可以得到 $x \in A$，$x \notin B$，$x \notin C$；或 $x \in A$，$x \in B$，$x \in C$。

由 $x \notin A$ 且 $x \in B \oplus C$，可以得到 $x \notin A$，$x \in B$，$x \notin C$；或 $x \notin A$，$x \notin B$，$x \in C$。

图6.2中的四个阴影区域1，4，2，3分别给出了属于 $A \oplus (B \oplus C)$ 的元素的特点。

综上所述，不难看出：$(A \oplus B) \oplus C = A \oplus (B \oplus C)$。

例2：已知 $A \oplus B = A \oplus C$，证明 $B = C$。

证明：因为 $A \oplus B = A \oplus C$，所以由结合律，得到

$$A \oplus (A \oplus B) = A \oplus (A \oplus C)，$$

从而有 $(A \oplus A) \oplus B = (A \oplus A) \oplus C$，

即 $\varnothing \oplus B = \varnothing \oplus C$，

故 $B = C$。

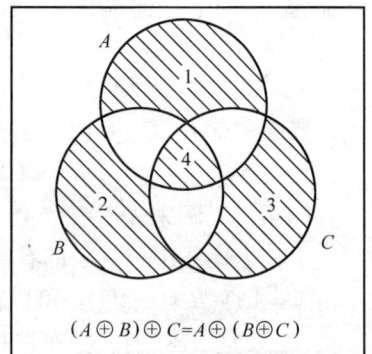

$(A \oplus B) \oplus C = A \oplus (B \oplus C)$

图6.2　对称差的结合律

6.2.4 集合的幂集合

定义 3：设 A 是一个集合，存在一个集合，它是由 A 的所有子集为元素构成的集合，称它为集合 A 的幂集合，记为 $\rho(A)$（也记为 2^A），即 $\rho(A) = \{x \mid x \subseteq A\}$。

显然，有：

$\rho(\varnothing) = \{\varnothing\}$。

$\rho(\{\varnothing\}) = \{\varnothing, \{\varnothing\}\}$。

$\rho(\{a, b\}) = \{\varnothing, \{a\}, \{b\}, \{a, b\}\}$。

由于，$\varnothing \subseteq A$，$A \subseteq A$，故必有 $\varnothing \in \rho(A)$，$A \in \rho(A)$。

命题 4：设 A 和 B 是两个集合。求证：$A \subseteq B$ 当且仅当 $\rho(A) \subseteq \rho(B)$。

证明：

先证必要性。假设 $A \subseteq B$ 成立，要证明 $\rho(A) \subseteq \rho(B)$。

对于任意的 $x \in \rho(A)$，由幂集的定义知 $x \subseteq A$。由于 $A \subseteq B$，则有 $x \subseteq B$，于是 $x \in \rho(B)$，从而有 $\rho(A) \subseteq \rho(B)$。

再证充分性。假设 $\rho(A) \subseteq \rho(B)$ 成立，要证明 $A \subseteq B$。

采用反证法。如果 $A \subseteq B$ 不成立，则存在 $a \in A$，但 $a \notin B$，即有 $\{a\} \subseteq A$，但 $\{a\} \not\subseteq B$，于是 $\{a\} \in \rho(A)$，但 $\{a\} \notin \rho(B)$，这与 $\rho(A) \subseteq \rho(B)$ 矛盾，充分性得证。

6.2.5 多个集合的并与交

我们可以把两个集合的并和交运算推广到 $k(k \geqslant 2)$ 个集合。设 $P_i(1 \leqslant i \leqslant k)$ 是一个任意集合，把 $P_1 \cup P_2 \cup \cdots \cup P_k$ 简记为 $\bigcup\limits_{i=1}^{k} P_i$，且规定：

$$\bigcup_{i=1}^{k} P_i = \{x \mid 存在一个 i,\ 1 \leqslant i \leqslant k,\ x \in P_i\}。$$

并把 $P_1 \cap P_2 \cap \cdots \cap P_k$ 简记为 $\bigcap\limits_{i=1}^{k} P_i$，且规定：

$$\bigcap_{i=1}^{k} P_i = \{x \mid 对于所有的 i,\ 1 \leqslant i \leqslant k,\ x \in P_i\}。$$

进而我们有：

$$\bigcup_{i=1}^{\infty} P_i = \{x \mid 存在一个 i,\ i \in \mathbf{N},\ i \geqslant 1,\ x \in P_i\}。$$

$$\bigcap_{i=1}^{\infty} P_i = \{x \mid 对于所有的 i,\ i \in \mathbf{N},\ i \geqslant 1,\ x \in P_i\}。$$

推论：设 A，$P_i(1 \leqslant i \leqslant k)$ 是 $k+1$ 个集合，则

$$A \cap \left(\bigcup_{i=1}^{k} P_i \right) = \bigcup_{i=1}^{k} (A \cap P_i),$$

$$A \cup \left(\bigcap_{i=1}^{k} P_i \right) = \bigcap_{i=1}^{k} (A \cup P_i)。$$

关于集合的并和交运算我们有进一步的推广，即所谓集合的广义并和广义交运算。设 D 是一个集合簇，也可以认为是一个以集合为元素的集合。我们要求 D 不是空集合，令：

$$\underset{S \in D}{\cup} S = \{x \mid \text{存在一个 } S \in D, x \in S\},$$

$$\underset{S \in D}{\cap} S = \{x \mid \text{对于所有的 } S \in D, x \in S\}。$$

例如，设 $D = \{A, B, C\}$，则有

$$\underset{S \in D}{\cup} S = A \cup B \cup C,$$

$$\underset{S \in D}{\cap} S = A \cap B \cap C。$$

设 H 是一个集合，我们称它为下标集，对于 H 中的每一个元素 g，A_g 表示一个集合。设 $D = \{A_g \mid g \in H\}$，也可以记之为 $D = \{A_g\}_{g \in H}$。则有

$$\underset{s \in D}{\cup} S = \underset{g \in H}{\cup} A_g,$$

$$\underset{s \in D}{\cap} S = \underset{g \in H}{\cap} A_g。$$

例3：设 $S_a = \{x \mid 0 \le x < a\}$，其中 a 是一个正实数。令 $\mathbf{R}^+ = \{x \mid x \in \mathbf{R}, x > 0\}$，并设

$$D = \{S_a \mid a \in \mathbf{R}^+\}。$$

则有

$$\underset{s \in D}{\cup} S = \underset{a \in \mathbf{R}^+}{\cup} S_a = \{x \mid x \in \mathbf{R}, x \ge 0\},$$

$$\underset{s \in D}{\cap} S = \underset{a \in \mathbf{R}^+}{\cap} S_a = \{0\}。$$

6.3 全集和集合的补

6.3.1 全集和集合的补

一、全集

定义1：我们在研究某一个具体问题时，往往规定一个集合，使所涉及的集合都是它的子集合，称这个集合为全集，记为 U。

全集是一个相对性的概念，不同的问题，可以规定不同的全集。

定理1：设 A 是一个任意集合，则

$$A \cap U = A,$$

$$A \cup \varnothing = A。$$

二、补集

定义2：设 A 是一个集合，U 是全集合，我们称集合 $U - A$ 为 A 的补集，记为 $\bar{A}$，即

$$\bar{A} = U - A = \{x \mid x \in U, x \notin A\}。$$

显然我们有定理如下：

定理2：设 A 是任意一个集合，则

$$A \cup \bar{A} = U,$$

$$A \cap \bar{A} = \varnothing。$$

定理3：设 A 和 B 是任意两个集合。求证：

$\bar{A} = B$ 当且仅当 $A \cup B = U$, $A \cap B = \varnothing$。

证明："$\Rightarrow$"必要性由定理1结论成立。

"$\Leftarrow$"再证充分性。设 $A \cup B = U$, $A \cap B = \varnothing$, 则

$$B = B \cap U = B \cap (A \cup \bar{A}) = (B \cap A) \cup (B \cap \bar{A})$$

$$= \varnothing \cup (B \cap \bar{A}) = (A \cap \bar{A}) \cup (B \cap \bar{A})$$

$$= (A \cup B) \cap \bar{A} = U \cap \bar{A} = \bar{A}。$$

此定理的证明也给出了另一个重要结果,即任一集合的补集是唯一的。

推论:设 A 是任意一个集合。求证:$\bar{\bar{A}} = A$。

证明:因为 $A \cup \bar{A} = U$, 且 $A \cap \bar{A} = \varnothing$, 由定理3,一方面 $\bar{A}$ 是 A 的补,另一方面 A 也是 $\bar{A}$ 的补,即 $A = \bar{\bar{A}}$。

6.3.2 基本运算定理

下面我们证明一个重要定理——德·摩根(De Morgan)律。

定理4:设 A 和 B 是任意两个集合,则

$$\overline{A \cap B} = \bar{A} \cup \bar{B},$$

$$\overline{A \cup B} = \bar{A} \cap \bar{B}。$$

证明:

$$(\bar{A} \cup \bar{B}) \cap (A \cap B) = (\bar{A} \cap (A \cap B)) \cup (\bar{B} \cap (A \cap B))$$

$$= ((\bar{A} \cap A) \cap B) \cup ((\bar{B} \cap B) \cap A)$$

$$= (\varnothing \cap B) \cup (\varnothing \cap A)$$

$$= \varnothing \cup \varnothing = \varnothing。$$

$$(\bar{A} \cup \bar{B}) \cup (A \cap B) = ((\bar{A} \cup \bar{B}) \cup A) \cap ((\bar{A} \cup \bar{B}) \cup B)$$

$$= ((\bar{A} \cup A) \cup \bar{B}) \cap (\bar{A} \cup (\bar{B} \cup B))$$

$$= (U \cup \bar{B}) \cap (\bar{A} \cup U)$$

$$= U \cap U = U。$$

综上,$\overline{A \cap B} = \bar{A} \cup \bar{B}$。

同理可有:$\overline{A \cup B} = \bar{A} \cap \bar{B}$。

引入全集和补集的概念可以对集合的运算提供很大方便。下面我们给出定理,使两个集合差的运算可以归结为交和补的复合运算。

定理5:设 A 和 B 是两个任意的集合,则 $A - B = A \cap \bar{B}$。

证明:先证 $A - B \subseteq A \cap \bar{B}$。

对于任意的 x, 若 $x \in A - B$, 则 $x \in A$ 且 $x \notin B$, 即 $x \in A$, 且 $x \in \bar{B}$, 由交集的定义知, $x \in A \cap \bar{B}$, 所以 $A - B \subseteq A \cap \bar{B}$。

再证 $A \cap \bar{B} \subseteq A - B$。对于任意的 x，若 $x \in A \cap \bar{B}$，则 $x \in A$ 且 $x \in \bar{B}$，即 $x \in A$，且 $x \notin B$，由差集的定义知，$x \in A - B$，所以 $A \cap \bar{B} \subseteq A - B$。

综上所述，有 $A - B = A \cap \bar{B}$。

例：A，B，C 是三个任意集合。求证：

$$(A - B) \cap (A - C) = A - (B \cup C)。$$

证明：由定理 5 以及交运算的结合律，可以得到：

$$(A - B) \cap (A - C) = (A \cap \bar{B}) \cap (A \cap \bar{C})$$
$$= A \cap (\bar{B} \cap \bar{C})$$
$$= A \cap (\overline{B \cup C})$$
$$= A - (B \cup C)。$$

6.4　自然数与自然数集

6.4.1　后继

定义 1：设 A 是一个给定的集合，存在一个集合叫做 A 的后继，记为 A^+，即 $A^+ = A \cup \{A\}$。

例如，设 $A = \{a, b\}$，则 $A^+ = \{a, b\} \cup \{\{a, b\}\} = \{a, b, \{a, b\}\}$。

6.4.2　自然数、自然数集

现在我们从空集 $\varnothing$ 开始来构造一个集合的序列。

空集的后继是 $\{\varnothing\}$，

$\{\varnothing\}$ 的后继为 $\{\varnothing, \{\varnothing\}\}$，

而 $\{\varnothing, \{\varnothing\}\}$ 的后继为 $\{\varnothing, \{\varnothing\}, \{\varnothing, \{\varnothing\}\}\}$，…

显然我们可以构造出越来越多的后继。

我们可以给这些集合取名字如下。令：

$$0 = \varnothing,$$
$$1 = \{\varnothing\},$$
$$2 = \{\varnothing, \{\varnothing\}\},$$
$$3 = \{\varnothing, \{\varnothing\}, \{\varnothing, \{\varnothing\}\}\},$$
$$4 = \{\varnothing, \{\varnothing\}, \{\varnothing, \{\varnothing\}\}, \{\varnothing, \{\varnothing\}, \{\varnothing, \{\varnothing\}\}\}\},$$

$$……$$

显然有 $1 = 0^+, 2 = 1^+, 3 = 2^+$，如此等等，以至无穷。

定义2：对于一个集合 S，如果它是空集 $\varnothing$（亦即 0），或者有一个自然数 n，使得 $S = n^+$，则我们称 S 为一个自然数。

对于任意两个自然数 m 和 n，如果 $m = n^+$，即 $m = n \cup \{n\}$，我们称 m 为 n 的后继，也说 n 为 m 的前驱，可以记为 $m = n + 1$，也可以记为 $n = m - 1$。

定义3：由所有自然数组成的集合叫自然数集，记为 **N**，即

$$\mathbf{N} = \{0, 1, 2, 3, \cdots\}。$$

6.4.3 皮亚诺公理假设

自然数集 **N** 具有下列性质：

（1）$0 \in \mathbf{N}$。

（2）如果 $n \in \mathbf{N}$，那么 $n^+ \in \mathbf{N}$。

（3）0 不是任何自然数的后继，即不存在自然数 $m \in \mathbf{N}$，使得 $0 = m^+$。

（4）如果 n 和 m 均是自然数，$n^+ = m^+$，那么 $n = m$。

（5）若 S 是 **N** 的子集，具有两个性质：

（i）$0 \in S$；

（ii）如果 $n \in S$，那么 $n^+ \in S$，

则有 $S = \mathbf{N}$。

这就是有名的皮亚诺（Peano）公理假设。

皮亚诺公设的第（5）条，也是数学归纳法的原理。设 n 是一个自然数，$P(n)$ 表示一个与 n 有关的公式或命题，我们令 $S = \{n \in N | P(n)$ 为真$\}$。若我们证明了 $P(0)$ 为真，也即 $0 \in S$（归纳基础）；并且证明了，若 $P(n)$ 为真，则 $P(n^+)$ 也为真，即若 $n \in S$，则 $n^+ \in S$（归纳步骤），则由皮亚诺公设第（5）条，得到 $\mathbf{N} = S$。

例1：求证：对于任意自然数 m，都有 $m = 0$，或者 $0 \in m$ 之一成立。

证明：对 m 用归纳法。

若 $m = 0$，则结论成立。

归纳假设对于任意自然数 m，结论成立。

考察 $m^+ = m \cup \{m\}$。由归纳假设，$m = 0$ 或者 $0 \in m$ 之一成立。

若 $0 = m$，则 $0 = m \in \{m\} \cup m = m^+$；

若 $0 \in m$，则 $0 \in \{m\} \cup m = m^+$。

故 $0 \in m^+$，即对于 m^+ 结论成立，证毕。

例2：设 n 是一个自然数，求证：若有两个自然数 n_1 和 n_2，且 $n_1 \in n_2$，$n_2 \in n$，则 $n_1 \in n$。设 $S = \{n \in \mathbf{N} |$ 如果 $n_1, n_2 \in \mathbf{N}$，且 $n_1 \in n_2$，$n_2 \in n$，则 $n_1 \in n\}$，即要求证：$S = \mathbf{N}$。

证明：因为 $0 = \varnothing$，不存在任何元素（包括集合）属于 0，所以 0 具有性质：若 **N** 中有两个集合 n_1 和 n_2，且 $n_1 \in n_2$，$n_2 \in 0$，则 $n_1 \in 0$，所以 $0 \in S$。

若 $n \in S$，我们要证 $n^+ = n + 1 \in S$。若 **N** 中有两个集合 n_1 和 n_2，且 $n_1 \in n_2$，$n_2 \in n^+ = n \cup \{n\}$，于是 $n_2 \in n$ 或者 $n_2 \in \{n\}$。

若 $n_2 \in n$，由于 $n \in S$，所以 $n_1 \in n$。

若 $n_2 \in \{n\}$，则 $n_2 = n$，即有 $n_1 \in n_2 = n$。

综上所述，有 $n_1 \in n \subseteq n^+$，即 $n_1 \in n^+$，故 $n^+ = n + 1 \in S$。

由数学归纳法，$\mathbf{N} = S$ 得证。

数学归纳法还有一种形式，即若 $n = 0$ 时命题成立，假定当 n 小于或等于 k 时命题成立，我们可以证明 n 等于 $k + 1$ 时命题也成立，则对于一切自然数命题成立。这种归纳方法又叫第二归纳法。

例3：设有数目相等的两堆棋子，两人轮流从任一堆里取出任意粒棋子，但不能不取，也不能同时在两堆里取。规定谁最后取完，谁胜利。求证可以保证让后取者必胜。

证明：对每堆棋子数目 n 作归纳。

当 $n = 1$ 时，两堆中各取一粒，先取者必须取走其中的一粒，且仅能取一粒，后者取剩下一粒。后取者胜。

归纳假设当 $n \leq k$ 时，命题成立。

当 $n = k + 1$ 时，先取者只能在一堆中取，若全部取完一堆，那么后取者取完另一堆，后取者胜。若先取者取 r 粒（$0 < r < k + 1$），则后取者在另一堆也取 r 粒。此时该先取者取，而两堆数目仍旧相等，但数目个数为 $k + 1 - r \leq k$，由归纳假定先取者无论怎样取，后取者一定可以胜。

整个证明也完成了。这个证明没有从 0 开始，显然归纳法不一定从 0 开始。若从 n_0 开始，结论是对于大于或等于 n_0 的一切自然数命题成立。

6.4.4　自然数集的性质

由自然数集的定义，我们有以下结论：

性质1：设 n_1，n_2 和 n_3 是三个任意的自然数，若 $n_1 \in n_2$，$n_2 \in n_3$，则 $n_1 \in n_3$。

性质2：设 n_1 和 n_2 是两个任意的自然数，则下述三个式中有一个成立：

$$n_1 \in n_2, \quad n_1 = n_2, \quad n_2 \in n_1。$$

性质3：设 S 是自然数集的任意非空子集，则存在 $n_0 \in S$，使得 $n_0 \cap S = \varnothing$。

性质3是一条公理，叫正则公理。在正则公理中，n_0 称为 S 的极小元。正则公理实际上告诉我们自然数集的一个有用性质：自然数集的任意非空子集有最小数。

例4：求证：对于任意自然数 m 和 n，若 $n \in m$，则 $n^+ \in m$ 或者 $n^+ = m$ 之一成立。

证明：对 m 用归纳法。

若 $m = n^+$，则 $n \in m$ 成立，有 $n^+ = m$，即结论成立。

归纳假设对任意的 m，结论成立，即

若 $n \in m$，则 $n^+ \in m$ 或者 $n^+ = m$ 之一成立。

考察 $m^+ = m \cup \{m\}$ 时结论是否成立如下：

若 $n \in m^+ = m \cup \{m\}$，则有 $n \in m$，或 $n = m$。

当 $n \in m$ 时，由归纳假设有 $n^+ \in m$ 或者 $n^+ = m$ 之一成立。

若 $n^+ \in m$，则 $n^+ \in m \cup \{m\} = m^+$；

若 $n^+ = m$，则 $n^+ \in \{m\} \cup m = m^+$。

当 $n = m$ 时，显然有 $n^+ = m^+$。

所以对于 m^+，结论成立，证毕。

例 5：求证：对于任意自然数 m 和 n，都有 $m \in n$，或者 $m = n$，或者 $n \in m$ 之一成立。

证明：对 n 用归纳法。

当 $n = 0$ 时，由例 1 知结论成立。

归纳假设对任意自然数 n 结论成立。

考察 $n^+ = n \cup \{n\}$。由归纳假设，对任意自然数 m，有 $n \in m$，或者 $n = m$，或者 $m \in n$ 三者之一成立。

若 $n \in m$，则由例 4 得到 $n^+ \in m$ 或者 $n^+ = m$ 之一成立。

若 $n = m$，则 $m \in \{m\} = \{n\}$，即 $m \in n \cup \{n\} = n^+$。

若 $m \in n$，则 $m \in n \cup \{n\} = n^+$。即有 $n^+ = m$，或者 $n^+ \in m$，或者 $m \in n^+$ 三者之一成立，亦即对 n^+ 结论成立，证毕。

6.4.5　集合的归纳定义

自然数集的性质给我们提供了一个证明与自然数有关的命题的方法，即数学归纳法。自然数集的定义也为我们提供了定义某些集合的一个方法，称之为归纳定义，又称之为递归定义。

集合的归纳定义由三部分组成：基础条款、归纳条款和最小性条款。

例 6：试用归纳定义集合 $S = \{n \mid n \in \mathbf{N}, 3 \text{ 整除 } n\}$。

解：设 S 是一个集合，它满足以下三条：

① $3 \in S$，且 $0 \in S$；

② 如果 $x \in S$，$y \in S$，那么 $x + y \in S$；

③ S 中的元素均是有限次地运用①和②得到的。

其中第③条也可改为：

③′如果一个集合 A 满足：

　　$3 \in A$，$0 \in A$，若 x，$y \in A$，则 $x + y \in A$，那么 $S \subseteq A$。

读者可以体会一下为什么可以这样改。

例 7：设 Σ 是一个字母表，Σ^* 是包含空字 Λ 的所有 Σ 中的字母组成的字符串为元素的集合。试给出 Σ^* 的归纳定义。

解：Σ^* 是满足以下三个条件的一个集合：

① $\Lambda \in \Sigma^*$；

② 若 $x \in \Sigma^*$，且 $a \in \Sigma$，则 $ax \in \Sigma^*$；

③ Σ^* 中的元素均是有限次地运用条款①和②所得。

6.5　包含与排斥原理

一、有限集

一个集合 A，如果它所包含的元素个数是有限个，比如 n 个，我们说 A 是有限集，且记为 $|A| = n$。

本节所涉及的集合均为有限集。

二、加法公式

设 A_1，A_2 是两个有限集，则

$$|A_1 \cup A_2| = |A_1| + |A_2| - |A_1 \cap A_2|。 \tag{6.1}$$

显然 A_1 和 A_2 中公共元素的个数是 $|A_1 \cap A_2|$，这些元素中的每一个，在 $|A_1| + |A_2|$ 被计算了两次（一次在 A_1 中，一次在 A_2 中），但它在 $|A_1 \cup A_2|$ 中是作为一个元素计算的。因此，在 $|A_1| + |A_2|$ 里计算两次的那些元素，应该从 $|A_1| + |A_2|$ 中减去 $|A_1 \cap A_2|$ 来调整，使其对消掉重复计算的部分。这样就得到了式（6.1）。

例 1：某班有 40 位同学，第一次离散数学测验有 22 个同学得 A，第二次离散数学测验有 19 个同学得 A，有 8 个同学两次测验都得 A。设 A_1 是第一次得 A 的同学的集合，A_2 是第二次得 A 的同学的集合。于是，有

$$|A_1| = 22，|A_2| = 19，|A_1 \cap A_2| = 8。$$

根据式（6.1），有

$$|A_1 \cup A_2| = 22 + 19 - 8 = 33，$$

在两次测验中，至少有一次测验得 A 的同学数为 33 位，而都没有得 A 的同学数为

$$40 - |A_1 \cup A_2| = 40 - 33 = 7，$$

即有 7 位同学在两次测验中没有得到过 A。

三、一般加法公式

推广式（6.1）的结果，我们可以得到一般加法公式（多退少补公式）。

定理：设集合 A_1，A_2，…，A_r 是 r 个有限集，则

$$|A_1 \cup A_2 \cup \cdots \cup A_r| = \sum_{i=1}^{r} |A_i| - \sum_{1 \leq i < j \leq r} |A_i \cap A_j| +$$
$$\sum_{1 \leq i < j < k \leq r} |A_i \cap A_j \cap A_k| + \cdots +$$
$$(-1)^{r-1} |A_1 \cap A_2 \cap \cdots \cap A_r|。 \tag{6.2}$$

证明：对集合的个数用归纳法来证明。

显然，当 $r = 2$ 时，由式（6.1），结论成立。

假定在 $r-1$ 时结论成立。

考察在 r 时的情况。按式（6.1），有

$$|A_1 \cup A_2 \cup \cdots \cup A_r| = |(A_1 \cup A_2 \cup \cdots \cup A_{r-1}) \cup A_r|$$
$$= |A_1 \cup A_2 \cup \cdots \cup A_{r-1}| + |A_r| -$$
$$|(A_1 \cup A_2 \cup \cdots \cup A_{r-1}) \cap A_r| \tag{6.3}$$

对于 $r-1$ 个集合 A_1，A_2，…，A_{r-1}，由归纳假设，我们有

$$|A_1 \cup A_2 \cup \cdots \cup A_{r-1}| = \sum_{i=1}^{r-1} |A_i| - \sum_{1 \leq i < j \leq r-1} |A_i \cap A_j| +$$
$$\sum_{1 \leq i < j \leq k \leq r-1} |A_i \cap A_j \cap A_k| + \cdots +$$
$$(-1)^{r-2} |A_1 \cap A_2 \cap \cdots \cap A_{r-1}| \tag{6.4}$$

显然，有

$$|(A_1 \cup A_2 \cup \cdots \cup A_{r-1}) \cap A_r| = |(A_1 \cap A_r) \cup (A_2 \cap A_r) \cup \cdots \cup (A_{r-1} \cap A_r)|。 \tag{6.5}$$

由归纳假设，对于 $r-1$ 个集合 $A_1 \cap A_r$，$A_2 \cap A_r$，$\cdots$，$A_{r-1} \cap A_r$，有

$$|(A_1 \cap A_r) \cup (A_2 \cap A_r) \cup \cdots \cup (A_{r-1} \cap A_r)|$$

$$= \sum_{i=1}^{r-1} |A_i \cap A_r| - \sum_{1 \leq i < j \leq r-1} |A_i \cap A_j \cap A_r| + \qquad (6.6)$$

$$\sum_{1 \leq i < j < k \leq r-1} |A_i \cap A_j \cap A_k \cap A_r| + \cdots +$$

$$(-1)^{r-2} |A_1 \cap A_2 \cap \cdots \cap A_{r-1} \cap A_r|$$

将式(6.4)~式(6.6)代入式(6.3)后，整理就可以得到式(6.2)。

四、减法公式

设 A_1，A_2 是两个有限集，则

$$|A_1 - A_2| = |A_1| - |A_1 \cap A_2|。 \qquad (6.7)$$

例2：在 1 和 300 之间，试求：

（1）不能被 2，3，5，7 中任意一个整除的整数的个数。

（2）能够被 2，被 3，但不能被 5，7 中任意一个整除的整数的个数。

解：设 A_i 表示 1 和 300 之间能被 i 整除的整数的集合，即

$$A_i = \{x \mid x \in \mathbf{N}, 1 \leq x \leq 300, i \text{ 整除 } x\} (i = 2,3,5,7)。$$

（1）$|A_2| = 150$，$|A_3| = 100$，$|A_5| = 60$，$|A_7| = 42$，

$|A_2 \cap A_3| = 50$，$|A_2 \cap A_5| = 30$，$|A_2 \cap A_7| = 21$，$|A_3 \cap A_5| = 20$，

$|A_3 \cap A_7| = 14$，$|A_5 \cap A_7| = 8$，

$|A_2 \cap A_3 \cap A_5| = 10$，$|A_2 \cap A_3 \cap A_7| = 7$，$|A_2 \cap A_5 \cap A_7| = 4$，

$|A_3 \cap A_5 \cap A_7| = 2$，$|A_2 \cap A_3 \cap A_5 \cap A_7| = 1$。

于是，我们有：

$$|A_2 \cup A_3 \cup A_5 \cup A_7| = 150 + 100 + 60 + 42 -$$
$$50 - 30 - 21 - 20 - 14 - 8 +$$
$$10 + 7 + 4 + 2 - 1$$
$$= 231。$$

因此，不能被 2，3，5，7 中任意一个整除的整数的个数为

$$300 - |A_2 \cup A_3 \cup A_5 \cup A_7| = 300 - 231 = 69。$$

（2）$A_2 \cap A_3 \cap \bar{A}_5 \cap \bar{A}_7 = A_2 \cap A_3 \cap \overline{(A_5 \cup A_7)} = (A_2 \cap A_3) - (A_5 \cup A_7)。$

于是

$$|A_2 \cap A_3 \cap \bar{A}_5 \cap \bar{A}_7| = |(A_2 \cap A_3) - (A_5 \cup A_7)|$$
$$= |(A_2 \cap A_3) - (A_2 \cap A_3) \cap (A_5 \cup A_7)|$$
$$= |A_2 \cap A_3| - |(A_2 \cap A_3) \cap (A_5 \cup A_7)|。$$
$$|(A_2 \cap A_3) \cap (A_5 \cup A_7)| = |(A_2 \cap A_3 \cap A_5) \cup (A_2 \cap A_3 \cap A_7)|$$
$$= |A_2 \cap A_3 \cap A_5| + |A_2 \cap A_3 \cap A_7| -$$
$$|A_2 \cap A_3 \cap A_5 \cap A_7|$$
$$= 10 + 7 - 1$$
$$= 16。$$

因此，

$$|A_2 \cap A_3 \cap \bar{A}_5 \cap \bar{A}_7| = |A_2 \cap A_3| - |(A_2 \cap A_3) \cap (A_5 \cup A_7)| = 50 - 16 = 34 。$$

6.6 典型例题及解答

例1：已知集合 $A = \{\{1\}, \{\varnothing\}\}$，试求 2^A。

解：$2^A = \{\varnothing, A, \{\{1\}\}, \{\{\varnothing\}\}\}$。

例2：已知 A，B 是 2 个任意的集合，试证明 $2^A \cup 2^B \subseteq 2^{A \cup B}$。并举出 $2^A \cup 2^B \neq 2^{A \cup B}$ 的例子。

证明：对于任意的 $x \in 2^A \cup 2^B$，则由并集的定义知，$x \in 2^A$ 或 $x \in 2^B$。

若 $x \in 2^A$，则由幂集的定义知 $x \subseteq A$，从而有 $x \subseteq A \cup B$，由幂集的定义知 $x \in 2^{A \cup B}$；

若 $x \in 2^B$，则由幂集的定义知 $x \subseteq B$，从而有 $x \subseteq A \cup B$，由幂集的定义知 $x \in 2^{A \cup B}$；综上所述，$2^A \cup 2^B \subseteq 2^{A \cup B}$。

令 $A = \{1\}$，$B = \{2\}$，则 $A \cup B = \{1, 2\}$。

$2^A \cup 2^B = \{\varnothing, \{1\}, \{2\}\}$，$2^{A \cup B} = \{\varnothing, \{1\}, \{2\}, \{1, 2\}\}$

显然，$2^A \cup 2^B \neq 2^{A \cup B}$。

例3：对于任意两个集合 A，B，试证明 $A \cap B = A$ 当且仅当 $A \subseteq B$。

证明："$\Rightarrow$"

对于任意的 $x \in A$，因为 $A \cap B = A$，所以 $x \in A \cap B$，于是由交集的定义知 $x \in B$，故由子集的定义知，$A \subseteq B$。

"$\Leftarrow$" 对于任意的 $x \in A$，因为 $A \subseteq B$，所以由子集的定义知 $x \in B$，于是 $x \in A \cap B$，故由子集的定义知 $A \subseteq A \cap B$。

又因为 $A \cap B \subseteq A$，所以 $A \cap B = A$。

例4：对于任意两个集合 A，B，试证明 $A \cap \bar{B} = \varnothing$ 当且仅当 $A \subseteq B$。

证明："$\Rightarrow$"

若 $A \subseteq B$ 不成立，则存在 $a \in A$，但 $a \notin B$，由补集的定义知 $a \notin \bar{B}$，由交集的定义知 $a \in A \cap \bar{B}$。这与 $A \cap \bar{B} = \varnothing$ 矛盾，故 $A \subseteq B$。

"$\Leftarrow$"

若 $A \cap \bar{B} \neq \varnothing$，则存在 $a \in A \cap \bar{B}$，由交集的定义知 $a \in A$，且 $a \in \bar{B}$，于是 $a \notin \bar{B}$。因为 $A \subseteq B$，所以由 $a \in A$ 知，$a \in B$，与 $a \notin B$ 矛盾。

综上，$A \cap \bar{B} = \varnothing$。

例5：设 A，B，C 是三个任意的集合，在什么条件下成立下式？

$$(A - B) \cap (A - C) = \varnothing$$

解：因为 $A - B = A \cap \bar{B}$，于是有

$$(A - B) \cap (A - C) = (A \cap \bar{B}) \cap (A \cap \bar{C})$$

$$= A \cap (\bar{B} \cap \bar{C})$$

$$= A \cup \overline{B \cup C}$$

于是，原式的等价形式是 $A \cup \overline{B \cup C} = \varnothing$。

因此，等式成立的充分必要条件是 $A \subseteq B \cup C$，即集合 A 的元素要么是集合 B 的元素，要么是集合 C 的元素。

● 习 题 六

6.1　判别下列命题是真的还是假的，并简单说明你的答案。

(1) $\varnothing \subseteq \varnothing$

(2) $\varnothing \in \varnothing$

(3) $\varnothing \subseteq \{\varnothing\}$

(4) $\varnothing \in \{\varnothing\}$

(5) $\{a, b\} \subseteq \{a, b, c, \{a, b, c\}\}$

(6) $\{a, b\} \in \{a, b, c, \{a, b, c\}\}$

(7) $\{a, b\} \subseteq \{a, b, \{\{a, b\}\}\}$

(8) $\{a, b\} \in \{a, b, \{\{a, b\}\}\}$

6.2　设 $A = \{a, b, \{a, b\}, \varnothing\}$，求出下列各式：

(1) $A - \{a, b\}$

(2) $A - \varnothing$

(3) $A - \{\varnothing\}$

(4) $\{\{a, b\}\} - A$

(5) $\varnothing - A$

(6) $\{\varnothing\} - A$

6.3　举出三个集合 A，B 和 C，使得 $A \in B$，$B \in C$ 且 $A \notin C$。

6.4　对任意集合 A，B 和 C，判断下列论断是否正确，并论证你的答案。

(1) $A \in B$，$B \subseteq C$，则 $A \in C$

(2) $A \in B$，$B \subseteq C$，则 $A \subseteq C$

(3) $A \subseteq B$，$B \in C$，则 $A \in C$

(4) $A \subseteq B$，$B \in C$，则 $A \subseteq C$

6.5　设 S 表示某林场所有的树的集合，M，N，T，$P \subseteq S$，且 M 是珍贵树的集合，N 是果树的集合，T 是去年刚栽的树的集合，P 是果树园中的树的集合。试写出下列各句子所对应的集合关系式。

(1) 所有的珍贵树都是去年栽的。

(2) 所有的去年栽的果树都在果树园中。

(3) 果树园里没有珍贵树。

(4) 没有一棵珍贵树是果树。

(5) 去年仅栽了珍贵树和果树。

6.6 假设

$$A \cap C \subseteq B \cap C$$

$$A \cap \bar{C} \subseteq B \cap \bar{C}$$

求证：$A \subseteq B$。

6.7 设 A，B，C 是任意三个集合，证明：

(1) $(A - B) - C = A - (B \cup C)$

(2) $(A - B) - C = (A - C) - B$

(3) $(A - B) - C = (A - C) - (B - C)$

6.8 设 A，B，C 是任意三个集合

(1) 设 $A \subseteq B$，$C \subseteq D$，下面两式是否一定成立？

$$A \cup C \subseteq B \cup D$$

$$A \cap C \subseteq B \cap D$$

(2) 设 $A \subset B$，$C \subset D$，下面两式是否一定成立？

$$A \cup C \subset B \cup D$$

$$A \cap C \subset B \cap D$$

6.9 设 A，B，C 是任意三个集合，问：

(1) 若 $A \cup B = A \cup C$，一定有 $B = C$ 吗？

(2) 若 $A \cap B = A \cap C$，一定有 $B = C$ 吗？

(3) 若 $A \oplus B = A \oplus C$，那么一定有 $B = C$ 吗？论证你的答案。

6.10 设 A，B，C 是三个任意的集合，下列式子在什么条件下成立？

(1) $(A - B) \cup (A - C) = \varnothing$

(2) $(A - B) \oplus (A - C) = \varnothing$

6.11 对下列情况，说明 P 和 Q 要满足什么条件。

(1) $P \cap Q = P$

(2) $P \cup Q = P$

(3) $P \oplus Q = P$

(4) $P \cap Q = P \cup Q$

6.12 设 A 和 B 是两个集合，对下列情况，说明 A 和 B 应满足什么条件。

(1) $A - B = B$

(2) $A - B = B - A$

6.13 设 A，B 和 C 是三个集合，已知

$$A \cap B = A \cap C$$

$$\bar{A} \cap B = \bar{A} \cap C$$

那么一定有 $B = C$ 吗？并论述你的理由。

6.14 求下列集合的幂集：

(1) $\{a\}$

(2) $\{\{a\}\}$

(3) $\{\varnothing, \{\varnothing\}\}$

6.15 设 $A = \{\varnothing\}$，$B = \rho(\rho(A))$，那么下述各式是否成立？

（1）$\varnothing \in B$

（2）$\varnothing \subseteq B$

（3）$\{\varnothing\} \in B$

（4）$\{\varnothing\} \subseteq B$

（5）$\{\{\varnothing\}\} \in B$

（6）$\{\{\varnothing\}\} \subseteq B$

6.16 设 $A = \{a, \{a\}\}$，$B = \{a, \{b\}\}$。下述各式成立吗？

（1）$\{a\} \in \rho(A)$

（2）$\{a\} \subseteq \rho(A)$

（3）$\{\{a\}\} \in \rho(A)$

（4）$\{\{a\}\} \subseteq \rho(A)$

（5）$\{a\} \in \rho(B)$

（6）$\{a\} \subseteq \rho(B)$

（7）$\{\{a\}\} \in \rho(B)$

（8）$\{\{a\}\} \subseteq \rho(B)$

6.17 设 A，B，S 为任意集合，判断下列命题的真假。

（1）$\varnothing$ 是 $\varnothing$ 的子集。

（2）如果 $S \cup A = S \cup B$，则 $A = B$。

（3）如果 $S - A = \varnothing$，则 $S = A$。

（4）如果 $\bar{S} \cup A = U$，则 $S \subseteq A$。

（5）$S \oplus S = S$。

6.18 求证：三个连续非负整数的立方和能被 9 整除。

6.19 求证：对任意非负整数 n，$(11)^{n+2} + (12)^{2n+1}$ 能被 133 整除。

6.20 从 1 到 300 的整数中，问：

（1）同时能被 3，5 和 7 三个数整除的数有多少个？

（2）不能被 3，5 和 7 之中的任何数整除的数有多少个？

（3）能够被 3，5 两个数整除，但不能被 7 整除的数有多少个？

（4）能够被 3 整除，但不能被 5 和 7 中的任何数整除的数有多少个？

（5）只能被 3，5 和 7 之中的一个数整除的数有多少个？

6.21 有 75 个学生去书店买语文、数学、英语课外书，每种书每个学生至多买 1 本，已知有 20 个学生每人买 3 本书，55 个学生每人至少买 2 本书，设每本书的价格都是 1 元，所有的学生总共花费 140 元。问：

（1）恰好买 2 本书的有多少学生？

（2）至少买 2 本书的学生共花费多少元？

（3）恰好买 1 本书的有多少个学生？

（4）至少买 1 本书的有多少个学生？

（5）没买书的有多少个学生？

第 7 章

关　系

关系的概念是数学中最重要的基本概念之一。本章采用集合论的语言将关系的基本概念及其性质精确化和形式化。

7.1　集合的笛卡儿积集

7.1.1　有序二元组

首先我们引入有序二元组的概念。

定义 1：设 a 和 b 是两个元素，把 a 作为第一个元素，把 b 作为第二个元素，按这个顺序排列的一个二元组，称为有序二元组，简称之为有序对，记为 (a, b)。

平面直角坐标系中点的坐标就是有序二元组，例如，$(1, -1)$，$(2, 1)$，$(1, 2)$，$(-1, -2)$，…，都代表坐标系中不同的点。

一般说来有序二元组具有以下特点：

(1) 当 $a \neq b$ 时，$(a, b) \neq (b, a)$；

(2) 两个有序二元组相等，即 $(a, b) = (x, y)$ 的充分必要条件是 $a = x$，$b = y$。

7.1.2　笛卡儿积集

下面我们引入集合的一个新运算。

定义 2：设 A 和 B 是两个集合，存在一个集合，它的元素是用 A 中元素为第一元素，B 中元素为第二元素构成的有序二元组。称它为集合 A 和 B 的笛卡儿积集，记为 $A \times B$，即

$$A \times B = \{(a, b) \mid a \in A, b \in B\}。$$

如：$A = \{1, 2\}$，$B = \{a, b, c\}$，则

$$A \times B = \{(1, a), (1, b), (1, c), (2, a), (2, b), (2, c)\}。$$

由定义不难看出，两个集合的笛卡儿积集有以下性质：

性质 1：若 A 和 B 有一个是空集，则它们的笛卡儿积集是空集，即

$$\varnothing \times B = A \times \varnothing = \varnothing。$$

性质2：当 $A \neq B$，且 A 和 B 均不是空集时，有

$$A \times B \neq B \times A。$$

性质3：当 A，B，C 均不是空集时，有

$$(A \times B) \times C \neq A \times (B \times C)。$$

例1：求证：$A \times (B \cup C) = (A \times B) \cup (A \times C)$。

证明：对于任意的 $(x, y) \in A \times (B \cup C)$，由笛卡儿积集的定义知，$x \in A$ 且 $y \in B \cup C$，从而有 $y \in B$ 或 $y \in C$。

若 $y \in B$，由 $x \in A$ 得，$(x, y) \in A \times B \subseteq (A \times B) \cup (A \times C)$。

若 $y \in C$，由 $x \in A$ 得，$(x, y) \in A \times C \subseteq (A \times B) \cup (A \times C)$。

因此，$A \times (B \cup C) \subseteq (A \times B) \cup (A \times C)$。

对于任意的 $(x, y) \in (A \times B) \cup (A \times C)$，由并集的定义知 $(x, y) \in A \times B$，或 $(x, y) \in A \times C$。

若 $(x, y) \in A \times B$，则 $x \in A$，$y \in B$。从而有 $x \in A$ 且 $y \in B \cup C$，由笛卡儿积集的定义知，$(x, y) \in A \times (B \cup C)$；

若 $(x, y) \in A \times C$，则 $x \in A$，$y \in C$。从而有 $x \in A$ 且 $y \in B \cup C$，由笛卡儿积集的定义知，$(x, y) \in A \times (B \cup C)$；

因此，$(A \times B) \cup (A \times C) \subseteq A \times (B \cup C)$。

综上可知，$A \times (B \cup C) = (A \times B) \cup (A \times C)$。

例2：设 A，B，C，D 为任意集合，判断下述等式是否成立？

$$(A \cup B) \times (C \cup D) = (A \times C) \cup (B \times D)$$

解：不成立。若 $A = D = \varnothing$，$B = C = \{a\}$，则

$$(A \cup B) \times (C \cup D) = B \times C = \{(a, a)\},$$

$$(A \times C) \cup (B \times D) = \varnothing \cup \varnothing = \varnothing。$$

7.1.3 有序 n 元组、n 个集合的笛卡儿积集

下面我们把有序二元组和两个集合的笛卡儿积集的概念推广到 $n (\geqslant 3)$。

定义3：一个有序 $n (\geqslant 3)$ 元组是一个有序二元组，其中第一个元素是一个有序 $n - 1$ 元组。将一个有序 n 元组记为 $(a_1, a_2, \cdots, a_n)$，即

$$(a_1, a_2, \cdots, a_n) = ((a_1, a_2, \cdots, a_{n-1}), a_n),$$

称 a_i 为该有序 n 元组的第 i 个元素（$i = 1, 2, \cdots, n$）。

定义4：设 $A_1, A_2, \cdots, A_n$ 是 $n (\geqslant 3)$ 个集合，存在一个集合，它的元素是由用 A_i 中元素为第 i 个元素的有序 n 元组所构成，称之为这 n 个集合的笛卡儿积集，记作 $A_1 \times A_2 \times \cdots \times A_n$，即

$$A_1 \times A_2 \times \cdots \times A_n = (A_1 \times A_2 \times \cdots \times A_{n-1}) \times A_n$$

$$= \{(a_1, a_2, \cdots, a_n) \mid a_1 \in A_1, a_2 \in A_2, \cdots, a_n \in A_n\}$$

当 $A_1 = A_2 = \cdots = A_n = A$ 时，将 $A_1 \times A_2 \times \cdots \times A_n$ 记为 A^n，即

$$A^n = \underbrace{A \times A \times \cdots \times A}_{n个} = A^{n-1} \times A。$$

7.2 二元关系的基本概念

7.2.1 二元关系

定义1：设 A，B 是两个集合，R 是 $A \times B$ 的任意一个子集，即

$$R \subseteq A \times B。$$

则称 R 为从集合 A 到集合 B 的一个二元关系，简称之为从 A 到 B 的一个二元关系。

若 $R = \varnothing$，称 R 为空关系。

若 $R = A \times B$，称为全关系。

当 $A = B$ 时，称二元关系 $R \subseteq A \times A$ 为 A 上的二元关系。

当 $A = B$ 时，记 $\Delta_A = \{(x, x) | x \in A\}$，称之为 A 上的恒等关系。

设 R 是从 A 到 B 的一个二元关系，若 $(x, y) \in R$，也记为 xRy，并称元素 x 与 y 具有关系 R；若 $(x, y) \notin R$，称元素 x 与 y 没有关系 R。

所谓从 A 到 B 的一个二元关系就是描述了集合 A 中的某些元素与集合 B 中某些元素的关联性。

例1：设 $A = \{a, b, c, d\}$ 是 4 个学生的集合，$B = \{$英语，高等数学，计算机原理，离散数学，数据结构$\}$ 是五门课程的集合，笛卡儿积集 $A \times B$ 给出了学生和课程之间的所有可能的配对。

$R_1 = \{(a,$ 英语$), (a,$ 高等数学$), (b,$ 计算机原理$), (b,$ 英语$), (c,$ 离散数学$),$
$(c,$ 数据结构$), (d,$ 英语$), (d,$ 离散数据$)\}$，

$R_2 = \{(a,$ 英语$), (a,$ 数据结构$), (b,$ 高等数学$), (b,$ 离散数学$), (c,$ 英语$), (c,$
计算机原理$), (d,$ 英语$)\}$，

R_1 与 R_2 都是从 A 到 B 的二元关系，可以描述学生所选取的课程，也可以表示学生对某些课程有偏爱。

7.2.2 二元关系的表示

一个二元关系，除了用列出有序二元组的方法表示之外，也可以用表的形式或图的形式来表示。

例2：$A = \{a, b, c, d\}$，$B = \{\alpha, \beta, \gamma\}$，令 $R = \{(a, \alpha), (b, \gamma), (c, \alpha), (c, \gamma), (d, \beta)\}$，它是从 A 到 B 的一个二元关系。

二元关系 R 可以表示为图 7.1（a）的表的形式。其中表的行对应于 A 中的元素，表的列对应于 B 中的元素，方格中的符号"$\sqrt{}$"表示行的元素与列的元素的对应关系。

二元关系 R 也可以表示为图的形式，如图 7.1（b）。其中左边一列点表示 A 中的元素，右边一列点表示 B 中的元素，从左边的一个点到右边的一个点的箭头，表示 A 中的元素与 B 中的元素的对应关系。

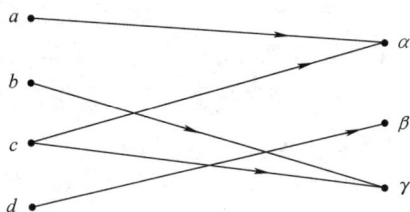

图 7.1　二元关系的表和图

二元关系 R 还可以用矩阵表示如下：

$$\begin{bmatrix} 1 & 0 & 0 \\ 0 & 0 & 1 \\ 1 & 0 & 1 \\ 0 & 1 & 0 \end{bmatrix}$$

一般地，设 $A = \{a_1, a_2, \cdots, a_n\}$，$B = \{b_1, b_2, \cdots, b_m\}$，一个二元关系 $R \subseteq A \times B$，可以用一个 $n \times m$ 的矩阵 $\mathbf{M}_R$ 表示：

$$\mathbf{M}_R = (r_{ij})_{n \times m},$$

其中若 $(a_i, b_j) \in R$，则 $r_{ij} = 1$；若 $(a_i, b_j) \notin R$，则 $r_{ij} = 0$。

7.2.3　二元关系的交、并、差、对称差

因为二元关系是以有序二元组为元素的集合，所以两个关系的交、两个关系的并、两个关系的差以及两个关系的对称差等概念，可由集合论中的对应的交、并、差、对称差等概念直接引出。具体地说，令 R_1 和 R_2 是从 A 到 B 的二元关系，那么 $R_1 \cap R_2$，$R_1 \cup R_2$，$R_1 - R_2$ 和 $R_1 \oplus R_2$ 也是从 A 到 B 的二元关系，它们分别称为 R_1 和 R_2 的交、并、差、对称差。

例如，设 $A = \{a_1, a_2, \cdots, a_n\}$，$B = \{x_1, x_2, \cdots, x_m\}$ 分别表示学生的集合和课程的集合。令

$R_1 = \{(x, y) | x \in A, y \in B,$ 学生 x 必修课程 $y\}$，

$R_2 = \{(x, y) | x \in A, y \in B,$ 学生 x 爱好课程 $y\}$，

则有

$R_1 \cup R_2 = \{(x, y) | x \in A, y \in B,$ 学生 x 必修或者爱好课程 $y\}$，

$R_1 \cap R_2 = \{(x, y) | x \in A, y \in B,$ 学生 x 必修并爱好课程 $y\}$，

$R_1 - R_2 = \{(x, y) | x \in A, y \in B,$ 学生 x 必修但不爱好课程 $y\}$，

$R_1 \oplus R_2 = \{(x, y) | x \in A, y \in B,$ 学生 x 必修但不爱好课程 y，或者学生 x 爱好但不必修课程 $y\}$。

7.2.4　二元关系的逆与复合

二元关系除了作为集合所具有的交、并、差、对称差等运算外，还可以再定义一些新的运算。

定义 2：设 A 和 B 是两个集合，R 是从 A 到 B 的一个二元关系，即 $R \subseteq A \times B$。令

$$\widetilde{R} = \{(y,x) \mid (x,y) \in R\},$$

则 $\widetilde{R} \subseteq B \times A$ 是从 B 到 A 的一个二元关系，称之为 R 的逆关系。

定义3：设 A，B，C 是三个任意集合，R_1 是从 A 到 B 的一个二元关系，R_2 是从 B 到 C 的一个二元关系。记

$$R_1 \circ R_2 = \{(x, y) \mid x \in A, y \in C, \text{存在} z \in B, \text{使得} (x, z) \in R_1, (z, y) \in R_2\}$$

则 $R_1 \circ R_2 \subseteq A \times C$ 是一个从 A 到 C 的二元关系，称之为 R_1 与 R_2 的复合关系。

当 $A = B = C$，$R_1 = R_2$ 时，$R_1 \circ R_2$ 记为 R_1^2，即 $R_1^2 = R_1 \circ R_1$。

例3：设 S_1，S_2 是自然数集 $\mathbf{N}$ 上的两个二元关系，

$$S_1 = \{(x, y) \mid x, y \in \mathbf{N}, \text{且} y = x^2\},$$
$$S_2 = \{(x, y) \mid x, y \in \mathbf{N}, \text{且} y = x + 1\}。$$

求 $\widetilde{S}_1$，$\widetilde{S}_2$，$S_1 \circ S_2$，$S_2 \circ S_1$，S_1^2。

解：$\widetilde{S}_1 = \{(y, x) \mid x, y \in \mathbf{N}, y = x^2\}$，

$\widetilde{S}_2 = \{(y, x) \mid x, y \in \mathbf{N}, y = x + 1\}$，

$S_1 \circ S_2 = \{(x, y) \mid x, y \in \mathbf{N}, y = x^2 + 1\}$，

$S_2 \circ S_1 = \{(x, y) \mid x, y \in \mathbf{N}, y = (x + 1)^2\}$，

$S_1^2 = \{(x, y) \mid x, y \in \mathbf{N}, y = x^4\}$。

定理：设 A，B，C，D 是四个任意集合，R_1，R_2，R_3 分别是从 A 到 B、从 B 到 C、从 C 到 D 的任意二元关系。则有：

① $R_1 \circ \Delta_B = \Delta_A \circ R_1 = R_1$；

② $\widetilde{\widetilde{R}_1} = R_1$；

③ $\widetilde{R_1 \circ R_2} = \widetilde{R}_2 \circ \widetilde{R}_1$；

④ $(R_1 \circ R_2) \circ R_3 = R_1 \circ (R_2 \circ R_3)$。

证明：

① 我们仅证 $R_1 \circ \Delta_B = R_1$。

对于任意的 x，y，若 $(x, y) \in R_1 \circ \Delta_B$，则由定义知存在 $b \in B$，使得 $(x, b) \in R_1$，$(b, y) \in \Delta_B$，因为 $(b, y) \in \Delta_B$，所以 $b = y$，故 $(x, y) = (x, b) \in R_1$，即证得 $R_1 \circ \Delta_B \subseteq R_1$。

另一方面，对于任意的 x，y，若 $(x, y) \in R_1$，则 $y \in B$。显然，$(y, y) \in \Delta_B$，由 $(x, y) \in R_1$，$(y, y) \in \Delta_B$，根据定义知，$(x, y) \in R_1 \circ \Delta_B$，

即证得 $R_1 \subseteq R_1 \circ \Delta_B$。

综上所述，得到 $R_1 \circ \Delta_B = R_1$。

② 证明略。

③ 对于任意的 x，y，若 $(x, y) \in \widetilde{R_1 \circ R_2}$，则 $(y, x) \in R_1 \circ R_2$，进而由复合的定义知，存在 $b \in B$，使得 $(y, b) \in R_1$，$(b, x) \in R_2$，即有 $(x, b) \in \widetilde{R}_2$，$(b, y) \in \widetilde{R}_1$，从而有 $(x, y) \in \widetilde{R}_2 \circ \widetilde{R}_1$，即证得 $\widetilde{R_1 \circ R_2} \subseteq \widetilde{R}_2 \circ \widetilde{R}_1$。

另一方面，对于任意的 x，y，若 $(x, y) \in \tilde{R_2} \circ \tilde{R_1}$，则由复合的定义知，存在 $b \in B$，使得 $(x, b) \in \tilde{R_2}$，$(b, y) \in \tilde{R_1}$，即 $(b, x) \in R_2$，$(y, b) \in R_1$，由关系复合的定义知 $(y, x) \in R_1 \circ R_2$，再由逆关系的定义知 $(x, y) \in \widetilde{R_1 \circ R_2}$，即证得 $\tilde{R_2} \circ \tilde{R_1} \subseteq \widetilde{R_1 \circ R_2}$。

综上所述，得到 $\widetilde{R_1 \circ R_2} = \tilde{R_2} \circ \tilde{R_1}$。

④ 对于任意的 x，y，若 $(x, y) \in (R_1 \circ R_2) \circ R_3$，则存在 $e \in C$，使得 $(x, e) \in R_1 \circ R_2$，$(e, y) \in R_3$。进而由 $(x, e) \in R_1 \circ R_2$，则存在 $b \in B$，使得 $(x, b) \in R_1$，$(b, e) \in R_2$。

由 $(b, e) \in R_2$，$(e, y) \in R_3$ 知，$(b, y) \in R_2 \circ R_2$。

由 $(x, b) \in R_1$，$(b, y) \in R_2 \circ R_3$ 知，$(x, y) \in R_1 \circ (R_2 \circ R_3)$，即证得 $(R_1 \circ R_2) \circ R_3 \subseteq R_1 \circ (R_2 \circ R_3)$。

同理可证 $R_1 \circ (R_2 \circ R_3) \subseteq (R_1 \circ R_2) \circ R_3$。

综上所述，$R_1 \circ (R_2 \circ R_3) = (R_1 \circ R_2) \circ R_3$。

从定理的结论④可以看出：二元关系的复合运算满足结合律。当 R 为某一集合 A 上的二元关系时，记 $R \circ R = R^2$。由于关系的复合满足结合律，可以定义

$$R^0 = \Delta_A,$$

$$R^n = \underbrace{R \circ R \circ \cdots \circ R}_{n \uparrow},$$

并可以得到：对于任意自然数 m，n，有

$$R^m \circ R^n = R^{m+n},$$

$$(R^m)^n = R^{mn}。$$

7.3　二元关系的性质

本节所述关系，是某一个集合上的二元关系。

7.3.1　自反性、反自反性、对称性、反对称性、传递性

定义：设 R 是集合 A 上的一个二元关系，即 $R \subseteq A \times A$，于是

(1) 对于任意的 $x \in A$，均有 $(x, x) \in R$，则称关系 R 有自反性，或称 R 是 A 上的自反关系。

(2) 对于任意的 $x \in A$，均有 $(x, x) \notin R$，则称关系 R 有反自反性，或称 R 是 A 上的反自反关系。

(3) 对于任意的 x，$y \in A$，若 $(x, y) \in R$ 时，就有 $(y, x) \in R$，则称关系 R 有对称性，或称 R 是 A 上的对称关系。

(4) 对于任意的 x，$y \in A$，若 $(x, y) \in R$，且 $(y, x) \in R$ 时，就有 $x = y$，则称关系 R 有反对称性，或称 R 是 A 上的反对称关系。

(5) 对于任意的 x，y，$z \in A$，若 $(x, y) \in R$，且 $(y, z) \in R$，就有 $(x, z) \in R$，则称关系 R 有传递性，或称 R 是 A 上的传递关系。

设 A 是一个任意的非空集合，由定义我们不难看出：

A 上的全关系 $A \times A$ 具有自反性、对称性和传递性。

A 上的恒等关系 Δ_A 具有自反性、对称性、反对称性和传递性。

A 上的空关系 $\varnothing$ 具有反自反性、对称性、反对称性和传递性。

例 1：设 $A = \{1, 2, 3\}$，令

$R_1 = \{(1, 1), (2, 2), (3, 3), (1, 2)\}$，

$R_2 = \{(2, 3), (3, 2)\}$，

$R_3 = \{(1, 1), (2, 2), (2, 3), (3, 2), (3, 1)\}$。

问 R_1，R_2，R_3 具有哪些性质?

解：R_1 有自反性、传递性、反对称性；

R_2 有反自反性、对称性；

R_3 没有这五个性质中的任何一个。

例 2：试判断图 7.2 中所表示的三个二元关系的性质。

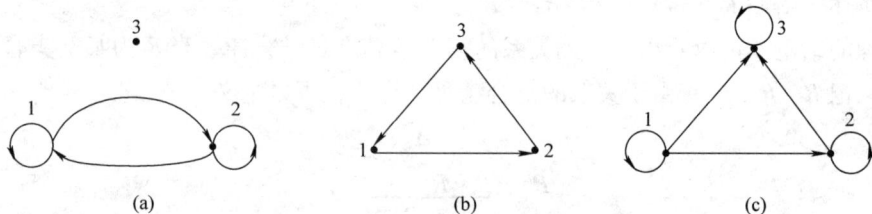

图 7.2　三个二元关系的性质示意图

解：图 7.2（a）中的关系是对称的、传递的；

图 7.2（b）中的关系是反自反的、反对称的；

图 7.2（c）中的关系是自反的、反对称的、传递的。

7.3.2　关于二元关系性质的判定定理

下面我们给出集合 A 上二元关系的每一个性质的判定定理。

定理：R 是集合 A 上的一个二元关系，则

（1）R 有自反性当且仅当 $\Delta_A \subseteq R$。

（2）R 有反自反性当且仅当 $\Delta_A \cap R = \varnothing$。

（3）R 有对称性当且仅当 $\widetilde{R} = R$。

（4）R 有反对称性当且仅当 $\widetilde{R} \cap R \subseteq \Delta_A$。

（5）R 有传递性当且仅当 $R \circ R \subseteq R$。

证明：

（1）与（2）比较明显，证明略。

（3）先证必要性。假设 R 具有对称性。

对于任意的 x，$y \in A$，若 $(x, y) \in R$，则由必要性假设（对称性）知 $(y, x) \in R$，于是由逆关系的定义知 $(x, y) \in \widetilde{R}$，故 $R \subseteq \widetilde{R}$。

对于任意的 $x,y\in A$，若 $(x,y)\in\widetilde{R}$，则由逆关系的定义知 $(y,x)\in R$，再根据必要性假设（对称性）知，$(x,y)\in R$，故 $\widetilde{R}\subseteq R$。

因此，$\widetilde{R}=R$。

再证充分性。假设 $R=\widetilde{R}$ 成立。

对于任意的 $x,y\in A$，若 $(x,y)\in R$，则由逆关系的定义，有 $(y,x)\in\widetilde{R}$。

因为 $\widetilde{R}=R$，所以 $(y,x)\in R$，故 R 具有对称性。

（4）先证必要性。假设 R 具有反对称性。

对于任意的 $x,y\in A$，若 $(x,y)\in R\cap\widetilde{R}$，则有 $(x,y)\in R$，且 $(x,y)\in\widetilde{R}$。由逆关系的定义知 $(y,x)\in R$。因为 R 有反对称性，所以，由 $(x,y)\in R$，$(y,x)\in R$，知 $x=y$，从而有 $(x,y)=(x,x)\in\Delta_A$。

故 $R\cap\widetilde{R}\subseteq\Delta_A$。

再证充分性。假设 $R\cap\widetilde{R}\subseteq\Delta_A$ 成立。

对于任意的 $x,y\in A$，若 $(x,y)\in R$，且 $(y,x)\in R$，由逆关系的定义知 $(x,y)\in\widetilde{R}$，由交集的定义知，$(x,y)\in R\cap\widetilde{R}$，因为 $R\cap\widetilde{R}\subseteq\Delta_A$，所以 $(x,y)\in\Delta_A$，从而有 $x=y$。

故 R 具有反对称性。

（5）先证必要性。假设 R 具有传递性。

对于任意的 $x,y\in A$，若 $(x,y)\in R\circ R$，则由复合的定义知，存在 $z\in A$，使得 $(x,z)\in R$，$(z,y)\in R$。因为 R 有传递性，所以 $(x,y)\in R$。由子集的定义知，$R\circ R\subseteq R$。

再证充分性。假设 $R\circ R\subseteq R$ 成立。

对于任意的 $x,y,z\in A$，若 $(x,y)\in R$，且 $(y,z)\in R$，由复合的定义知，$(x,z)\in R\circ R$。因为 $R\circ R\subseteq R$，所以 $(x,z)\in R$，故 R 具有传递性。

下面我们再看一个例子。

例3：设 R_1 和 R_2 是集合 A 上的两个二元关系，若 R_1 和 R_2 均具有对称性，问下列各式中哪些仍具有对称性？

（1）$R_1\cup R_2$；

（2）$R_1\cap R_2$；

（3）R_1-R_2；

（4）$R_1\oplus R_2$。

解：

（1）$R_1\cup R_2$ 仍具有对称性，证明如下：

对于任意的 $x,y\in A$，若 $(x,y)\in R_1\cup R_2$，则 $(x,y)\in R_1$，或 $(x,y)\in R_2$。若 $(x,y)\in R_1$，因为 R_1 对称，故 $(y,x)\in R_1$，即有 $(y,x)\in R_1\cup R_2$；若 $(x,y)\in R_2$，因为 R_2 对称，故 $(y,x)\in R_2$，即有 $(y,x)\in R_1\cup R_2$。

所以，$R_1\cup R_2$ 是对称的。

（2）容易证明 $R_1\cap R_2$，R_1-R_2，$R_1\oplus R_2$ 都仍具有对称性，证明省略。

在例3中，若将对称性改为自反性、反自反性、反对称性和传递性来讨论，结论怎样呢？

详见表7.1。

表7.1　例3中的二元关系的性质

		自反性	反自反性	对称性	反对称性	传递性
前提	R_1	√	√	√	√	√
	R_2	√	√	√	√	√
结论	$R_1 \cup R_2$	√	√	√	×	×
	$R_1 \cap R_2$	√	√	√	√	√
	$R_1 - R_2$	×	√	√	√	√
	$R_1 \oplus R_2$	×	√	√	×	×

在表中相应的格子中，"√"表示对应的性质成立，"×"表示对应的性质不成立。

对于图表示或矩阵表示的二元关系，自反性、反自反性、对称性、反对称性以及传递性具有一些特点，详见表7.2。根据这些特点，不难判断二元关系的性质。

表7.2　二元关系性质的特点

特点	自反性	反自反性	对称性	反对称性	传递性
定义	对每个 $x \in A$，$(x, x) \in R$	对每个 $x \in A$，$(x, x) \notin R$	若$(x, y) \in R$,则$(y, x) \in R$	若$(x, y) \in R$且$(y, x) \in R$，则 $x = y$	若$(x, y) \in R$且$(y, z) \in R$,则$(x, z) \in R$
关系图	每个顶点都有环	每个顶点都没有环	如果两个顶点之间有边，一定是一对方向相反的边	如果两个顶点之间有边，一定是一条有向边	如果顶点 A 到 B 有边，B 到 C 有边，则从 A 到 C 有边
关系矩阵	主对角线元素全为 1	主对角线元素全为 0	矩阵为对称矩阵	如果 $r_{ij} = 1$，且 $i \neq j$，则 $r_{ji} = 0$	

7.4　二元关系的闭包运算

本节所述关系，也是某一个非空集合上的二元关系。

7.4.1　自反闭包、对称闭包、传递闭包

设 A 是一个非空集合，R 是 A 上的一个二元关系，假定 P 是关系的某一性质。R 未必具有性质 P，可以在 R 中添加一些有序二元组而构成新的具有性质 P 的关系 R'，但又不希望 R' 变得"过大"，最好具有一定的最小性。我们将这种包含了关系 R 且具有性质 P 的最小集合 R' 称为 R 的具有性质 P 的闭包。关于性质 P，仅限于讨论自反性、对称性、传递性。

定义：A 是一个非空集合，R 是 A 上的一个二元关系。若一个关系 $R' \subseteq A \times A$ 满足以下三个条件：

（1）R' 是自反（对称、传递）的；

（2）$R \subseteq R'$；

（3）对任一关系 R''，若 $R \subseteq R''$ 且 R'' 具有自反（对称、传递）性，则 $R' \subseteq R''$，

则称 R' 为 R 的自反（对称、传递）闭包，分别用 $r(R)$，$s(R)$，$t(R)$ 分别表示 R 的自反闭包、

对称闭包、传递闭包。

例1：设 $A = \{1, 2, 3\}$，$R = \{(1, 1),(1, 2),(2, 3)\}$，则

$r(R) = \{(1, 1),(2, 2),(3, 3),(1, 2),(2, 3)\}$，

$s(R) = \{(1, 1),(1, 2),(2, 1),(2, 3),(3, 2)\}$，

$t(R) = \{(1, 1),(1, 2),(2, 3),(1, 3)\}$。

7.4.2　闭包的判定定理

下面我们给出 $r(R)$ 的结构定理。

定理1：设 R 是集合 A 上的二元关系，则 $r(R) = R \cup \Delta_A$。

证明：用 $R \cup \Delta_A$ 满足自反闭包的定义来证明。记 $R' = R \cup \Delta_A$，显然 $R \subseteq R'$。

对于任意的 x，若 $x \in A$，则 $(x, x) \in \Delta_A$，故 $(x, x) \in R'$，即 R' 有自反性。

设 R'' 是任意一个包含了 R、且具有自反性的二元关系。对于任意的 $x, y \in A$，若 $(x, y) \in R' = R \cup \Delta_A$，则 $(x, y) \in R$，或者 $(x, y) \in \Delta_A$。

若 $(x, y) \in R$，因为 $R \subseteq R''$，所以 $(x, y) \in R''$；

若 $(x, y) \in \Delta_A$，则 $x = y \in A$，因为 R'' 有自反性，所以 $(x, y) = (x, x) \in R''$。

综上所述，得 $R' \subseteq R''$。

因此，由自反闭包定义知，$R' = r(R)$。

下面我们给出 $s(R)$ 的结构定理。

定理2：设 R 是集合 A 上的二元关系，则 $s(R) = R \cup \tilde{R}$。

证明：先证 $R \cup \tilde{R} \subseteq s(R)$。对于任意的 $x, y \in A$，若 $(x, y) \in R \cup \tilde{R}$，则

$(x, y) \in R$，或者 $(x, y) \in \tilde{R}$。

若 $(x, y) \in R$，因为 $R \subseteq s(R)$，所以 $(x, y) \in s(R)$；

若 $(x, y) \in \tilde{R}$ 时，则 $(y, x) \in R$，因为 $R \subseteq s(R)$，所以 $(y, x) \in s(R)$，又因为 $s(R)$ 的对称性，所以 $(x, y) \in s(R)$。

因此，$R \cup \tilde{R} \subseteq s(R)$。

再证 $s(R) \subseteq R \cup \tilde{R}$，不能直接从元素着手，可由 $s(R)$ 具有的第三条性质而得。因为 $R \subseteq R \cup \tilde{R}$，而且 $\widetilde{R \cup \tilde{R}} = R \cup \tilde{R}$，所以，$R \cup \tilde{R}$ 是包含了 R 且具有了对称性的二元关系，因此，根据对称闭包的定义，知 $s(R) \subseteq R \cup \tilde{R}$。

综上所述，得到 $s(R) = R \cup \tilde{R}$。

下面我们给出 $t(R)$ 的结构定理。

定理3：设是集合 A 上的一个二元关系，则 $t(R) = \bigcup_{i=1}^{\infty} R^i$。

证明：先证 $\bigcup_{i=1}^{\infty} R^i \subseteq t(R)$。只需对 R 的幂指数 n，用归纳法求证 $R^n \subseteq t(R)$。

当 $n = 1$ 时，由 $t(R)$ 定义，$R \subseteq t(R)$。

归纳假设 $R^n \subseteq t(R)$，$n \geq 1$。下面证明 $R^{n+1} \subseteq t(R)$。

对于任意的 $(x, y) \in R^{n+1} = R^n \circ R$，则存在 $a \in A$，使得 $(x, a) \in R^n$，$(a, y) \in R$。由归纳假定，即 $(x, a) \in t(R)$，且 $(a, y) \in t(R)$。

再由 $t(R)$ 的传递性，所以 $(x, y) \in t(R)$，即 $R^{n+1} \subseteq t(R)$。因此，对于任意的不小于 1 的自然数 n，都有 $R^n \subseteq t(R)$。

由此，很容易说明，有 $\bigcup\limits_{i=1}^{\infty} R^i \subseteq t(R)$。

再证 $t(R) \subseteq \bigcup\limits_{i=1}^{\infty} R^i$。考察 $\bigcup\limits_{i=1}^{\infty} R^i$ 的传递性。

对于任意的 x, y, z，若 $(x, y) \in \bigcup\limits_{i=1}^{\infty} R^i$，且 $(y, z) \in \bigcup\limits_{i=1}^{\infty} R^i$，则存在 $s \geq 1$，$t \geq 1$，$s, t \in N$，使得 $(x, y) \in R^s$，$(y, z) \in R^t$，于是 $(x, y) \in R^s \circ R^t = R^{s+t}$，故 $(x, y) \in \bigcup\limits_{i=1}^{\infty} R^i$。

因此，$\bigcup\limits_{i=1}^{\infty} R^i$ 是传递的。

又由于 $R \subseteq \bigcup\limits_{i=1}^{\infty} R^i$，即 $\bigcup\limits_{i=1}^{\infty} R^i$ 包含了 R，由 $t(R)$ 的最小性知，$t(R) \subseteq \bigcup\limits_{i=1}^{\infty} R^i$。

综上所述，得 $t(R) = \bigcup\limits_{i=1}^{\infty} R^i$。

由定理 3 给出的 $t(R)$ 的结构，可知实际上我们还无法计算 $t(R)$。若 A 是一个有限集，且 $|A| = n$，则我们可以得到一个更好的结果。

定理 4：设 R 是集合 A 上的一个二元关系，$|A| = n$，则 $t(R) = \bigcup\limits_{i=1}^{n} R^i$。

证明：只需证明对任意的 $k \in N$，$R^{n+k} \subseteq \bigcup\limits_{i=1}^{n} R^i$。

当 $k = 0$ 时，结论显然成立。

归纳假设 $R^{n+0} \subseteq \bigcup\limits_{i=1}^{n} R^i$，$R^{n+1} \subseteq \bigcup\limits_{i=1}^{n} R^i$，$\cdots$，$R^{n+k} \subseteq \bigcup\limits_{i=1}^{n} R^i$。现求证 $R^{n+k+1} \subseteq \bigcup\limits_{i=1}^{n} R^i$。

对任意的 $x, y \in A$，若 $(x, y) \in R^{n+k+1}$，则存在 $x_1 \in A$，使得 $(x, x_1) \in R$，$(x_1, y) \in R^{n+k}$。

由 $(x_1, y) \in R^{n+k}$，则存在 $x_2 \in A$，使得 $(x_1, x_2) \in R$，$(x_2, y) \in R^{n+k-1}$；

由 $(x_2, y) \in R^{n+k-1}$，则存在 $x_3 \in A$，使得 $(x_2, x_3) \in R$，$(x_3, y) \in R^{n+k-2}$；

依次类推，所以存在一个 A 中元素的序列 $x_1, x_2, \cdots, x_{n+k} \in A$，使得

$$(x, x_1), (x_1, x_2), \cdots, (x_{n+k}, y) \in R。$$

考察 $x, x_1, x_2, \cdots, x_{n+k} \in A$，但 A 中仅有 n 个不同元素，故 $x, x_1, x_2, \cdots, x_{n+k}$ 中要么存在两个正整数 i, j 且 $j > i$，使得 $x_i = x_j$，要么存在一个正整数 i，使得 $x = x_i$。

若第一种情况成立，则有 $x, x_1, x_2, \cdots, x_i, x_{j+1}, \cdots, x_{n+k}, y \in A$，且 $(x, x_1), (x_1, x_2), \cdots, (x_i, x_{j+1}), \cdots, (x_{n+k}, y) \in R$，于是由复合定义知，$(x, y) \in R^{n+k-j+i+1}$。显然 $n+k-j+i+1 \leq n+k$，进而由归纳假定，知 $(x, y) \in \bigcup\limits_{i=1}^{n} R^i$ 成立。

若第二种情况成立，则有 $x, x_{i+1}, x_{i+2}, \cdots, x_{n+k}, y \in A$，且 (x, x_{i+1})，(x_{i+1}, x_{i+2})，$\cdots$，$(x_{n+k}, y) \in R$，于是由复合定义知，$(x, y) \in R^{n+k-i}$。

显然 $n+k-i \leq n+k$，进而由归纳假定，知 $(x, y) \in \bigcup\limits_{i=1}^{n} R^i$ 成立。

综上所述，得到 $R^{n+k+1} \subseteq \bigcup\limits_{i=1}^{n} R^i$。

例2：设 $A = \{a, b, c, d\}$, $R = \{(a, b), (b, c), (c, d)\}$。求 $r(R)$, $s(R)$, $t(R)$。

解：$r(R) = \{(a, b), (b, c), (c, d), (a, a), (b, b), (c, c), (d, d)\}$,

$s(R) = \{(a, b), (b, c), (c, d), (b, a), (c, b), (d, c)\}$。

为求 $t(R)$，先求 R^2, R^3, R^4。

$R^2 = \{(a, c), (b, d)\}$,

$R^3 = \{(a, d)\}$,

$R^4 = \varnothing$,

则 $t(R) = \{(a, b), (b, c), (c, d), (a, c), (b, d), (a, d)\}$。

例3：

（1）若 R 是自反的，问 $s(R)$ 与 $t(R)$ 是否自反的？

（2）若 R 是对称的，问 $r(R)$ 与 $t(R)$ 是否对称的？

（3）若 R 是传递的，问 $r(R)$ 与 $s(R)$ 是否传递的？

解：

（1）假设 R 是自反的，则 $\Delta_A \subseteq R$，于是 $\Delta_A \subseteq R \subseteq s(R)$, $\Delta_A \subseteq R \subseteq t(R)$。

因此，$s(R)$ 与 $t(R)$ 也是自反的。

（2）假设 R 是对称的，即 $\widetilde{R} = R$。

因为 $r(R) = R \cup \Delta_R$，所以 $\widetilde{r(R)} = \widetilde{R \cup \Delta_A} = \widetilde{R} \cup \Delta_A = R \cup \Delta_A = r(R)$。

故 $r(R)$ 仍然是对称的。

因为 R 有对称性，则容易说明 R^i 也有对称性，故 $t(R) = \bigcup\limits_{i=1}^{\infty} R^i$ 亦有对称性。

（3）若 R 是传递的，即有 $R^2 \subseteq R$。于是

$r(R) \circ r(R) = (R \cup \Delta_A) \circ (R \cup \Delta_A) = R^2 \cup R \cup \Delta_A = R \cup \Delta_A = r(R)$。

故 $r(R)$ 也是传递的。

然而，$s(R)$ 未必是传递的，下面是一个反例。

设 $A = \{1, 2\}$, $R = \{(1, 2)\}$, $R^2 = R \subseteq R$，即 R 具有传递性。$s(R) = \{(1, 2), (2, 1)\}$，显然不具有传递性。

例4：设 $R \subseteq A \times A$，试证：

（1）$rs(R) = sr(R)$,

（2）$rt(R) = tr(R)$,

（3）$st(R) \subseteq ts(R)$，并给出 $st(R) \neq ts(R)$ 的例子，

其中 $rs(R) = r(s(R))$ 表示 R 的对称闭包的自反闭包，$sr(R)$, $rt(R)$, $tr(R)$, $st(R)$, $ts(R)$ 都类似 $rs(R)$。

证明：

（1）$sr(R) = s(r(R)) = s(R \cup \Delta_A) = (R \cup \Delta_A) \cup (\widetilde{R \cup \Delta_A})$

$= R \cup \Delta_A \cup \widetilde{R} \cup \widetilde{\Delta_A} = R \cup \widetilde{R} \cup \Delta_A = s(R) \cup \Delta_A$

$$= r(s(R)) = rs(R)。$$

$$(2) \quad tr(R) = t(R \cup \Delta_A) = \overset{\infty}{\underset{i=1}{\cup}} (R \cup \Delta_A)^i$$

$$= (R \cup \Delta_A) \cup (R \cup \Delta_A)^2 \cup (R \cup \Delta_A)^3 \cup \cdots$$

$$= (R \cup \Delta_A) \cup (R^2 \cup R \cup \Delta_A) \cup (R^3 \cup R^2 \cup R \cup \Delta_A) \cup \cdots$$

$$= (R \cup R^2 \cup R^3 \cup \cdots) \cup \Delta_A = (\overset{\infty}{\underset{i=1}{\cup}} R^i) \cup \Delta_A$$

$$= t(R) \cup \Delta_A = r(t(R)) = rt(R)$$

（3）因为 $s(R) \supseteq R$，显然有 $t(s(R)) \supseteq t(R)$。

又因为 $s(R)$ 有对称性，进而 $t(s(R)) = ts(R)$ 也有对称性，所以 $ts(R)$ 是包含了 $t(R)$ 且具有对称性的二元关系。再由 $st(R) = s(t(R))$ 的最小性知，$st(R) \subseteq ts(R)$。

一般地，未必成立 $st(R) = ts(R)$。

例如，设 $A = \{1, 2\}$，$R = \{(1, 2)\}$，

$t(R) = \{(1, 2)\}$，$st(R) = \{(1, 2), (2, 1)\}$，

$s(R) = \{(1, 2), (2, 1)\}$，$ts(R) = \{(1, 2), (2, 1), (1, 1), (2, 2)\}$，

所以，$st(R) \subseteq ts(R)$，但 $st(R) \neq ts(R)$。

7.5 等价关系和集合的划分

7.5.1 等价关系与等价类

定义1：A 是一个非空集，R 是 A 上的一个二元关系，若 R 满足自反性、对称性、传递性，则称 R 是 A 上的等价关系。

定义2：若 R 是 A 上的等价关系，a 是 A 中任意一个元素，称集合 $\{x | x \in A, (x, a) \in R\}$ 为集合 A 关于关系 R 的一个等价类，记为 $[a]_R$，即

$$[a]_R = \{x | x \in A, (x, a) \in R\},$$

其中 a 叫代表元。

下面我们来看几个例子。

例1：设 $A = \{1, 2, 3\}$，$R = \{(1, 1), (2, 2), (3, 3), (1, 2), (2, 1)\}$，显然 R 是 A 上一个等价关系。

$$[1]_R = \{1, 2\},$$
$$[2]_R = \{1, 2\},$$
$$[3]_R = \{3\}。$$

从例1中可以看出，$[1]_R = [2]_R$，说明同一个等价类可以选取不同的代表元。

例2：$\mathbf{Z}$ 是整数集，在 $\mathbf{Z}$ 上定义一个二元关系 R：对于任意的 $x, y \in \mathbf{Z}$，$(x, y) \in R$ 当且仅当 x 与 y 被5除余数相同。下面我们来证明 R 是 $\mathbf{Z}$ 上的等价关系。

显然 x 与 y 被5除同余的充要条件是 $5 | x - y$。这里，对于两个整数 a, b，符号 $a | b$ 表示

a 整除 b。

对于任意的 $x \in \mathbf{Z}$，显然，$5 \mid x - x$，即 $(x, x) \in R$，所以，R 有自反性。

对于任意的 $x, y \in \mathbf{Z}$，若 $(x, y) \in R$，即 $5 \mid x - y$，则显然有，$5 \mid y - x$，也即 $(y, x) \in R$，所以，R 有对称性。

对于任意的 $x, y, z \in \mathbf{Z}$，若 $(x, y) \in R$，且 $(y, z) \in R$，即 $5 \mid x - y$，且 $5 \mid y - z$，则 $5 \mid (x - y) + (y - z)$，即 $5 \mid x - z$，也即 $(x, z) \in R$，所以，R 有传递性。

综上所述，知：R 是 $\mathbf{Z}$ 上的等价关系。

下面考察各元素的等价类：

$[0]_R = \{x \in \mathbf{Z} \mid \exists n \in \mathbf{Z}, x = 5n\}$，

$[1]_R = \{x \in \mathbf{Z} \mid \exists n \in \mathbf{Z}, x = 5n + 1\}$，

$[2]_R = \{x \in \mathbf{Z} \mid \exists n \in \mathbf{Z}, x = 5n + 2\}$，

$[3]_R = \{x \in \mathbf{Z} \mid \exists n \in \mathbf{Z}, x = 5n + 3\}$，

$[4]_R = \{x \in \mathbf{Z} \mid \exists n \in \mathbf{Z}, x = 5n + 4\}$。

显然，$[0]_R$，$[1]_R$，$[2]_R$，$[3]_R$，$[4]_R$ 是所有的等价类。

7.5.2 商集合

下面我们引入商集合的概念。

定义 3：设 A 是一个非空集合，R 是 A 上的一个等价关系，称集合 $\{[x]_R \mid x \in A\}$ 为集合 A 的商集合，记为 A/R，即

$$A/R = \{[x]_R \mid x \in A\}。$$

在例 2 中，由定义知，$\mathbf{Z}/R = \{[0]_R, [1]_R, [2]_R, [3]_R, [4]_R\}$。

下面我们给出作为商集合的元素——等价类之间的关系的定理。

定理 1：设 A 是一个非空集合，R 是 A 上的一个等价关系，则有

① $\bigcup\limits_{x \in A} [x]_R = A$。

② 对于任意的 $x, y \in A$，若 $[x]_R \cap [y]_R \neq \varnothing$，则 $[x]_R = [y]_R$。

证明：① 显然，对于任意的 $x \in A$，有 $[x]_R \subseteq A$，所以 $\bigcup\limits_{x \in A} [x]_R \subseteq A$。

对于任意的 $x' \in A$，则 $x' \in [x']_R$，即 $x' \in \bigcup\limits_{x \in A} [x]_R$，所以 $A \subseteq \bigcup\limits_{x \in A} [x]_R$。

综上所述，有 $A = \bigcup\limits_{x \in A} [x]_R$。

② 对于任意的 $x, y \in A$，若 $[x]_R \cap [y]_R \neq \varnothing$，所以存在 $a \in [x]_R \cap [y]_R$。

由 $a \in [x]_R$，得 $(a, x) \in R$；由 $a \in [y]_R$，得 $(a, y) \in R$。根据 R 的对称性，由 $(a, x) \in R$ 知：$(x, a) \in R$。再根据 R 的传递性，由 $(x, a) \in R$，(a, y)，得 $(x, y) \in R$。

对于任意的 $z \in [x]_R$，即 $(z, x) \in R$，根据 R 的传递性，由 $(z, x) \in R$，$(x, y) \in R$，得 $(z, y) \in R$。故 $z \in [y]_R$，于是 $[x]_R \subseteq [y]_R$。

同理可以证明 $[y]_R \subseteq [x]_R$。

所以，$[x]_R = [y]_R$。

7.5.3 集合的划分

定义 4：设 A 是一个非空集合，B 是下标集，对于任意一个 $a \in B$，$A_a \subseteq A$，$A_a \neq \varnothing$。若① $\bigcup\limits_{\alpha \in B} A_\alpha = A$；

② 对于任意的 α，$\beta \in B$，若 $A_\alpha \cap A_\beta \neq \varnothing$，则 $A_\alpha = A_\beta$，

则称子集族 $\pi = \{A_\alpha \mid \varnothing \neq A_\alpha \subseteq A, \ \alpha \in B\}$ 为集合 A 的一个划分。

由划分的定义知，商集合 A/R 是集合 A 上的一个划分。若给定集合 A 上的一个划分 π，我们可以在 A 上定义一个二元关系 R，使得 R 成为 A 上的一个等价关系，且有 $A/R = \pi$。下面我们来完成这件事。

定理 2：设 A 是一个非空集合，π 是 A 上的一个划分，$\pi = \{A_\alpha \mid \varnothing \neq A_\alpha \subseteq A, \ \alpha \in B\}$。在 A 上定义一个二元关系 R：对于任意的 x，$y \in A$，若 $(x, y) \in R$ 当且仅当存在 $\alpha \in B$，x，$y \in A_\alpha$，则 R 是 A 上一个等价关系，并且

$$A/R = \pi = \{A_\alpha \mid \varnothing \neq A_\alpha \subseteq A, \alpha \in B\} \text{。}$$

证明：先证 R 是 A 上的等价关系。

对于任意的 $x \in A$，由 $\bigcup\limits_{\alpha \in B} A_\alpha = A$，存在 $\alpha \in B$，$x \in A_\alpha$，所以有 x，$x \in A_\alpha$，由 R 的定义知 $(x, x) \in R$，故 R 是自反的。

对于任意的 x，$y \in A$，若 $(x, y) \in R$，则存在 $\alpha \in B$，x，$y \in A_\alpha$，即有 y，$x \in A_\alpha$，所以 $(y, x) \in R$，故 R 是对称的。

对于任意 x，y，$z \in A$，若 $(x, y) \in R$，且 $(y, z) \in R$，则存在 $\alpha \in B$，x，$y \in A_\alpha$，又存在 $\beta \in B$，y，$z \in A_\beta$。

因为 $y \in A_\alpha \cap A_\beta$，说明 $A_\alpha \cap A_\beta \neq \varnothing$，则有 $A_\alpha = A_\beta$，即 $x \in A_\beta$，所以 $(x, z) \in R$，故 R 是传递的。

综上所述，得到：R 是 A 上的等价关系。

下面证明 $A/R = \pi$。我们证明二个集合互相包含。

先证 $A/R \subseteq \pi$。对于任意的 $[x]_R \in A/R$，因为 $x \in A$，所以存在 $\alpha \in B$，$x \in A_\alpha$。

下面证明 $[x]_R = A_\alpha \in \pi$。

对于任意的 $a \in A_\alpha$，所以 a，$x \in A_\alpha$，即 $(a, x) \in R$，则 $a \in [x]_R$，故有 $A_\alpha \subseteq [x]_R$。

对于任意的 $a \in [x]_R$，所以 $(a, x) \in R$，即存在 $\beta \in B$，a，$x \in A_\beta$。又 $x \in A_\alpha \cap A_\beta$，所以 $A_\alpha \cap A_\beta \neq \varnothing$，所以 $A_\alpha = A_\beta$，从而有 $a \in A_\alpha$，故有 $[x]_R \subseteq A_\alpha$。

因此，$[x]_R = A_\alpha$，所以 $[x]_R \in \pi$，即有 $A/R \subseteq \pi$。

再证 $\pi \subseteq A/R$。对于任意的 $A_\alpha \in \pi$，因为 $A_\alpha \neq \varnothing$，所以存在 $x \in A_\alpha$。可以仿上类似地证明 $A_\alpha = [x]_R$，所以 $A_\alpha \in A/R$，即有 $\pi \subseteq A/R$。

综上所述，得到 $\pi = A/R$。

给定集合 A 上的一个划分 π，我们称由定理 2 所定义的二元关系 R 为划分 π 所对应的等价关系 R。

定义 5：设 A 是一个非空集合，π_1 与 π_2 是集合 A 上两个划分，其中

$$\pi_1 = \{A_\alpha \mid \alpha \in B, \ \varnothing \neq A_\alpha \subseteq A\},$$
$$\pi_2 = \{A_{\alpha'} \mid \alpha' \in B', \ \varnothing \neq A_{\alpha'} \subseteq A\} \text{。}$$

若对于任意的 $\alpha \in B$，存在 $\alpha' \in B'$，使得 $A_\alpha \subseteq A_{\alpha'}$，则称 π_1 是 π_2 的加细。

定理 3：设 A 是一个非空集合，π_1 与 π_2 是 A 上的两个划分，其中

$$\pi_1 = \{A_\alpha \mid \alpha \in B, \ \varnothing \neq A_\alpha \subseteq A\},$$
$$\pi_2 = \{A_{\alpha'} \mid \alpha' \in B', \ \varnothing \neq A_{\alpha'} \subseteq A\},$$

它们相应的等价关系分别为 R_1 和 R_2，则 $R_1 \subseteq R_2$ 当且仅当 π_1 是 π_2 的加细。

证明：先证"$\Rightarrow$"。假设 $R_1 \subseteq R_2$ 成立。

对于任意的 $A_\alpha \in \pi_1 = A/R_1$，存在 $a \in A$，$A_\alpha = [\alpha]_{R_1}$。

对于任意的 $x \in [a]_{R_1} = A_\alpha$，由定义有 $(x, a) \in R_1$。又由必要性假设 $R_1 \subseteq R_2$，得 $(x, a) \in R_2$，所以有 $x \in [a]_{R_2}$。因为 $[a]_{R_2} \in A/R_2 = \pi_2$，存在 $A_{\alpha'} \in \pi_2$，使得 $[a]_{R_2} = A_{\alpha'}$。于是，$x \in A_{\alpha'}$，即有 $A_\alpha \subseteq A_{\alpha'}$，故 π_1 是 π_2 的加细。

再证"$\Leftarrow$"。假设 π_1 是 π_2 的加细。

对于任意的 $x, y \in A$，若 $(x, y) \in R_1$，则有 $x \in [y]_{R_1}$。因为 $[y]_{R_1} \in A/R_1 = \pi_1$，所以存在 A_α，使得 $[y]_{R_1} = A_\alpha$。又 π_1 是 π_2 的加细，即存在 $A_{\alpha'}$，使得 $A_\alpha \subseteq A_{\alpha'}$，于是，$[y]_{R_1} \subseteq A_{\alpha'}$，所以，$x \in [y]_{R_1} \subseteq A_{\alpha'}$，即有 $(x, y) \in R_2$，因此，$R_1 \subseteq R_2$。

设 A 是南京理工大学的学生组成的集合。学生们分别属于不同的学院，按学院划分是 A 的一个划分。学生们也分别属于不同的系，按系划分也是 A 的一个划分。显然，按系划分是按学院划分的加细，按学院划分对应的等价关系 R_2 是这样定义的：对于任意的 $x, y \in A$，若 $(x, y) \in R_2$，当且仅当 x 与 y 是属于同一分院的学生，按系划分对应的等价关系 R_1 是这样定义的，对于任意的 $x, y \in A$，若 $(x, y) \in R_1$ 当且仅当 x 与 y 属于同一系。显然 $R_1 \subseteq R_2$。

7.6 偏序关系和格

上一节介绍了等价关系，本节介绍另一类重要的二元关系——偏序关系。

一、偏序关系和偏序集

定义 1：设 A 是一个非空集合，R 是 A 上的一个二元关系，若 R 满足自反性、反对称性、传递性，则称 R 是 A 上的一个偏序关系，并称 (A, R) 是一个偏序集。

下面看几个例子：

例 1：设 $A = \{1, 2, 3, 4\}$，$R = \{(1, 1), (2, 2), (3, 3), (4, 4), (1, 2), (1, 3), (1, 4), (2, 4)\}$。显然，$R$ 是 A 上一个偏序关系。

例 2：设 $\mathbf{Z}^+ = \{n \mid n \in \mathbf{Z}, n > 0\}$，即 $\mathbf{Z}^+$ 是正整数的集合。现在 $\mathbf{Z}^+$ 上定义一个二元关系 R：对于任意的 $x, y \in \mathbf{Z}^+$，$(x, y) \in R$ 当且仅当 $x \mid y$。我们来证明 $(\mathbf{Z}^+, R)$ 是偏序集。

对于任意的 $x \in \mathbf{Z}^+$，显然有 $x \mid x$，所以 $(x, x) \in R$，即 R 是自反的。

对于任意的 $x, y \in \mathbf{Z}^+$，若 $(x, y) \in R$，且 $(y, x) \in R$，则 $x \mid y$，且 $y \mid x$，即存在 $n \in \mathbf{Z}^+$，$y = nx$，且存在 $m \in \mathbf{Z}^+$，$x = my$。

故 $x = mnx$，而 $n, m \in \mathbf{Z}^+$，所以 $n = m = 1$，即 $x = y$，因此 R 有反对称性。

对于任意的 $x, y, z \in \mathbf{Z}^+$，若 $(x, y) \in R$，且 $(y, z) \in R$，则有 $x \mid y$，且 $y \mid z$，即存在 $n_0 \in \mathbf{Z}^+$，$y = x \cdot n_0$，并存在 $m_0 \in \mathbf{Z}^+$，$z = m_0 y$，所以 $z = n_0 m_0 x$，即 $x \mid z$，于是 $(x, z) \in R$，故 R 满足传递性。

综上所述，R 是 $\mathbf{Z}^+$ 上偏序关系，即 $(\mathbf{Z}^+, R)$ 是偏序集。

例 3：设 A 是任意一个集合，$\rho(A)$ 是 A 的幂集合，在 $\rho(A)$ 上建立一个二元关系 R：对于任意的 $x, y \in \rho(A)$，$(x, y) \in R$ 当且仅当 $x \subseteq y$。不难证明 $(\rho(A), R)$ 也是一个偏序集。

一般地，在实数集 **R** 上定义二元关系 S：对于任意的 x，$y \in \mathbf{R}$，$(x, y) \in S$ 当且仅当 $x \leq y$，可以证明 S 是 **R** 上的偏序关系。

对于一个偏序关系，我们往往用记号 "$\leq$" 来表示，若 $(a, b) \in \leq$，我们记为 $a \leq b$，读作 "a 小于等于 b"。一个偏序集，通常用符号 $(A, \leq)$ 来表示。首先，我们说偏序关系 "a 小于等于 b"，并不意味着平时意义上的 a 小于等于 b。例如，在实数集 **R** 上我们可以定义另一个二元关系 S'：对于任意的 x，$y \in \mathbf{R}$，$(x, y) \in S'$ 当且仅当 $x \geq y$，显然，可以验证 S' 也是 **R** 上的偏序关系。另外，这也说明一个集合上可以定义不同的偏序关系，可以得到不同的偏序集。

二、哈斯（Hasse）图

设 $(A, \leq)$ 是一个偏序集，A 是一个有限集，$|A| = n$，对于任意的 x，$y \in A$，且 $x \neq y$，若 $x \leq y$，且 $\forall z \in A$，由 $x \leq z$，且 $z \leq y$，就一定推出 $z = x$ 或 $z = y$，那么称 y 覆盖 x。

可以用一个图形来表示偏序集 (A, R)，这个图形有 n 个顶点，每一个顶点表示 A 中一个元素，二个顶点 x 与 y，若有 y 覆盖 x，则点 x 在点 y 的下方，且二点之间有一条直线相连接。表示一个偏序关系的这样的图形称为哈斯（Hasse）图。

图 7.3（a）就是例 1 的哈斯图。

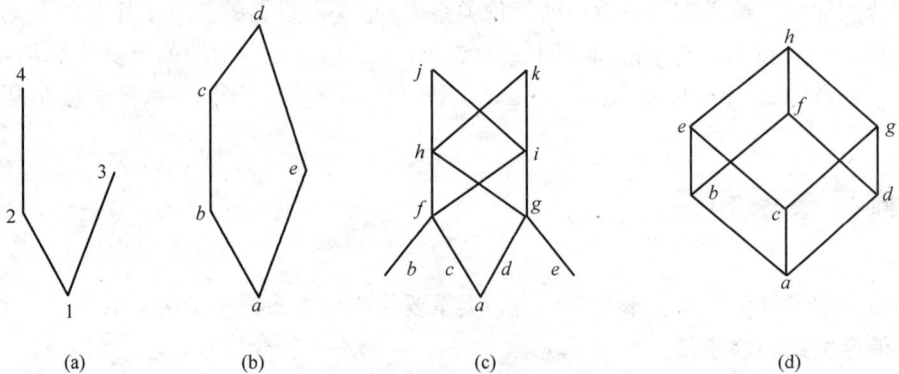

图 7.3　偏序关系的哈斯图

反之，给出一个偏序集的哈斯图，也能很快得出这个偏序集。例如，$A = \{a, b, c, d, e\}$，$\leq = \{(a, a), (b, b), (c, c), (d, d), (e, e), (a, b), (a, c), (a, d), (a, e), (b, c), (b, d), (c, d), (e, d)\}$，$(A, \leq)$ 是图 7.3（b）所代表的偏序集。

三、链、反链、全序集

设 $(A, \leq)$ 是一个偏序集，对于任意的 x，$y \in A$，若 $x \leq y$ 或者 $y \leq x$，称 x 与 y 可比，否则称 x 与 y 不可比。例如，在图 7.3（b）中，b 与 c 是可比的，b 与 e 是不可比的。

设 $(A, \leq)$ 是一个偏序集，$B \subseteq A$，若 B 中任意两个元素都可比，则称 $(B, \leq)$ 是一条链。例如，在图 7.3（b）中，$B = \{a, b, c, d\}$，$(B, \leq)$ 就是一条链。我们通常把一个链的元素个数称为该链的长度。

设 $(A, \leq)$ 是一个偏序集，$B \subseteq A$，若 B 中任意两个不同的元素都不可比，则称 $(B, \leq)$ 是一条反链。例如，在图 7.3（b）中，$B = \{b, e\}$，$(B, \leq)$ 就是一个反链。

设 $(A, \leq)$ 是一个偏序集，若 $(A, \leq)$ 本身就是一条链，那么称之为全序集。

定理：设 $(A, \leq)$ 是一个偏序集，若 A 中最长链的长度为 n，那么 A 中的元素能划分为 n 条不相交的反链。

证明：我们用归纳法来证明这个定理。

当 $n = 1$，则 A 中任何两个不同元素都不可比，显然，A 中所有元素组成一条反链。

假定当一个偏序集里最长链的长度为 $n-1$ 时，定理成立。设 $(A, \leq)$ 是一个偏序集，它的最长链的长度为 n。设 M 是 A 中极大元的集合，显然 M 是一条非空的反链。考虑偏序集 $(A-M, \leq)$，因为在 $A-M$ 中不存在长度为 n 的链，所以它的最长链的长度最多为 $n-1$，另一方面，如果 $A-M$ 中的最长链的长度小于 $n-1$，那么 M 中必有两个或两个以上的元素在同一条链上，这显然是不可能的。因此，按归纳假设 $A-M$ 可以划分为 $n-1$ 条互不相交的反链，由于 M 是一条反链，故 A 可以划分为 n 条互不相交的反链。

上述定理的一个直接推论可以叙述为：

推论：设 $(A, \leq)$ 是有 $mn+1$ 个元素构成的偏序集，那么在 A 中或者存在一条 $m+1$ 个元素组成的反链，或者存在一条长度为 $n+1$ 的链。

证明：假设在 A 中最长链的长度为 n，根据上述定理知，A 可以划分为 n 条互不相交的反链。如果这些反链中的每一条最多由 m 个元素组成，那么 A 中元素的总数最多为 mn 个，这与推论的假设矛盾。

四、极大元、极小元、最大元、最小元

设 $(A, \leq)$ 是一个偏序集。$a \in A$，若 A 中不存在任何元素 b，使得 $b \neq a$，且 $a \leq b$，则称 a 为极大元。$d \in A$，若 A 中不存在任何元素 b，使得 $b \neq d$，且 $b \leq d$，则称 d 为极小元。若 A 中存在一个元素 a，对于任意的 $x \in A$，$x \leq a$，则称 a 为最大元。若 A 存在一个元素 a，对任意的 $x \in A$，$a \leq x$，则称 a 为最小元。

一个有限的偏序集，一定有极大元和极小元，但不一定有最大元和最小元，例如

图 7.3 (a) 中 1 是最小元，也是极小元，3 和 4 是极大元，无最大元。

五、上界、下界、最小上界、最大下界

设 $(A, \leq)$ 是一个偏序集，a 和 b 是集合 A 中的两个元素，对于一个元素 $c(\in A)$，若有 $a \leq c$，且 $b \leq c$，则称 c 是 a 和 b 的上界。如果 c 是 a 和 b 的上界，且对于 a 和 b 的任意上界 d，均有 $c \leq d$，则称为 c 元素 a 和 b 的最小上界，记为 lub$\{a, b\} = c$。例如，在图 7.3 (c) 表示的偏序集中，h 是 f 和 g 的上界，i，j 和 k 也都是 f 和 g 的上界，但没有最小上界。在图 7.3 (d) 表示的偏序集中，h 和 f 都是 b 和 d 的上界，但 f 是 b 和 d 的最小上界。

设 $(A, \leq)$ 是一个偏序集，a 和 b 是集合 A 中的两个元素，对一个元素 $c(\in A)$，若有 $c \leq a$，且 $c \leq b$，则称 c 是 a 和 b 的下界。如果 c 是 a 和 b 的下界，且对于 a 和 b 的任何下界 d，均有 $d \leq c$，则称 c 为 a 和 b 的最大下界，记为 glb$\{a, b\} = c$。例如，在图 7.3 (d) 的偏序集中，a 和 c 都是 e 和 g 的下界，但 c 是 e 和 g 的最大下界。

六、格

下面我们建立一个新的概念。

定义 2：A 是一个非空集，$(A, \leq)$ 是一个偏序集，若对于任意的元素 a 和 b 属于 A，在 A 中存在 a 和 b 的最小上界及最大下界，则称 $(A, \leq)$ 是一个格。

由定义不难看出，图 7.3 所给出的 4 个偏序集中，(b) 和 (d) 表示的偏序关系是格。下面我们看两个例子。

例 4：$\mathbf{Z}$ 是正整数集，$\leq$ 是 $\mathbf{Z}^+$ 上的一个二元关系：对于任意的 n，$m \in \mathbf{Z}^+$，$n \leq m$ 当且仅当 $n \mid m$。由例 2 知，$(\mathbf{Z}, \leq)$ 是一个偏序集，下面证明 $(\mathbf{Z}, \leq)$ 是一个格。

对于任意的 n，$m \in \mathbf{Z}^+$，用 (m, n) 表示 m 与 n 的最大公约数，$[m, n]$ 表示 m 与 n 的最小公倍数。

先证 glb$\{m, n\} = (m, n)$。显然 $(m, n) \mid m$，且 $(m, n) \mid n$，即 $(m, n) \leq m$，且 $(m, n) \leq n$。

若存在 $s \in \mathbf{Z}^+$，有 $s \leq m$，且 $s \leq n$，即有 $s \mid m$，且 $s \mid n$，也即 s 是 m 与 n 的公约数。由

(m, n)最大公约数定义知，$s \mid (m, n)$，即 $s \leq (m, n)$，所以 $glb\{m, n\} = (m, n)$。

再证 $lub\{m, n\} = [m, n]$。显然，$m \mid [m, n]$，且 $n \mid [m, n]$，即有 $m \leq [m, n]$，且 $n \leq [m, n]$。

若存在 $s \in \mathbf{Z}^+$，$m \leq s$，且 $n \leq s$，即有 $m \mid s$，且 $n \mid s$，也即 s 是 m 与 n 的公倍数。由 $[m, n]$ 最小公倍数定义知，$[m, n] \mid s$，即 $[m, n] \leq s$，所以 $lub\{m, n\} = [m, n]$。

综上所述知，$(\mathbf{Z}^+, \leq)$ 是一个格，也记为 $(\mathbf{Z}^+, \mid)$。

例5：设 A 是一个任意集合，$\rho(A)$ 是 A 的幂集合。在 $\rho(A)$ 上建立关系 $\leq$：对于任意的 $x, y \in \rho(A)$，若 $x \leq y$ 当且仅当 $x \subseteq y$。由例3知，$(\rho(A), \leq)$ 是一个偏序集。下面证明 $(\rho(A), \leq)$ 是一个格。

证明：先证 $glb\{m, n\} = x \cap y$。

对于任意的 $x, y \in \rho(A)$，则 $x \cap y \in \rho(A)$，且 $x \cap y \subseteq x$，$x \cap y \subseteq y$，即 $x \cap y \leq x$，$x \cap y \leq y$。这表明 $x \cap y$ 是 x，y 的下界。

若存在 $z \in \rho(A)$，$z \leq x$，且 $z \leq y$，则 $z \subseteq x$，且 $z \subseteq y$，于是 $z \subseteq x \cap y$，即 $z \leq x \cap y$。

所以由最大下界定义知：$glb\{m, n\} = x \cap y$。

再证 $lub\{x, y\} = x \cup y$。对于任意的 $x, y \in \rho(A)$，则 $x \cup y \in \rho(A)$，且 $x \leq x \cup y$，$y \leq x \cup y$，即 $x \leq x \cup y$，$y \leq x \cup y$。

这表明 $x \cup y$ 是 x，y 的上界。

若存在 $z \in \rho(A)$，有 $x \leq z$，且 $y \leq z$，则 $x \subseteq z$，且 $y \subseteq z$，于是 $x \cup y \subseteq z$，即 $x \cup y \leq z$。

所以由最小上界定义知：$lub\{x, y\} = x \cup y$。

综上所述知，$(\rho(A), \leq)$ 是一个格，也记为 $(\rho(A), \subseteq)$。

7.7 典型例题及解答

例1：设 R 是 A 上反自反的和传递的关系，试证明 R 一定是反对称关系。

证明：采用反证法。

设 R 不是反对称关系，则 $\exists x, y \in A$，$(x, y) \in R$ 且 $(y, x) \in R$，有 $x \neq y$。因为 R 有传递性，所以 $(x, x) \in R$。此与 R 为反自反的矛盾，故 R 一定是反对称关系。

例2：设 R 是 A 上的一个二元关系，对于任意的 $x, y, z \in A$，若 $(x, y) \in R$，$(y, z) \in R$，均有 $(x, z) \notin R$，则称 R 是 A 上的反传递关系。试证明 R 是 A 上的反传递关系当且仅当 $(R \circ R) \cap R = \varnothing$。

证明：$\Rightarrow$ 先证必要性。设 $(R \circ R) \cap R \neq \varnothing$，则 $\exists (x, z) \in R \circ R$，且 $(x, z) \in R$，由复合的定义知，$\exists y \in A$，使得 $(x, y) \in R$，$(y, z) \in R$，因为 R 是 A 上的反传递关系，所以 $(x, z) \notin R$。与 $(x, z) \in R$ 矛盾，故 $(R \circ R) \cap R = \varnothing$。

$\Leftarrow$ 再证充分性。对于任意的 $x, y, z \in A$，若 $(x, y) \in R$，$(y, z) \in R$，则由复合关系的定义知，$(x, z) \in R \circ R$。因为 $(R \circ R) \cap R = \varnothing$，所以 $(x, z) \notin R$，由反传递的定义知，R 是 A 上的反传递关系。

例3：设 R 是 A 上的一个二元关系，对于任意的 $x, y, z \in A$，若 $(x, y) \in R$，$(y, z) \in R$，均有 $(z, x) \in R$，则称 R 是 A 上的循环关系，试证明 R 是 A 上的自反和循环关系当且仅当 R 是 A 上的等价关系。

证明：$\Rightarrow$（1）自反性已知。

（2）对称性：对于任意的 x，$y \in A$，若 $(x, y) \in R$，因为 R 是 A 上的自反关系，所以 $(x, x) \in R$。又因为 R 是 A 上的循环关系，所以，由 $(x, x) \in R$，$(x, y) \in R$ 得，$(y, x) \in R$，故 R 有对称性。

（3）传递性：对于任意的 x，y，$z \in A$，若 $(x, y) \in R$，$(y, z) \in R$，因为 R 是 A 上的循环关系，所以 $(z, x) \in R$。又因为 R 有对称性，所以 $(x, z) \in R$，故 R 有传递性。

综上所述，R 是 A 上的等价关系。

$\Leftarrow$ 自反性显然，下证循环性。

对于任意的 x，y，$z \in A$，若 $(x, y) \in R$，$(y, z) \in R$，因为 R 有传递性，所以 $(x, z) \in R$。又因为 R 有对称性，所以 $(z, x) \in R$。由循环关系的定义知，R 是 A 上的循环关系。

例4：设 R 是 A 上的一个二元关系，若 R 是 A 上的自反和对称关系，试证明：

（1）对于 $i \in \mathbf{N}$，R^i 为 A 上的对称关系；

（2）$t(R)$ 是 A 上的等价关系。

证明：（1）用数学归纳法证明。

当 $i = 0$ 时，$R^0 = \varnothing$，显然是 A 上的对称关系；

设 $i \leqslant k$ 时，R^i 是 A 上的对称关系，则当 $i = k + 1$ 时，对于任意的 x，$y \in A$，若 $(x, y) \in R^{k+1} = R \circ R^k$，则由复合关系的定义知：存在 $z \in A$，使得 $(x, z) \in R$，$(z, y) \in R^k$，由归纳假设知，R 和 R^k 有对称性，于是 $(z, x) \in R$，$(y, z) \in R^k$，由复合关系得，$(y, z) \in R^k \circ R = R^{k+1}$，故 R^{k+1} 有对称性。

由数学归纳法知，R^i 为 A 上的对称关系。

（2）自反性：对于任意的 $x \in A$，因为 R 有自反性，所以 $(x, x) \in R \subseteq R \cup R^2 \cup R^3 \cup \cdots = t(R)$。故 $t(R)$ 有自反性。

对称性：对于任意的 x，$y \in A$，若 $(x, y) \in t(R) = R \cup R^2 \cup R^3 \cup \cdots$，则 $\exists i \in \mathbf{N}$，使得，$(x, y) \in R^i$。因为 R^i 为 A 上的对称关系，所以 $(y, x) \in R^i \subseteq R \cup R^2 \cup \cdots \cup R^i \cup \cdots = t(R)$。故 $t(R)$ 是 A 上的对称关系。

传递性：$t(R)$ 为传递闭包，故 $t(R)$ 有传递性；

综上所述，$t(R)$ 是 A 上的等价关系。

习题七

7.1 设 $A = \{1, 2\}$，写出集合 $\rho(A) \times A$ 的诸元素。

7.2 （1）设 $A \subseteq C$，$B \subseteq D$，证明：$A \times B \subseteq C \times D$。

（2）给定 $A \times B \subseteq C \times D$，那么 $A \subseteq C$，$B \subseteq D$ 一定成立吗？

7.3 （1）设 A 是任意一个集合，$A \times \varnothing$ 有意义吗？

（2）给定 $A \times B = \varnothing$，A 和 B 是怎样的集合？

（3）A 是某一集合，那么 $A \subseteq A \times A$ 是可能的吗？

7.4 设 A，B，C，D 是任意的集合，

（1）试证：$(A \cap B) \times (C \cap D) = (A \times C) \cap (B \times D)$。

（2）试判断下述式子是否是恒等式：

$(A \cup B) \times (C \cup D) = (A \times C) \cup (B \times D)$，

$(A - B) \times (C - D) = (A \times C) - (B \times D)$，

$(A \oplus B) \times (C \oplus D) = (A \times C) \oplus (B \times D)$。

7.5 设 A，B，C 是任意的集合。

(1) 试证：$(A \cap B) \times C = (A \times C) \cap (B \times C)$

(2) 试判断下述式子是否是恒等式。

$(A \cup B) \times C = (A \times C) \cup (B \times C)$

$(A - B) \times C = (A \times C) - (B \times C)$

$(A \oplus B) \times C = (A \times C) \oplus (B \times C)$

7.6 设 $A = \{1, 2, 3, 4\}$。

(1) 试用一个自然的方式解释 $A^2 = A \times A$ 中的有序对。

(2) 设 R_1 是 A^2 上的二元关系：$((a,b),(c,d))$ 属于 R_1 当且仅当 $a - c = b - d$。试写出 R_1，并给出几何解释。

(3) 设 R_2 是 A^2 上的二元关系：$((a, b), (c, d))$ 属于 R_2 当且仅当 $\sqrt{(a-c)^2 + (b-d)^2} > 3$。试写出 R_2，并给出几何解释。

(4) 试给出 $R_1 \cup R_2$，$R_1 \cap R_2$，$R_1 - R_2$ 和 $R_1 \oplus R_2$ 的几何解释。

7.7 设 $A = \{1, 2, 3, 4\}$，用图形表示下列二元关系。

(1) $R_1 = \{(1, 1)，(2, 2),(3, 3),(4, 4)\}$

(2) $R_2 = \{(1, 2),(2, 3),(1, 3),(3, 1)\}$

(3) $R_3 = \{(2, 1)\}$

7.8 已知 $A = \{1, 2, 3\}$

$R_1 = \{(1, 1),(2, 2),(3, 1),(1, 3)\}$

$R_2 = \{(1, 3)\}$

$R_3 = \{(1, 1),(2, 2),(3, 3)\}$

指出 R_1，R_2，R_3 有哪些性质。

7.9 下列关系中，哪些是自反的、反自反的、对称的、反对称的或传递的？

(1) $R_1 = \{(i_1, i_2) | i_1, i_2 \in \mathbf{Z}$，且 $|i_1 - i_2| \leqslant 10\}$，

(2) $R_2 = \{(n_1, n_2) | n_1, n_2 \in \mathbf{Z}$，且 $n_1 n_2 \geqslant 8\}$，

(3) $R_3 = \{(i_1, i_2) | i_1, i_2 \in \mathbf{Z}$，且 $|i_1| \leqslant |i_2|\}$。

7.10 $A = \{1, 2, 3\}$，试判断习题 7.1 图（a）~（d）所表示的 A 上的二元关系各有哪些性质。

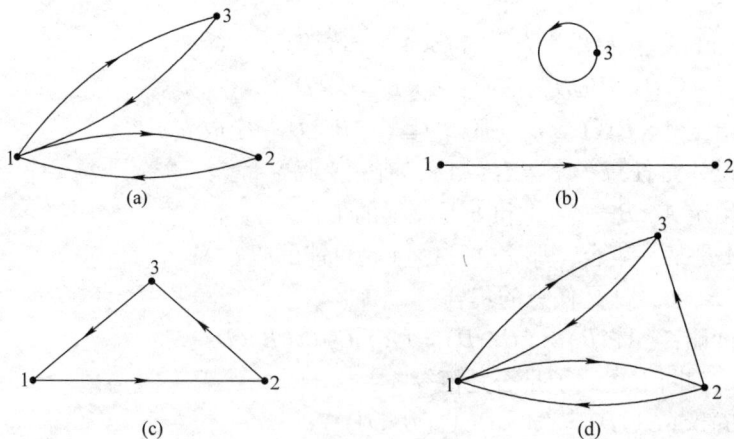

(a)

(b)

(c)

(d)

习题 7.1 图

7.11 已知 $A=\{1,2,3,4\}$，举出 A 上一个二元关系 R，使 R 恰有自反性、对称性、传递性、反对称性。

7.12 已知 $R_1=\{(1,2),(2,1),(1,3)\}$，
　　　　$R_2=\{(1,1),(2,3)\}$，

求 R_1^2，$R_1\circ R_2$，$\tilde{R}_1\circ\tilde{R}_2$。

7.13 设 $A=\{0,1,2,3\}$，A 上两个二元关系：

$$R_1=\left\{(i,j)\,|\,j=i+1 \text{ 或 } j=\frac{i}{2}\right\},$$
$$R_2=\{(i,j)\,|\,i=j+2\}。$$

求 （1）$R_1\circ R_2$；
　　（2）$R_2\circ R_1$；
　　（3）$R_1\circ R_2\circ R_1$。

7.14 设 R_1，R_2 是 A 上的两个二元关系，且它们都具有对称性。求证：
　　　　若 $R_1\circ R_2\subseteq R_2\circ R_1$，则 $R_1\circ R_2=R_2\circ R_1$。

7.15 设 R 是集合 A 上的二元关系，试回答下述问题，证明或举反例说明之。

（1）若 R 是自反的，$\tilde{R}$ 是自反的吗？

（2）若 R 是对称的，$\tilde{R}$ 是对称的吗？

（3）若 R 是传递的，$\tilde{R}$ 是传递的吗？

7.16 已知 R_1，R_2 是集合 A 上的两个二元关系，并假设 R_1，R_2 都有传递性。试问 R_1-R_2，$R_1\cap R_2$，$R_1\cup R_2$ 中，哪些仍有传递性？证明或举反例说明之。

7.17 设 $A=\{a,b,c\}$，二元关系为：

（1）$R_1=\{(a,b),(a,c),(c,b)\}$；
（2）$R_2=\{(a,b),(b,c),(c,c)\}$；
（3）$R_3=\{(a,b),(b,a),(c,c)\}$；
（4）$R_4=\{(a,b),(b,c),(c,a)\}$，

求它们的传递闭包 $t(R_1)$，$t(R_2)$，$t(R_3)$，$t(R_4)$。

7.18 设 R_1 和 R_2 是集合 A 上的两个关系，且 $R_1\supseteq R_2$，试证：
（1）$r(R_1)\supseteq r(R_2)$；
（2）$s(R_1)\supseteq s(R_2)$；
（3）$t(R_1)\supseteq t(R_2)$。

7.19 设 R_1 和 R_2 是集合 A 上的两个关系，试证：
（1）$r(R_1\cup R_2)=r(R_1)\cup r(R_2)$；
（2）$s(R_1\cup R_2)=s(R_1)\cup s(R_2)$；
（3）$t(R_1\cup R_2)\supseteq t(R_1)\cup t(R_2)$，
并举一个反例说明一般情况下，$t(R_1\cup R_2)\neq t(R_1)\cup t(R_2)$。

7.20 已知 $A=\{1,2,3,4\}$，
　　　　$R=\{(1,1),(2,2),(3,3),(4,4),(1,2),(2,1)\}$
求 $A/R=$？

7.21 已知 $A=\{1,2,3,4\}$，$R=\{(1,2),(3,4)\}$，设 $\bar{R}$ 是 A 上的一个等价关系，$\bar{R}\supseteq R$，

且满足：

若存在 A 上的等价关系 S，$S \supseteq R$，则可推出 $S \supseteq \overline{R}$。

可以称 $\overline{R}$ 为 R 的等价闭包。

（1）求 $\overline{R}$。

（2）求商集合 $A/\overline{R}$。

（3）设 $\pi = \{\{1\}, \{2, 3, 4\}\}$ 是集合 A 的一个划分，求对应于 π 的等价关系 R_1。

7.22 设 A 是一个非空集，$\{A_1, A_2, \cdots, A_n\}$ 是集合 A 上的一个划分。在 A 上定义一个二元关系：对于任意的 $x, y \in A$，$(x, y) \in R$ 当且仅当存在 i，$1 \leq i \leq n$，$x, y \in A_i$。试证：R 是 A 上的等价关系。

7.23 $A = \{1, 2, 3, 4, 5\}$，R 是 A 上的等价关系，$A/R = \{\{1, 2\}, \{3, 4\}, \{5\}\}$。求 $R = ?$

7.24 设 A，B 是两个集合，$\{A_1, A_2, \cdots, A_n\}$ 是集合 A 的一个划分，且对于任意的 i，$A_i \cap B \neq \varnothing (1 \leq i \leq n)$。试证：$\{A_1 \cap B, A_2 \cap B, \cdots, A_n \cap B\}$ 是集合 $A \cap B$ 的一个划分。

7.25 已知 $C^* = \{x \mid x = a + bi \in C, a \neq 0\}$。在 C^* 上定义二元关系：对于任意的 $a + bi$，$c + di \in C^*$，$(a + bi, c + di) \in R$ 当且仅当 $ac \geq 0$。

试证：R 是 C^* 上的等价关系，并求 $|C^*/R|$。

7.26 设 R 是集合 A 上的一个对称的和传递的关系，如果对 A 中每一个元素 a，A 中就存在一个 b，使得 (a, b) 属于 R。试证：R 是一个等价关系。

7.27 设 R 是集合 A 上的一个传递的和自反的关系，S 是 A 上的一个关系：(a, b) 属于 S 当且仅当 (a, b) 和 (b, a) 都属于 R。试证：S 是一个等价关系。

7.28 设 R 是集合 A 上的一个等价关系，

$S = \{(a, b) \mid$ 存在 c，使得 $(a, c) \in R$，$(c, b) \in R\}$。

试证：S 也是等价关系。

7.29 设 R 是集合 A 上的一个自反关系，试证：R 是等价关系当且仅当

若 (a, b) 和 (a, c) 属于 R，则有 (b, c) 也属于 R。

7.30 设 R 是集合 A 上的一个等价关系，$\{A_1, A_2, \cdots, A_n\}$ 是 A 的子集的集合，当 $i \neq j$ 时，$A_i \not\subset A_j$。对于任意 $a, b \in A$，a 和 b 在同一个子集中当且仅当 $(a, b) \in R$。试证：$\{A_1, A_2, \cdots, A_n\}$ 是 A 的一个划分。

7.31 设 $A = \{1, 2, 3, 4\}$，在下面列出的 A 上的诸二元关系中，哪些是偏序关系？若是偏序关系，画出相应的哈斯图。

（1）$R_1 = \{(1, 1), (2, 2), (3, 3), (4, 4)\}$；

（2）$R_2 = \{(1, 2), (2, 3), (1, 3)\}$；

（3）$R_3 = \{(1, 1), (1, 2), (2, 2), (2, 3), (3, 3), (3, 1)\}$；

（4）$R_4 = \{(1, 1), (2, 2), (3, 3), (4, 4), (1, 3), (3, 1)\}$。

7.32 在以下哈斯图（见习题7.32图）表示的诸二元关系中，哪些是格？

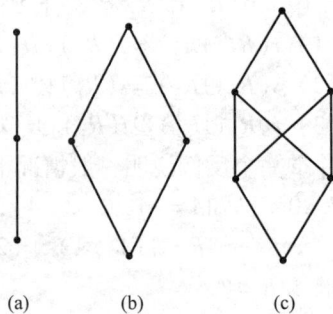

(a)　　(b)　　(c)

习题7.32图

7.33 设 $D = \{x \mid x \in N, x \mid 30\}$，$R$ 是 D 上一个二元关系：对于任意的 $x, y \in D$，

$(x, y) \in R$ 当且仅当 $x \mid y$。

（1）写出 D；

（2）写出 R；

（3）画出偏序集 (D, A) 的哈斯图。

7.34 试证：有限偏序集一定有极小元。

7.35 试证：有限格一定有最小元。

7.36 设 X 为一个非空集，R 是 X 上一个二元关系。若 R 满足反自反性、反对称性和传递性，则称 R 为 X 上的严格序关系。设 S 为 X 上的一个偏序关系，试证 $S - \Delta_X$ 为 X 上的严格序关系。

7.37 设 $(A_1, \leq_1)$ 和 $(A_2, \leq_2)$ 是两个偏序集，记 $A = A_1 \times A_2$。

在 A 上定义二元关系 $\leq$：对于任意的 (a_1, a_2)，$(a_1', a_2') \in A_1 \times A_2$，

$(a_1, a_2) \leq (a_1', a_2')$ 当且仅当 $a_1 \leq_1 a_1'$，$a_2 \leq_2 a_2'$。

试证：（1）$(A, \leq)$ 是偏序集；

（2）若 $(A_1, \leq_1)$ 和 $(A_2, \leq_2)$ 是格，则 $(A, \leq)$ 也是格。

第8章

函数与集合的势

函数是数学中最重要的概念之一，在数学的各个分支中起着十分重要的作用。本章将用集合论的语言介绍函数的基本概念及其性质，用函数作为工具讨论集合的势。函数也称为映射，是一种特殊类型的关系。

8.1 函数的基本概念

一、函数（映射）

定义1：设 A 和 B 是两个非空集合，f 是从 A 到 B 的一个二元关系，即 $f \subseteq A \times B$，若对于任意的 $x \in A$，存在唯一的 $y \in B$，使得 $(x, y) \in f$，则称 f 是 A 到 B 的一个函数（映射），记为

$$f: A \to B,$$

也记为

$$A \xrightarrow{f} B。$$

设 $f: A \to B$，若 $(x, y) \in f$，记之为 $f(x) = y$，$x \in A$ 称为像源，$y \in B$ 称为像源 x 在函数 f 下的像（或值），A 称为 f 的定义域，B 称为 f 的值域。

用 $f(A)$ 表示像集，$f(A) = \{f(x) \mid x \in A\} \subseteq B$。

设 $f: A \to B$，若 $A' \subseteq A$，则 $f(A') = \{f(x) \mid x \in A'\} \subseteq B$ 叫 A' 在 f 作用下的像集。若 $B' \subseteq B$，则集合 $f^{-1}(B') = \{x \in A \mid f(x) \in B'\}$ 叫 B' 的像源集（或原像集）。

设 $f: A \to B$，$A' \subseteq A$，可以定义一个 A' 到 B 的新函数 g：

对于任意的 $x \in A'$，$g(x) = f(x)$。

此函数 $g: A' \to B$ 称为函数 $f: A \to B$ 在 A' 上的限制，记 $g = f|_{A'}$。

设 $f: A \to B$，$g: C \to D$ 是两个函数，函数 $f = g$ 当且仅当 $A = C$，$B = D$，且对于任意的 $x \in A$，有 $f(x) = g(x)$。

下面我们来看几个例子。

例1：$A = \{0, 1, 2\}$，$B = \{a, b\}$。试问下列 f_1，f_2，f_3，f_4 中哪些是 A 到 B 的函数？

$$f_1 = \{(0, a), (1, a), (2, a)\},$$
$$f_2 = \{(0, a), (0, b), (1, b), (2, b)\},$$
$$f_3 = \{(1, a), (2, b)\},$$
$$f_4 = \{(0, b), (1, a), (2, b)\}。$$

解：f_1 与 f_4 是从 A 到 B 的函数。f_2 不是从 A 到 B 的函数，因为对于 $0 \in A$，有两个像 a，

b 与之对应，即使得 $(0, a)$，$(0, b) \in f_2$。f_3 也不是从 A 到 B 的函数，因为对于 $0 \in A$，不存在与之对应的像，即不存在 $y \in B$，使得 $(0, y) \in f_3$。

用记号 B^A 表示所有从 A 到 B 的函数构成的集合，读作"B 上 A"。记为
$$B^A = \{f \mid f: A \to B\}。$$
显然，如果 $|A| = m(\neq 0)$，$|B| = n(\neq 0)$，则 $|B^A| = n^m$。

在例 1 中，$A = \{0, 1, 2\}$，$B = \{a, b\}$，则
$$B^A = \{f_1, f_2, f_3, f_4, f_5, f_6, f_7, f_8\}，$$
其中 $f_1 = \{(0, a), (1, a), (2, a)\}$，

$\quad\ f_2 = \{(0, a), (1, a), (2, b)\}$，

$\quad\ f_3 = \{(0, a), (1, b), (2, a)\}$，

$\quad\ f_4 = \{(0, a), (1, b), (2, b)\}$，

$\quad\ f_5 = \{(0, b), (1, a), (2, a)\}$，

$\quad\ f_6 = \{(0, b), (1, a), (2, b)\}$，

$\quad\ f_7 = \{(0, b), (1, b), (2, a)\}$，

$\quad\ f_8 = \{(0, b), (1, b), (2, b)\}$。

例 2：设 $f: A \to B$，$A' \subseteq A$，$B' \subseteq B$，求证：

（1）$f^{-1}(f(A')) \supseteq A'$。

（2）$f(f^{-1}(B')) \subseteq B'$。

证明：（1）对于任意的 $x \in A'$，则由像集定义知 $f(x) \in f(A')$，再由像源集定义知 $x \in f^{-1}(f(A'))$，故 $f^{-1}(f(A')) \supseteq A'$。

（2）对于任意的 $x \in f(f^{-1}(B'))$，则由像集定义知存在 $a \in f^{-1}(B')$，$x = f(a)$。因为 $a \in f^{-1}(B')$，由像源集定义知 $f(a) \in B'$。再因为 $x = f(a)$，于是 $x \in B'$，故 $f(f^{-1}(B')) \subseteq B'$。

例 2 说明，定义域中的一个子集的像集的像源集会不小于该子集，而陪域中的一个子集的像源集的像集会不大于该子集。一般地，
$$f^{-1}(f(A')) \neq A'，$$
$$f(f^{-1}(B')) \neq B'。$$

例如，$A = \{1, 2, 3, 4\}$，$B = \{a, b, c, d\}$。

$\quad f = \{(1, a), (2, a), (3, b), (4, c)\}$，

$\quad A' = \{2, 3\}$，

$\quad f^{-1}(f(A')) = \{1, 2, 3\}$；

$\quad B' = \{c, d\}$，

$\quad f(f^{-1}(B')) = \{c\}$。

二、单射、满射、双射

定义 2：设函数 $f: A \to B$，若对于任意的 x_1，$x_2 \in A$，$x_1 \neq x_2$，则 $f(x_1) \neq f(x_2)$，则称该函数 f 是单射函数。

若对于任意的 $y \in B$，存在 $x \in A$，使得 $f(x) = y$，则称 f 是满射函数。

若 f 既是单射函数，又是满射函数，则称 f 是双射函数，也叫一一对应函数。

显然，若 $f: A \to B$ 是满射函数，则有 $f(A) = B$。

下面我们来看两个例子。

例 3：$A = \{1, 2, 3, 4, 5\}$，$B = \{6, 7, 8, 9, 10\}$，

$f_1 = \{(1,8),(3,9),(4,10),(2,6),(5,9)\}$，

$f_2 = \{(1,7),(2,6),(3,9),(4,8),(5,10)\}$，

试问 f_1 与 f_2 中，哪个是单射？哪个是满射？哪个是双射？

解：f_1 既不是单射，又不是满射，更不会是双射。

f_2 既是单射，又是满射，也是双射。

例 4：**R** 是实数集，f_i：**R**→**R**，$1 \leq i \leq 3$。

$f_1(x) = x^2 - x$，

$f_2(x) = x^3$，

$f_3(x) = e^x$，

试问 f_1，f_2 与 f_3 中哪个是单射？哪个是满射？哪个是双射？

解：

先看 f_1。显然，$f_1(x) = x(x-1)$，对于 $x_1 = 0$，$x_2 = 1$，有 $f_1(x_1) = f_1(x_2) = 0$，但 $x_1 \neq x_2$，所以，f_1 不是单射，更不是双射。

又 $-1 \in \mathbf{R}$，但对于任意的 $x \in \mathbf{R}$，$f_1(x) \neq -1$，所以，f_1 不是满射。

再看 f_2。对于任意的 x_1，$x_2 \in \mathbf{R}$，若 $x_1 \neq x_2$，则 $x_1^3 \neq x_2^3$，即有 $f_2(x_1) \neq f_2(x_2)$，所以，f_2 是单射。

对于任意的 $x \in \mathbf{R}$，存在 $\sqrt[3]{x} \in \mathbf{R}$，使得 $f_2(\sqrt[3]{x}) = (\sqrt[3]{x})^3 = x$，所以，$f_2$ 是满射。

因为 f_2 既是单射，又是满射，所以，f_2 是双射函数。

最后看 f_3。对于任意的 x_1，$x_2 \in \mathbf{R}$，若 $x_1 \neq x_2$，则 $e^{x_1} \neq e^{x_2}$，即有 $f_3(x_1) \neq f_3(x_2)$，所以，f_2 是单射。

又存在 $0 \in \mathbf{R}$，对任意的 $x \in \mathbf{R}$，$f_3(x) = e^x \neq 0$，所以 f_3 不是满射，更不是双射函数。

8.2 函数的复合和可逆函数

一、函数的复合

函数是特殊的二元关系，所以二元关系的复合运算也可以定义在函数上。

定义 1：设 f：A→B，g：B→C 是两个函数，f 与 g 的复合（合成）是一个从 A 到 C 的函数，记之为 $g \circ f$，对于任意的 $x \in A$，

$$g \circ f(x) = g(f(x))。$$

首先我们看一个例子：设 $A = \{1, 2, 3\}$，$B = \{a, b, c, d\}$，$C = \{x, y, z\}$。

f	g	$g \circ f$
$A \to B$	$B \to C$	$A \to C$
$1 \mapsto a$	$a \mapsto x$	$1 \mapsto x$
$2 \mapsto b$	$b \mapsto y$	$2 \mapsto y$
$3 \mapsto b$	$c \mapsto y$	$3 \mapsto y$
	$d \mapsto z$	

f：A→B，g：B→C 可以用二元关系分别表示为

$$f = \{(1, a), (2, a), (3, b)\},$$
$$g = \{(a, x), (b, y), (c, y), (d, z)\}。$$

若作为二元关系 f 与 g 的复合，应该有 $\{(1, x), (2, y), (3, y)\} = f \circ g$。容易看出，作为函数 f 与 g 的复合为 $g \circ f = \{(1, x), (2, y), (3, y)\}$ 与二元关系的复合 $f \circ g$ 刚好相等。

约定，若 f 与 g 均是函数，f 与 g 的复合，除非声明是作为二元关系的复合处理一律记为 $g \circ f$，其余情况记为 $f \circ g$。

显然，关于二元关系的复合满足结合律，函数关系复合也满足结合律。

定理 1：设 f：$A \to B$，g：$B \to C$，h：$C \to D$，则 $h \circ (g \circ f) = (h \circ g) \circ f$。

定理 2：设 f：$A \to B$，g：$B \to C$，则

（1）如果 f 和 g 均是单射，则 $g \circ f$ 也是单射。

（2）如果 f 和 g 均是满射，则 $g \circ f$ 也是满射。

（3）如果 f 和 g 均是双射，则 $g \circ f$ 也是双射。

证明：（1）对于任意的 x_1，$x_2 \in A$，若 $g \circ f(x_1) = g \circ f(x_2)$，则 $g(f(x_1)) = g(f(x_2))$，由于 g 是单射，所以有 $f(x_1) = f(x_2)$。又由 f 是单射，所以有 $x_1 = x_2$，则 $g \circ f$ 是单射函数。

（2）对任意的 $z \in C$，因为 g 是满射，所以存在 $b \in B$，使得 $g(b) = z$，又 f 是满射，对于 $b \in B$，存在 $x \in A$，使得 $f(x) = b$，则 $z = g(f(x)) = g \circ f(x)$。所以 $g \circ f$ 是满射函数。

（3）是（1）和（2）的直接结果。

二、左可逆函数、右可逆函数、可逆函数

下面讨论可逆函数以及可逆函数的逆函数。

定义 2：设 f：$A \to B$，若存在函数 g：$B \to A$，使得 $f \circ g = \Delta_B$，则称 f 是右可逆函数，并称 g 是 f 的右逆函数。

若存在函数 g：$B \to A$，使得 $g \circ f = \Delta_A$，则称 f 是左可逆函数，并称 g 是 f 的左逆函数。

若 f 既是左可逆函数，又是右可逆函数，则称 f 是可逆函数。

下面给出可逆函数的性质，并给出右可逆函数、左可逆函数、可逆函数的等价条件。

定理 3：设 f：$A \to B$，若 f 是可逆函数，则存在唯一的 g：$B \to A$，使得

$$g \circ f = \Delta_A, \tag{8.1}$$

$$f \circ g = \Delta_B。 \tag{8.2}$$

证明：因为 f：$A \to B$ 是可逆函数，即 f 既是左可逆函数又是右可逆函数，由定义知，存在左逆函数 g_1：$B \to A$，存在右逆函数 g_2：$B \to A$，使得

$$g_1 \circ f = \Delta_A,$$

$$f \circ g_2 = \Delta_B。$$

于是

$$g_1 = g_1 \circ \Delta_B = g_1 \circ (f \circ g_2) = (g_1 \circ f) \circ g_2 = \Delta_A \circ g_2 = g_2,$$

即存在 $g = g_1 = g_2$：$B \to A$，使得式（8.1）与式（8.2）同时成立。由此证明也可以看出，g 是唯一的。

根据定理 3，对于可逆函数 f，存在唯一的函数 g 使得式（8.1）与式（8.2）同时成立，称 g 为 f 的逆函数。规定，用 f^{-1} 表示可逆函数 f 的逆函数，它满足

$$f^{-1} \circ f = \Delta_A,$$

$$f \circ f^{-1} = \Delta_B,$$

并且显然有 $f^{-1} = \{(x, y) \in B \times A \mid (y, x) \in f\}$。

显然，对于一个可逆函数 f，其逆函数 f^{-1} 就是逆关系 $\tilde{f}$。一般地，对于一个函数 f，它未必是可逆函数，将它看成为关系时，逆关系 $\tilde{f}$ 总是有定义的。

注意，设 $f: A \to B$，$B' \subseteq B$。对于可逆函数 f，存在唯一逆函数 f^{-1}，像源集 $f^{-1}(B')$ 可以理解为子集 B' 在 f^{-1} 作用下的像集。对于非可逆函数 f，不存在逆函数 f^{-1}，像源集 $f^{-1}(B')$ 并非子集 B' 在 f^{-1} 作用下的像集。

定理 4：设 $f: A \to B$，则

（1）f 是右可逆函数当且仅当 f 是满射。

（2）f 是左可逆函数当且仅当 f 是单射。

（3）f 是可逆函数当且仅当 f 是双射。

证明：

（1）"$\Rightarrow$"先证必要性。因为 f 是右可逆函数，所以，存在 $g: B \to A$，使得

$$f \circ g = \Delta_B。$$

于是，对于任意的 $y \in B$，从而有 $y = \Delta_B(y) = f \circ g(y) = f(g(y))$，即存在 $g(y) \in A$，使得 $f(g(y)) = y$，故 f 是满射。

"$\Leftarrow$"再证充分性。因为 f 是满射，所以，对于任意的 $y \in B$，存在 $x \in A$，使得 $f(x) = y$，故 $A' = \{x \mid x \in A, f(x) = y\} \neq \varnothing$。

现定义一个从 B 到 A 的函数 g：对于任意的 $y \in B$，$g(y) = x_y$，这里任意取定 $x_y \in A'$。

由定义知，$g: B \to A$ 是一个函数，且对于任意的 $y \in B$，$f \circ g(y) = f(g(y)) = y = \Delta_B(y)$，即有 $f \circ g = \Delta_B$，所以 f 是右可逆函数。

（2）"$\Rightarrow$"先证必要性。因为 f 是左可逆函数，故存在 $g: B \to A$，且使 $g \circ f = \Delta_A$。于是，对于任意的 x_1，$x_2 \in A$，若 $f(x_1) = f(x_2)$，则有 $g(f(x_1)) = g(f(x_2))$，即 $g \circ f(x_1) = g \circ f(x_2)$，所以 $\Delta_A(x_1) = \Delta_A(x_2)$，也即 $x_1 = x_2$，所以 f 是单射。

"$\Leftarrow$"再证充分性。假设 f 是单射。

对于任意的 $y \in B$，考察子集 $A' = \{x \mid x \in A, f(x) = y\}$。

若 $y \in f(A)$，则 $A' \neq \varnothing$，又 f 是单射，A' 中有且只有一个点 x_y，即 $A' = \{x_y\}$。现定义一个从 B 到 A 的函数 g：

$$g(y) = \begin{cases} x_y, & \text{若 } y \in f(A) \\ x', & \text{若 } y \notin f(A) \end{cases}$$

这里，任意取定 $x' \in A$。由定义知，$g: B \to A$ 是一个函数，且对于任意 $x \in A$，$g \circ f(x) = g(f(x)) = x = \Delta_A(x)$，即有 $g \circ f = \Delta_A$。

所以，f 是左可逆函数。

（3）"$\Rightarrow$"先证必要性。由（1）和（2）的结论是显然的。

"$\Leftarrow$"再证充分性。因为 f 是双射函数，所以对于任意的 $y \in B$，子集 $A' = \{x \mid x \in A, f(x) = y\}$ 中有且只有一个点 x_y，即 $A' = \{x_y\}$。

现定义一个从 B 到 A 的函数 g：对于任意的 $y \in B$，$g(y) = x_y$，由定义知，$g: B \to A$ 是一个函数，且对于任意 $x \in A$，$g \circ f(x) = g(f(x)) = x = \Delta_A(x)$，即有 $g \circ f = \Delta_A$，且对于任意 $y \in B$，$f \circ g(y) = f(g(y)) = y = \Delta_B(y)$，即有 $f \circ g = \Delta_B$。所以，f 是可逆函数。

下面看两个例子：

例1：设 f: **R**→**R**，g: **R**→**R**，

$$f(x) = \begin{cases} x^2, & x \geq 3, \\ -2, & x < 3, \end{cases}$$

$$g(x) = x + 2。$$

求：$f \circ g$，$g \circ f$。

解：$f \circ g$：**R**→**R**，

$$f \circ g = f(x + 2) = \begin{cases} (x + 2)^2, & x \geq 1, \\ -2, & x < 1 \end{cases}$$

$g \circ f$：**R**→**R**，

$$g \circ f = f(x) + 2 = \begin{cases} x^2 + 2, & x \geq 3, \\ 0, & x < 3。 \end{cases}$$

例2：设 f: **N**→**N**，对于任意的 $n \in$ **N**，

$$f(n) = 2n + 1。$$

问 f 是否左可逆？是否右可逆？是否可逆？若是，请给出左逆、右逆或逆函数，这样的逆函数能举出多少个？

解：显然 f 是单射，不是满射，也不是双射。

故 f 是左可逆函数，仅有左逆函数。例如

g: **N**→**N**，

$$g(n) = \begin{cases} \dfrac{1}{2}(n - 1), & n \text{ 是奇数}, \\ 2, & n \text{ 是偶数}。 \end{cases}$$

显然，g: **N**→**N** 是 f 的一个左逆函数。这样的左逆函数可以举出无数个，实际上可以随意改变 g 在偶数点的值，就可以得到新的左逆函数。

三、基本定理

下面我们介绍函数的一个基本定理。

定理5：设 A 和 B 是两个非空集合，设 f: A→B，在 A 上定义一个二元关系 R：对于任意的 $x, y \in A$，$(x, y) \in R$ 当且仅当 $f(x) = f(y)$，则

（1）R 是 A 上的一个等价关系；

（2）一定存在一个单射函数 $\bar{f}$：A/R→B，使得 $\bar{f} \circ \varphi = f$，其中函数 φ：A→A/R 称为自然映射，对于任意的 $a \in A$，$\varphi(a) = [a]_R$。

证明：先证 R 是等价关系。

对于任意的 $x \in A$，因为 $f(x) = f(x)$，所以 $(x, x) \in R$，故 R 是自反的。

对于任意的 $x, y \in A$，若 $(x, y) \in R$，则有 $f(x) = f(y)$，即有 $f(y) = f(x)$，从而有 $(y, x) \in R$，故 R 是对称的。

对于任意的 $x, y, z \in A$，若 $(x, y) \in R$，且 $(y, z) \in R$，则 $f(x) = f(y)$，且 $f(y) = f(z)$，有 $f(x) = f(z)$，故 $(x, z) \in R$，故 R 是传递的。

综上所述，R 是等价关系。

（2）作函数 $\bar{f}$：A/R→B，$[a]_R \mapsto f(a)$。

首先，必须证明 $\bar{f}$ 是一个函数，即每一个等价类的像是唯一确定的，也即与等价类的代

表元的选取无关。若 $[a]_R = [b]_R$，要证 $f(a) = f(b)$。

因为 $[a]_R = [b]_R$，所以 $a \in [b]_R$，从而有 $(a, b) \in R$，即 $f(a) = f(b)$。所以，$\bar{f}$ 是一个函数。

下面证明 $\bar{f} \circ \varphi = f$。对于任意的 $x \in A$，显然

$$\bar{f} \circ \varphi(x) = \bar{f}(\varphi(x)) = \bar{f}([x]_R) = f(x),$$

所以，$\bar{f} \circ \varphi = f$。

最后证明 $\bar{f}$ 是单射。若任意的 $[a]_R, [b]_R \in A/R$，若 $\bar{f}([a]_R) = \bar{f}([b]_R)$，则有 $f(a) = f(b)$，从而有 $(a, b) \in R$，即 $[a]_R = [b]_R$，所以 $\bar{f}$ 是单射。

8.3　无限集

一、势

一个集合的大小，也就是一个集合所含有的元素的多少。一个有限集，前面我们已经规定用 $|A|$ 表示 A 中不同元素的个数。对无限集怎样考察他们的大小呢？早在 1638 年，天文学家伽利略发现在一定意义下，正整数的平方数集合

$$S_1 = \{1, 4, 9, 16, \cdots\}$$

和正整数集合

$$S_2 = \{1, 2, 3, 4, \cdots\}$$

的元素一样多。因为，任给一个正整数 $n \in S_2$，则必有唯一的一个 $n^2 \in S_1$，这是一个一一对应关系，说明 S_1 与 S_2 所含不同元素的数目相等。但是，另一方面 S_1 又是 S_2 的真子集。这一问题引起了伽利略和他同时代的人的困惑。康托系统地研究了无穷集合大小的特征，提出了一一对应的概念，把两个集合能否建立一一对应作为它们的数目是否相同的标准。

定义 1：设 A 是一个集合，集合 A 所含有的不同元素的多少称为集合 A 的势（或称基数），记为 $\mathrm{card}(A)$，或 $|A|$。

一般地，规定 $\mathrm{card}(A)$ 表示集合 A 的势，而对于有限集 A，用 $|A|$ 表示集合 A 的势，见第 6.5 节。本书有限集情况较多，为统一起见用 $|A|$ 表示集合 A 的势。

定义 2：设 A，B 是两个集合，若存在 $f: A \to B$，且 f 是双射函数，则称集合 A 与集合 B 的势相等，记为 $|A| = |B|$。

二、有限集、无限集

定义 3：设 A 是一个集合，若存在 $n \in \mathbf{N}$，使得

$$|A| = |\{0, 1, 2, \cdots, n-1\}|,$$

则称集合 A 是有限集，并记 $|A| = n$。约定空集 $\varnothing$ 是有限集，$|\varnothing| = 0$。如果 A 不是有限集，它就是无限集。

定理 1：自然数集 $\mathbf{N}$ 是无限集。

证明：用反证法，设存在 $n \in \mathbf{N}$，$|\mathbf{N}| = n$。令

$$g: \{0, 1, 2, \cdots, n-1\} \to \mathbf{N}$$

是双射。设 $k = 1 + \max\{g(0), g(1), \cdots, g(n-1)\}$，显然 $k \in \mathbf{N}$，对于任意的 $x \in \{0, 1,$

$2, \cdots, n-1\}$，$g(x) \neq k$。

因此 g 不是满射函数，与 g 是双射函数矛盾。这说明不存在 $n \in \mathbf{N}$，使得 $|\mathbf{N}| = n$，故 $\mathbf{N}$ 不是有限集，是无限集。

我们知道，任何一个有限集的真子集的元素个数一定比原集合的元素个数要少，即若 $A \subset B$，则 $|A| < |B|$。

但在无限集中，这个结论就不一定成立了。例如，
$$B = \{n \in \mathbf{N} \,|\, 存在 k \in \mathbf{N}, n = 2k\}，$$
显然 B 是偶数集，它是自然数集 $\mathbf{N}$ 的真子集。令 $g: N \rightarrow B$，对于任意的 $n \in \mathbf{N}$，$g(n) = 2n$。

不难证明，g 是双射函数，于是有 $|\mathbf{N}| = |B|$。

三、可数无限集

定义 4：设 A 是一个集合，若 $|A| = |\mathbf{N}|$，则称 A 为可数无限集，记 $|A| = \aleph_0$（读"阿列夫零"）。

一个可数无限集 A，可以表示为
$$A = \{a_1, a_2, \cdots, a_n, \cdots\}。$$

例 1：$\mathbf{Z}$ 是可数无限集。

解：作 $f: \mathbf{N} \rightarrow \mathbf{Z}$，

$$f(x) = \begin{cases} \dfrac{x}{2}, & x\ 为偶数， \\ -\dfrac{x+1}{2}, & x\ 为奇数。 \end{cases}$$

显然，f 是双射函数，于是有 $|\mathbf{N}| = |\mathbf{Z}|$。

例 2：设 A，B 是两个可数无限集，则 $A \cup B$ 也是可数无限集。

解：设 $A = \{a_1, a_2, \cdots, a_n, \cdots\}$，$B = \{b_1, b_2, \cdots, b_n, \cdots\}$。

考察元素列：
$$a_1, b_1, a_2, b_2, \cdots, a_n, b_n, \cdots$$

消去重复出现的元素，可以建立 $\mathbf{N}$ 中元素与上面序列中消去重复出现的元素后剩下的元素之间的一一对应关系，于是有：
$$|A \cup B| = \aleph_0。$$

例 3：设 A，B 是两个可数无限集，则 $A \times B$ 也是可数无限集。

解：设 $A = \{a_1, a_2, \cdots, a_n, \cdots\}$，
$B = \{b_1, b_2, \cdots, b_n, \cdots\}$。

把 $A \times B$ 中的元素按一定规则排序出来，如图 8.1 所示，每一个有序对 (i, j) 表示有序

	1	2	3	4	…
1	(1, 1)	(1, 2)	(1, 3)	(1, 4)	…
2	(2, 1)	(2, 2)	(2, 3)	(2, 4)	…
3	(3, 1)	(3, 2)	(3, 3)	(3, 4)	…
4	(4, 1)	(4, 2)	(4, 3)	(4, 4)	…
…	…	…	…	…	

图 8.1　两个可数无限集的排列图

对 (a_i, b_j)，按箭头所指方向把 $A \times B$ 中的元素排成一列，即对于任意的 $(a_i, b_j) \in A \times B$，$i \geq 1$，$j \geq 1$，可以建立到 $\mathbf{N}$ 的元素的一一对应关系如下：

$$(i, j) \mapsto \frac{1}{2}[(i+j)^2 - i - 3j]。$$

所以，$|A \times B| = |\mathbf{N}|$。

定理 2：设 A 是一个任意无限集，则 A 中存在一个可数无限子集，即存在子集 $A' \subseteq A$，使得 $|A'| = \aleph_0$。

证明：取 $A' = \varnothing$。在 $A - A'$ 中任取一个元素，记之为 $a_0 \in A - A'$，并将 a_0 置入 A' 中，即有 $A' = \{a_0\}$。

在 $A - A'$ 中任取一个元素，记之为 $a_1 \in A - A'$，并将 a_1 置入 A' 中，即有

$$A' = \{a_0, a_1\}。$$

依次类推，得到 $A' = \{a_0, a_1, \cdots, a_{n-1}\}$。在 $A - A'$ 中任取一个元素，记为 $a_n \in A - A'$，并将 a_n 置入 A' 中，即有

$$A' = \{a_0, a_1, \cdots, a_{n-1}, a_n\}。$$

因为 A 是无限集，以上工作可以一直进行下去，于是可以得到

$$A' = \{a_0, a_1, \cdots, a_{n-1}, a_n, \cdots\}。$$

因此，对应于任意的 $n \in N$，建立了一一对应关系：

$$n \mapsto a_n。$$

所以，$|A'| = \aleph_0$，且 $A \supseteq A'$。

定理 3：A 是无限集当且仅当 A 中存在真子集 A'，使 $|A'| = |A|$。

证明：$\Rightarrow$ 先证必要性。假定 A 是无限集。

由定理 2 知，A 中有子集 $A'' \subseteq A$，使得 $|A''| = \aleph_0$。

不妨设 $A'' = \{a_1, a_2, \cdots\}$。令 $A' = A - \{a_1\}$，则 A' 是 A 的真子集，即

$$A' \subset A。$$

作 $f: A \to A'$，

$$f(x) = \begin{cases} x, & x \in A - A'', \\ a_{i+1}, & x = a_i \in A''。 \end{cases}$$

显然，f 是一一对应，故 $|A| = |A'|$。

$\Leftarrow$ 再证充分性。用反证法，若 A 不是无限集，则 A 是有限集，令 $|A| = n$，不妨设 $A = \{a_1, a_2, \cdots, a_n\}$。显然，$A$ 的任何真子集与 A 之间不存在一一对应，与充分性条件矛盾，故 A 是无限集。

四、不可数无限集

例 4：$A = \{x \in \mathbf{R} \mid 0 \leq x < 1\}$ 不是可数无限集。

解：采用反证法。

若 $|A| = \aleph_0$，则存在 $g: \mathbf{N} \to A$，g 是双射，不失一般性，设

$$g(0) = 0. a_{00} \quad a_{01} \quad a_{02} \quad \cdots$$
$$g(1) = 0. a_{10} \quad a_{11} \quad a_{12} \quad \cdots$$
$$\vdots$$

其中 $a_{ij} \in \mathbf{N}$，$0 \leq a_{ij} \leq 9$。

作 $b = 0. b_0 \quad b_1 \quad b_2 \quad \cdots$，

其中 $b_i = \begin{cases} 9 - a_{ii}, & \text{若 } a_{ii} \neq 9, \\ 5, & \text{若 } a_{ii} = 9。 \end{cases}$

显然 $0 \leq b < 1$，即 $b \in A$，但对于任意的 $i \in \mathbf{N}$，$a_{ii} \neq b_i$，故 $g(i) \neq b$。

这与 g 是双射矛盾，矛盾说明 $|A| \neq |\mathbf{N}|$，即 A 不是可数无限集。

例 5：设 $A = \{x \in \mathbf{R} \mid 0 \leq x \leq 1\}$，$B = \{x \in \mathbf{R} \mid 0 \leq x < 1\}$，求证：$|A| = |B|$。

证明：作 $g: A \rightarrow B$，

$$g(x) = \begin{cases} 0, & x = 0, \\ \dfrac{1}{n+1}, & x = \dfrac{1}{n}, n \in \mathbf{N}, \ n \geq 1, \\ x, & x \in A \text{ 但 } x \notin \left\{ 1, \ \dfrac{1}{2}, \ \cdots, \ \dfrac{1}{n}, \ \cdots \right\}。 \end{cases}$$

显然，g 是双射，所以 $|A| = |B|$。

例 6：设 $A = \{x \in \mathbf{R} \mid 0 < x < 1\}$，则 $|A| = |\mathbf{R}|$，其中 $\mathbf{R}$ 是实数集。

解：令 $g: A \rightarrow \mathbf{R}$，对于任意的 $x \in A$，

$$g(x) = \cot \pi x。$$

显然，g 是一个双射，所以 $|\mathbf{R}| = |A|$。

8.4 集合势大小的比较

在上节讨论了两个集合势相等的概念，本节比较两个无限集势的大小。

一、集合势的大小

定义：设 A，B 是两个集合，若存在 $f: A \rightarrow B$ 是单射函数，则称集合 A 的势小于或等于集合 B 的势，记为 $|A| \leq |B|$。若 $|A| \leq |B|$，且 $|A| \neq |B|$，则称集合 A 的势小于集合 B 的势，记为 $|A| < |B|$。

由定义我们不难知 $|\mathbf{N}| < |\mathbf{R}|$。

定理 1：设 A 是任意集合，则 $|A| < |2^A|$。

证明：作 $g: A \rightarrow 2^A$，对于任意的 $x \in A$，令

$$g(x) = \{x\}。$$

显然，g 是一个函数，且是单射函数，故有 $|A| \leq |2^A|$。

下面证明 $|A| \neq |2^A|$。用反证法。

若存在 $\varphi: A \rightarrow 2^A$ 双射，则对于任意的 $x \in A$，$\varphi(x) \in 2^A$，即

$$\varphi(x) \subseteq A。$$

构造集合 $M = \{x \mid x \in A, \text{ 且 } x \notin \varphi(x)\}$。

由 M 的定义知 $A \supseteq M$，即 $M \in 2^A$。

因为 φ 是双射，所以存在 $a \in A$，使得 $\varphi(a) = M$。

下面我们来看一个矛盾现象，a 是一个元素，M 是一个集合，按我们约定：$a \in M$ 或者 $a \notin M$，二者有且仅有一种可能出现。

若 $a \in M$，因为 $\varphi(a) = M$，所以 $a \in \varphi(a)$，但由 M 的定义知 $a \notin M$，矛盾。

若 $a \notin M$，因为 $\varphi(a) = M$，所以 $a \notin \varphi(a)$，但由 M 的定义知 $a \in M$，又出现矛盾。

这些矛盾现象说明假设有问题，即不存在 A 到 2^A 的双射函数 φ。

于是，$|A| \neq |2^A|$。

所以，$|A| < |2^A|$。

此定理告诉我们没有最大势的集合。

定理 2：设 A，B，C 是三个任意集合。若 $|A| \leqslant |B|$，且 $|B| \leqslant |C|$，则 $|A| \leqslant |C|$。

证明：因为 $|A| \leqslant |B|$，则存在 $f: A \rightarrow B$，f 是单射，

又因为 $|B| \leqslant |C|$，则存在 $g: B \rightarrow C$，g 是单射。

于是，$g \circ f: A \rightarrow C$ 也是单射，

所以 $|A| \leqslant |C|$。

二、伯恩斯坦定理

定理 3：设 A，B 是两个任意集合，若 $|A| \leqslant |B|$，且 $|B| \leqslant |A|$，则 $|A| = |B|$。

此定理叫伯恩斯坦定理，对证明集合势相等很有用。由于证明复杂，在此省略。

定理 4：有理数集 $\mathbf{Q}$ 是可数无限集。

证明：作 $f: N \rightarrow \mathbf{Q}$，对于任意的 $x \in \mathbf{N}$，

$$f(x) = x。$$

显然，f 是单射，于是有 $|\mathbf{Q}| \geqslant |\mathbf{N}|$。

又 $\mathbf{Z}$ 是整数集，$|\mathbf{Z}| = |\mathbf{N}|$，且 $|\mathbf{Z} \times \mathbf{Z}| = |\mathbf{N}|$。

作 $g: \mathbf{Q} \rightarrow \mathbf{Z} \times \mathbf{Z}$，对于任意有理数 $\dfrac{q}{p} \in \mathbf{Q}$，其中 q，$p \in \mathbf{Z}$，$p > 0$，p 与 q 互质，令

$$g: q/p \mapsto (q, p)，$$

显然，g 也是单射，所以 $|\mathbf{Q}| \leqslant |\mathbf{Z} \times \mathbf{Z}|$。

由于 $|\mathbf{Z} \times \mathbf{Z}| = |\mathbf{N}|$，故 $|\mathbf{Q}| \leqslant |\mathbf{N}|$。

由伯恩斯坦定理知，$|\mathbf{Q}| = |\mathbf{N}|$。

8.5 鸽巢原理

所谓鸽巢原理，也称为抽屉原理，通俗的讲法是：假设有几个鸽子住在几个鸽巢中，如果鸽子的数目比鸽巢数目多，那么一定会有一个鸽巢至少住有两只鸽子。

命题 1：设 D 和 S 是两个有限集，且 $|D| > |S|$，对于从 D 到 S 的任意一个映射 $f: D \rightarrow S$，一定存在 $d_1 \neq d_2 \in D$，使得

$$f(d_1) = f(d_2)。$$

命题 2：设 D 和 S 是两个有限集，且 $|D| > |S|$，记

$$i = \left[\frac{|D|}{|S|}\right]，\tag{8.3}$$

这里 $[x]$ 为不少于 x 的最小整数。对于从 D 到 S 的任意一个映射 $f: D \rightarrow S$，在 D 中必存在 i 个不同元素 d_1，d_2，$\cdots$，d_i，使得

$$f(d_1) = f(d_2) = \cdots = f(d_i)。$$

证明：采用反证法。若这件事实不存在，那么对于 S 中每一元素，最多是 D 中 $i-1$ 个元素的像，则 D 中最多有元素 $|S|(i-1)$，即

$$|D| \leqslant |S|(i-1)。$$

故

$$\frac{|D|}{|S|} \leqslant i-1，$$

这与式（8.3）中 i 的定义矛盾。

下面我们给出一些例子。

例1：求证：在任意选取的 $n+1$ 个整数中，存在两个整数，它们的差能被 n 整除。

证明：设 x_1，x_2，$\cdots$，x_{n+1} 是任意选取的 $n+1$ 个整数。任何整数被 n 除的余数共有：0，1，2，$\cdots$，$n-1$，即有 n 个余数。$n+1$ 个任意整数可以看作为 $n+1$ 个"鸽子"，n 个余数可以看作为 n 个"鸽巢"，这 $n+1$ 只"鸽子"飞到 n 个"鸽巢"中，一定有一个"鸽巢"中至少有两只"鸽子"，不妨设为 x_i，x_j（$1 \leqslant i < j \leqslant n+1$）。因为 x_i 与 x_j 被 n 除的余数相同，所以 n 能够整除它们的差 $x_i - x_j$。

例2：求证：在小于或等于 $2n$ 的任意 $n+1$ 个正整数中，存在两个正整数，使得它们是互素的。

证明：先构造 n 个"鸽巢"：

$$R_1 = \{1，2\}，R_2 = \{3，4\}，\cdots，R_n = \{2n-1，2n\}。$$

从 $1 \sim 2n$ 的正整数中（包括 1 和 $2n$）任选 $n+1$ 个正整数，相当于从 R_1，R_2，$\cdots$，R_n 这 n 个"鸽巢"中选取 $n+1$ 只"鸽子"，一定有一个"鸽巢"中的两只"鸽子"都被取出来了。这两只"鸽子"就是两个正整数，且这两个正整数是相继的。

下面证明相继的两个正整数是互质的。设这两个相继的正整数为 k 和 $k-1$（$2 \leqslant k \leqslant 2n$），令 $(k，k-1) = m$ 表示 k 与 $k-1$ 的最大公约数。不妨设 $k = pm$，$k-1 = qm$，于是

$$k-(k-1) = pm-qm，$$

所以 $1 = (p-q)m$，从而有

$$p-q = \frac{1}{m}，$$

若 $m > 1$，则 $0 < \dfrac{1}{m} < 1$，这与差 $p-q$ 为整数产生矛盾。

所以 $m = 1$，即 k 与 $k-1$ 互质。

例3：设 a_1，a_2，a_3 为三个任意的整数，b_1，b_2，b_3 为 a_1，a_2，a_3 的任一排列，则

$$a_1-b_1，a_2-b_2，a_3-b_3 中至少有一个是偶数。$$

证明：根据鸽巢原理，a_1，a_2，a_3 三个数中至少有两个数，或同是奇数，或同是偶数。不妨设这两个数是 a_1 和 a_2，而且同是奇数，于是 a_1，a_2，a_3 中最多有一个是偶数。

因为 b_1，b_2，b_3 为 a_1，a_2，a_3 的任一排列，而 a_1，a_2，a_3 中最多有一个是偶数，故 b_1，b_2 中至少有一个是奇数。由于奇数与奇数之差是偶数，故 a_1-b_1，a_2-b_2 中至少有一个是偶数。结论得证。

若 a_1，a_2 两个数同是偶数，a_1，a_2，a_3 中最多有一个是奇数，b_1，b_2 中至少有一个是偶数，于是 a_1-b_1，a_2-b_2 中至少有一个是偶数。结论同样得证。

8.6　典型例题及解答

例1：设 f 是 A 到 B 的函数，记为 $f: A \mapsto B$，定义新函数 $g: B \mapsto \rho(A)$，且对于 $\forall b \in B$，

$g(b) = \{x \in A | f(x) = b\}$。证明：如果 f 为满射，则 g 为单射。反之成立吗？

证明：用反证法证明。

假设 g 不是单射，即存在 b_1，$b_2 \in B$，$b_1 \neq b_2$，但 $g(b_1) = g(b_2)$，由 g 的定义知 $g(b_1)$，$g(b_2)$ 为 A 的子集。

因为 $f: A \mapsto B$ 的满射，所以对于 $b_1 \in B$，必存在 $a \in A$，使得
$$f(a) = b_1。$$

从而有，$a \in g(b_1) \neq \varnothing$。

由 $g(b_1) = g(b_2)$ 知，$a \in g(b_2)$。由 g 的定义知，$f(a) = b_2$，故 $b_1 = b_2$，这与 $b_1 \neq b_2$ 矛盾。因此，g 为单射。

反之不成立。例如：

$A = \{1, 2\}$，$B = \{a, b, c\}$，$\rho(A) = \{\varnothing, \{1\}, \{2\}, \{1, 2\}\}$

$f: A \mapsto B$ $\qquad\qquad$ $g: B \mapsto \rho(A)$

$1 \to a$ $\qquad\qquad\qquad$ $a \to \{1\}$

$2 \to b$ $\qquad\qquad\qquad$ $b \to \{2\}$

$\quad\ c$ $\qquad\qquad\qquad\quad$ $c \to \varnothing$

$\qquad\qquad\qquad\qquad\qquad$ $\{1, 2\}$

显然，g 为单射，但 f 不为满射。

例 2：设 A，B，C，D 为四个任意的集合，$|A| = |C|$，$|B| = |D|$，且 $A \cap B = C \cap D = \varnothing$，试证明：$|A \cup B| = |C \cup D|$。

证明：

因为 $|A| = |C|$，$|B| = |D|$，所以存在双射 $f: A \mapsto C$，$g: B \mapsto D$。

构造关系 $h: A \cup B \mapsto C \cup D$，且对于任意的 $x \in A \cup B$，有

$$h(x) = \begin{cases} f(x), & x \in A, \\ g(x), & x \in B。 \end{cases}$$

（1）h 为映射。

由 $A \cap B = \varnothing$ 可知，对 $\forall x_1$，$x_2 \in A \cup B$，若 $x_1 = x_2$，则 x_1，$x_2 \in A$，或 x_1，$x_2 \in B$。

若 x_1，$x_2 \in A$，则由 h 的定义知，$h(x_1) = f(x_1)$，$h(x_2) = f(x_2)$。因为 f 是 A 到 C 的映射，所以由 $x_1 = x_2$ 知，$f(x_1) = f(x_2)$，从而有 $h(x_1) = h(x_2)$。

若 x_1，$x_2 \in B$，则由 h 的定义知，$h(x_1) = g(x_1)$，$h(x_2) = g(x_2)$。因为 g 是 B 到 D 的映射，所以由 $x_1 = x_2$ 知，$g(x_1) = g(x_2)$，从而有 $h(x_1) = h(x_2)$。

故 h 为 $A \cup B$ 到 $C \cup D$ 的映射。

（2）h 为单射。

对于 $\forall x_1$，$x_2 \in A \cup B$，若 $h(x_1) = h(x_2)$，由并集的定义知，x_1，$x_2 \in A$，或 x_1，$x_2 \in B$，或 $x_1 \in A$ 且 $x_2 \in B$，或 $x_1 \in B$ 且 $x_2 \in A$。

下面分四种情况分别证明。

若 $x_1 \in A$ 且 $x_2 \in B$，由 $h(x_1) = h(x_2)$ 得，$f(x_1) = g(x_2)$，因为 f 是 A 到 C 的映射，g 是 B 到 D 的映射，所以 $f(x_1) \in C$，$g(x_2) \in D$，由 $f(x_1) = g(x_2)$ 知，$C \cap D \neq \varnothing$，与已知矛盾，故 $x_1 \in A$ 且 $x_2 \in B$ 不成立。

若 $x_1 \in B$ 且 $x_2 \in A$，同理可证，$x_1 \in B$ 且 $x_2 \in A$ 不成立。

若 x_1，$x_2 \in A$，由 $h(x_1) = h(x_2)$ 得，$f(x_1) = f(x_2)$，因为 f 是 A 到 C 的单射，所

以 $x_1 = x_2$。

若 x_1，$x_2 \in B$，由 $h(x_1) = h(x_2)$ 得，$g(x_1) = g(x_2)$，因为 g 是 B 到 D 的单射，所以 $x_1 = x_2$。

综上所述，h 为 $A \cup B$ 到 $C \cup D$ 的单射。

（3）h 为满射。

对于任意 $y \in C \cup D$，则由并集的定义知，$y \in C$ 或 $y \in D$。

若 $y \in C$，因为 f 是 A 到 C 的满射，所以 $\exists x \in A \subseteq A \cup B$，使得 $h(x) = f(x) = y$。

若 $y \in D$，因为 g 是 B 到 D 的满射，所以 $\exists x \in B \subseteq A \cup B$，使得 $h(x) = g(x) = y$。

综上所述，h 为 $A \cup B$ 到 $C \cup D$ 的满射。

例 3：求证：开区间 $(0，1)$ 与闭区间 $[0，1]$ 等势。

证明：设

$$A = \left\{ \frac{1}{2}，\frac{1}{3}，\frac{1}{4}，\frac{1}{5}，\cdots \right\}，$$

作 $f:(0,1) \rightarrow [0,1]$ 如下：

$$f(x) = \begin{cases} x, & x \in (0,1) - A \\ 0, & x = \frac{1}{2} \\ \frac{1}{n-1}, & x = \frac{1}{n} \in A，n > 2 \end{cases}$$

显然，f 是一个双射，因此 $|(0，1)| = |[0，1]|$。

例 4：求证：如果从 A 到 B 存在一个满射，则 $|B| \leq |A|$。

证明：设 $f: A \rightarrow B$ 为满射函数，则对于任意的 $y \in B$，令

$$A_y = \{ x | f(x) = y，x \in A \}，$$

则由 f 的满射性知：$A_y \neq \varnothing$。

现定义从 B 到 A 的一个映射 g：

$$g(y) = x_y \in A_y \subseteq A$$

这里 x_y 是从非空集 A_y 中任意取定的一个元素。

显然，若 $y_1 \neq y_2$，则 $A_{y_1} \cap A_{y_2} = \varnothing$，故从非空集 A_{y_1} 与 A_{y_2} 中任意选定的两个元素一定不同，即有 $x_{y_1} \neq x_{y_2}$，也即 $g(y_1) \neq g(y_2)$。

即 g 是从 B 到 A 的一个单射函数，

所以由定义知，$|B| \leq |A|$。

例 5：设 R_1 与 R_2 为集合 A 上的两个二元关系，且 $R_1 \circ R_2 = \Delta_A$。假设 A 为有限集合，求证：存在 A 到 A 的两个双射 f 与 g 使得：

$$g \circ f = \Delta_A$$
$$(a，b) \in R_1 \Leftrightarrow b = f(a)$$
$$(c，d) \in R_2 \Leftrightarrow d = g(c)$$

如果 A 为无限集合，该结论是否成立？

证明：假设 A 为有限集合，不妨设 $|A| = n$，$A = \{ a_1，a_2，\cdots，a_n \}$，这里 $a_i \neq a_j (i \neq j)$。

由于 $R_1 \circ R_2 = \Delta_A$，则对于任意的 $a_i \in A$，$(a_i, a_i) \in \Delta_A = R_1 \circ R_2$，于是存在 $b_i \in B$，使得

$$(a_i，b_i) \in R_1，(b_i，a_i) \in R_2。$$

对于任意的 b_i，若存在 $1 \leqslant k \leqslant n$，$k \neq i$，使得 $b_i = b_k$，则

由 $(a_i, b_i) \in R_1$，$(b_k, a_k) \in R_2$，得到 $(a_i, a_k) \in R_1 \circ R_2 = \Delta_A$，于是 $a_i = a_k$，这与诸 a_1，a_2，$\cdots$，a_n 互不相同矛盾。矛盾说明，诸 b_1，b_2，$\cdots$，b_n 互不相同，它们就是诸 a_1，a_2，$\cdots$，a_n 的一个排列。

因此，可以构造两个映射如下：

$$f(a_i) = b_i$$
$$g(b_i) = a_i$$

显然，f 与 g 都是双射，并且满足：

$$g \circ f = \Delta_A$$
$$(a_i, b_i) \in R_1 \Leftrightarrow b_i = f(a_i)$$
$$(b_i, a_i) \in R_2 \Leftrightarrow a_i = g(b_i)$$

如果 A 为无限集合，则结论未必成立。

取 $A = N$，设 $R_1 = \{(x, y) \mid y = x + 1, x \in \mathbf{N}\}$，$R_2 = \{(y, z) \mid y > 0, z = y - 1, y \in \mathbf{N}\}$，即

$$R_1 = \{(0, 1), (1, 2), (2, 3), (3, 4), (4, 5), \cdots\},$$
$$R_2 = \{(1, 0), (2, 1), (3, 2), (4, 3), (5, 4), \cdots\},$$

则 $R_1 \circ R_2 = \Delta_A$，但满足性质的双射 f 与 g 未必存在。

例6：在边长为1的正方形内任意放置9个点，证明其中必存在3个点，使得由它们组成的三角形（可能是退化的）面积不超过 $\dfrac{1}{8}$。

证明：把边长为1的正方形等分为4个小正方形，以这4个小正方形为4个鸽巢，9个点为鸽子，若这9只鸽子飞向4个鸽巢，则总存在一个鸽巢中有3只鸽子，即3个点，由它们组成的三角形（可能是退化的）面积不超过小正方形的一半，即 $\dfrac{1}{8}$。

● 习 题 八

8.1　$\mathbf{N}$ 是自然数集，$\mathbf{R}$ 是实数集，以下给出的关系中，哪些能构成函数关系？

(1) $\{(x_1, x_2) \mid x_1, x_2 \in \mathbf{N}, x_1 + x_2 < 10\}$，

(2) $\{(y_1, y_2) \mid y_1, y_2 \in \mathbf{R}, y_2 = y_1^2\}$，

(3) $\{(y_1, y_2) \mid y_1, y_2 \in \mathbf{R}, y_2^2 = y_1\}$。

8.2　设 A，B 是两个任意集合，且 A，$B \subseteq X$，f 是集合 X 到集合 Y 的映射。

求证：(1) $f(A \cup B) = f(A) \cup f(B)$；

　　　(2) $f(A \cap B) \subseteq f(A) \cap f(B)$，并说明等号什么时候成立，即给出等号成立的必要条件，并证明之。

8.3　设 A，B 是两个非空集合，f 是从 A 到 B 的映射，$\varnothing \neq A' \subseteq A$。

(1) 求证 $f^{-1}(f(A')) \supseteq A'$；

(2) 给出 $f^{-1}(f(A')) \supset A'$ 的例子。

8.4　设 A，B 是两个非空集合，f 是 A 到 B 的映射，$B' \subseteq B$。

(1) 证明 $f(f^{-1}(B')) \subseteq B'$；

(2) 举一个例子使得 $f(f^{-1}(B')) \subset B'$。

8.5　设 A 是一个非空集合，φ 是 A 到 A 的一个映射，问：$\varphi[\varphi^{-1}(A)]$ 与 $\varphi^{-1}[\varphi(A)]$ 是

否相等？若相等，请证明之；若不一定相等，请举例说明。

8.6　设 A，B 是两个非空集合，f 是 A 到 B 的映射，$C \subseteq A$，$D \subseteq B$。求证：
$$f[C \cap f^{-1}(D)] = f(C) \cap D。$$

8.7　设 A，B 是两个非空集合，f 是 A 到 B 的映射，$S \subseteq B$。求证：
$$f(f^{-1}(S)) = S \cap f(A)。$$

8.8　已知 $A = \{1, 2, 3\}$ 是一个集合。请给出一个 A 到 A 的映射 f，满足：

（1）$f^2 = f$，

（2）$f \neq \Delta_A$。

8.9　指出下列映射中，哪个是单射？哪个是满射？哪个是双射？

（1）$f_1: R \rightarrow R$，$f_1(x) = 2x - 15$；

（2）$f_2: R \rightarrow R$，$f_2(x) = x^2 + 2x - 7$；

（3）$f_3: N^2 \rightarrow N$，$f_3((x_1, x_2)) = x_1^{x_2}$。

8.10　已知 $A = \{1, 2, 3, 4, 5\}$，$B = \{a, b, c\}$，f 是 A 到 B 的映射：
$$f(x) = a, \; 1 \leqslant x \leqslant 3; \; f(4) = b, \; f(5) = c。$$

问：是否存在 B 到 A 的映射 f_1，使得
$$f \circ f_1 = \Delta_B$$

成立？若存在，请举例说明，并说明最多有几个。

8.11　设有函数 $f: \mathbf{Z} \rightarrow \mathbf{Z}$，对于任意的 $i \in \mathbf{Z}$，$f(i) = 2i - 1$。

（1）f 是否是单射、满射、双射？证明你的结论。

（2）f 是否有左逆、右逆、逆？若有，请具体给出一个，并说明有多少个。

8.12　已知 f 是 $\mathbf{N}$ 到 $\mathbf{N}$ 的映射，且
$$f(x) = 2x, \; \forall x \in \mathbf{N}。$$

问：f 是否有右逆映射？f 是否有左逆映射？若有，请给出一个具体例子。

8.13　设 A，B，C 是三个集合，f 是 A 到 B 的映射，g 是 B 到 C 的映射，

（1）求证：若 $g \circ f$ 是 A 到 C 的单射，则 f 是 A 到 B 的单射。

（2）请举出一个 $g \circ f$ 是 A 到 C 的单射，但 g 不是 B 到 C 单射的例子。

8.14　设 A，B，C 是三个集合，f 是 A 到 B 的映射，g 是 B 到 C 的映射，

（1）求证：若 $g \circ f$ 是 A 到 C 的满射，则 g 是 B 到 C 的满射；

（2）给出一个反例，说明 $g \circ f$ 是满射，g 也是满射，但 f 不是满射。

8.15　设 A，B，C 是三个集合，f 是 A 到 B 的映射，g 是 B 到 C 的映射，求证：
若 g 是单射，且 $g \circ f$ 是 A 到 C 的满射，则 f 是满射。

8.16　$\mathbf{N}$ 是自然数集，请给出一个从 $\mathbf{N}$ 到 $\mathbf{N}$ 的映射，它是单射，但不是双射。

8.17　A 是一个集合。试问当 A 是什么样的集合时会存在 A 到 A 的映射，它是单射，而不是满射，并举一个例子。

8.18　$\mathbf{N}$ 是自然数集，试举一个从 $\mathbf{N}$ 到 $\mathbf{N}$ 的满射而不是双射的例子。

8.19　已知 A，B，C，D 是四个任意集合，$|A| = |C|$，$|B| = |D|$，求证：
$$|A \times B| = |C \times D|。$$

8.20　用势相等的定义证明下面两集合等势。

$A = \{x \in \mathbf{R} \mid 0 \leqslant x \leqslant 1\}$

$B = \{x \in \mathbf{R} \mid 0 < x \leqslant 1\}$，其中 $\mathbf{R}$ 是实数集。

8.21　**R** 是实数集，$A = \{x \in \mathbf{R} \mid 0 \leqslant x < 1\}$，$B = \{x \in \mathbf{R} \mid x \geqslant 0\}$，用势相等的定义证明 $|A| = |B|$。

8.22　已知整数集 **Z**，有理数集 **Q**，实数集 **R**，自然数集 **N**，$\mathbf{Q} \times \mathbf{Q}$，$\rho(\mathbf{N})$，$A = \{2n \mid n \in \mathbf{N}\}$，$B = \{n \mid 1 \leqslant n \leqslant 1\,000, n \in \mathbf{N}\}$，以上哪些集合是可数无限集？

8.23　指出下列集合的势各是什么？并简述理由。

(1) $A = \{(p, q) \mid p, q$ 都是整数$\}$；

(2) $B = \{(p, q) \mid p, q$ 都是有理数$\}$。

8.24　**N** 是自然数集，**Z** 是整数集，**Q** 是有理数集，**R** 是实数集，试问以下哪些是可数无限集？

(1) $A = \{2n \mid n \in \mathbf{N}\}$；

(2) $B = \{x \in \mathbf{Z} \mid x = 2 (\bmod \ \ 5)\}$；

(3) $\mathbf{Q} \times \mathbf{Q}$；

(4) **R**；

(5) $D = \{x + yi \mid x, y \in \mathbf{Z}\}$，其中 $i = \sqrt{-1}$ 为虚数单位。

8.25　$A = \{n^7 \mid n$ 是正整数$\}$，$B = \{n^{109} \mid n$ 是正整数$\}$，试问：$A, B, A \cup B, A \cap B, A - B$ 的势各是什么？

8.26　A, B 都是可数无限集，试说明 $A - B$ 的势可能有几种不同的情况，并举例说明你的结论。

8.27　A 是有限集，B 是可数无限集，证明：$A \times B$ 也是可数无限集。

8.28　A 是有限集，B 是无限集，证明：$|A \cup B| = |B|$。

8.29　A 是无限集，B 是可数无限集，证明：$|A \cup B| = |A|$。

8.30　在边长为 1 的正方形内任取五点，试证：至少有两点，其间距离小于或等于 $\dfrac{\sqrt{2}}{2}$。

8.31　任取 11 个数，求证：其中至少有两个数它们的差是 10 的倍数。

8.32　任意的五个自然数中必有三个自然数的和能被 3 整除。

8.33　运用鸽巢原理证明在任意 m 个相继的整数中，存在一个整数能被 m 整除。

8.34　证明：在 $n^2 + 1$ 个不同的整数的序列中，或者存在一个长度为 $n + 1$ 的递增子序列，或者存在一个长度为 $n + 1$ 的递减子序列。

第 9 章

图

9.1 图的基本概念

有很多实际问题，可以抽象为有关离散对象的集合以及集合中的二元关系的问题。例如，一个人要把他带的一条狗、一只羊和一袋菜用一条小船摆渡到河的对岸。由于这个船非常小，这个人每次摆渡只能将狗、羊和菜之一带过去，但是不能把狗和羊，也不能把羊和菜单独地留在河的同一岸。为了回答这个问题，我们首先建立一个集合，这个集合以被允许出现的局面为元素。例如，人、狗、羊和菜在河的开始一岸我们记为元素（人狗羊菜，0），元素（0，人狗羊菜）表示到了河的另一岸。而（人狗羊，菜），（狗羊，人菜），……表示允许出现的各种局面。对于任意的二种局面，若这个人进行一次摆渡能从一个局面变为另一个局面，这二个局面之间就有关系 R，我们得到了集合上的一个二元关系。显然这个关系是对称的，我们用一个图表示这件事。在这个图中每一个局面对应一个图的顶点，若两个局面之间有关系 R，则我们用一条线段把这两个局面对应的顶点相连接。由于 R 是对称的，我们用直线而不是射线连接，表示二个顶点之间可以来回走。图 9.1 就是按题意构造的图。

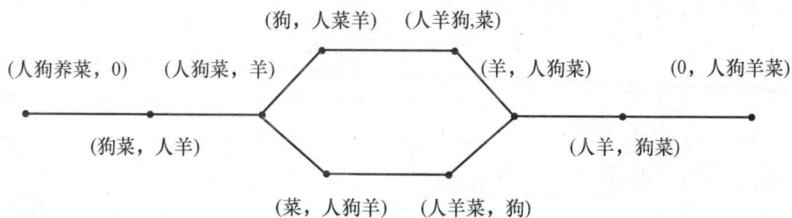

图 9.1　一个图的实例

由上例不难看出，在讨论离散对象和二元关系中的许多问题时，用图来表示这些对象以及关于它们的二元关系是十分方便的。这就很自然地导致我们对图的理论进行研究。

下面我们给出图的概念，首先定义有向图。

定义 1：我们称有序二元组 $G = (V, E)$ 是一个有向图，若其中 V 是一个非空有限集合，E 是 V 上的二元关系，称 V 为顶点集，E 为边集。

设 $G = (V, E)$ 是一个有向图，其中 V 为顶点集，E 为边集。若 $(a, b) \in E$，称 (a, b) 为图 G 中一条边，我们说边 (a, b) 关联于顶点 a 和 b，顶点 a 称为该边的始点，顶点 b 称为该边的终点，并称 a 和 b 相邻，若一个顶点没有任何边关联于它，称该顶点为孤立点。若一条边的始点和终点是同一顶点，称该边为自环。

我们主要研究的是无向图，在定义无向图之前，我们先要把原先建立的集合理论再进行一点修改，一个集合就是一些不同对象的总体。然而有许多时候，我们遇到的不是不同对象的总体。例如，我们谈及一个班级学生名字的总体，可是，可能有两个或多个学生同名。为此，我们约定一个多重集是一些对象的总体，但这些对象不必不同。例如，$\{a, a, a, b, b, c\}$，$\{a, a, a\}$，$\{a, b, c\}$ 等都可以看成多重集。在多重集里，一个元素的重数是它在该多重集里出现的次数。例如，在多重集 $\{a, a, a, b, b, c\}$ 中，a 的重数为 3，b 的重数为 2，c 的重数为 1，一个元素 d，在集合中没有出现，我们可以规定它的重数为 0。集合仅是多重集中重数仅为 0 和 1 的特殊情况。下面我们可以定义无向图了。

定义 2：一个二元组 $G = (V, E)$ 是一个无向图，若其中 V 是一个非空有限集合，E 是一个集合，E 的元素为 V 中仅含二个元素的多重子集。

设 $G = (V, E)$ 是一个无向图，$\{v, u\} \in E$，我们称 $\{v, u\}$ 是 G 中一条边，V 称为顶点集，E 称为边集。设 $e = \{v, u\}$ 是 G 中的一条边，v 和 u 称为边 e 的二个端点，称边 e 关联 v 和 u，也称 v 邻接 u，或 u 邻接 v。若 $u = v$，称 $\{v, u\}$ 为 G 中的自环。对于任意的 $u \in V$，若不存在任何边关联 u，称顶点 u 是孤立点。

我们可以把有向图和无向图的概念作进一步的推广。一个图，有向图或无向图，其边集若是多重集，我们称这样的图为多重图，也称图。若一个图，也就是多重图，其重数大于 1 的边称为多重边，又称有这样边的图为有多重边的图。

我们称一个没有多重边，没有自环，也没有孤立点的图为简单图，若不声明是简单图，就泛指图或多重图。

例 1：已知图 $G = (V, E)$，这里 $V = \{v_1, v_2, v_3, v_4, v_5\}$，$E = \{\{v_1, v_2\}, \{v_2, v_3\}, \{v_3, v_3\}, \{v_3, v_4\}, \{v_2, v_4\}, \{v_4, v_5\}, \{v_2, v_5\}, \{v_2, v_5\}\}$。

采用图这一名称，是因为我们可以用图形来表示，每个顶点我们用一个点来表示，每条边用线来表示，此线刚好连接代表边的端点的两个点。图 9.2 是图 G 的图形。

给定图 $G = (V, E)$，图 9.2 给出了它的图形，但是，显然一个图的画法并不是唯一的。为了避免仅仅由于画法不同，或者仅仅由于顶点的标号不同，而把两个实质相同的图看成两个不同的图。我们建立一个新的概念。

定义 3：$G_1 = (V_1, E_1)$ 和 $G_2 = (V_2, E_2)$ 是两个图，若存在函数 $f: V_1 \rightarrow V_2$，f 是双射，且若定义函数 $g: E_1 \rightarrow E_2$，对于任意的 $\{v_1, v_1'\} \in E_1$，$g(\{v_1, v_1'\}) = \{f(v_1), f(v_1')\}$，$g$ 也是一个双射。则称图 G_1 和图 G_2 是同构的两个图，并称 f 为图的同构映射，记为 $G_1 \cong G_2$。

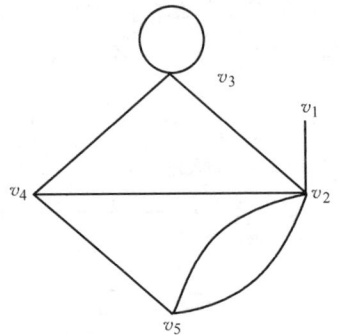

图 9.2　图的例子

两个同构的图，在我们讨论范围内认为是一样的图。例如，图 9.3 中（a）和（b）就是两个同构的图。

一个简单图，若每一对不同的顶点之间都有一条边相连，这样的图称为完全图。一个有 $n(\in \mathbf{N})$ 个顶点的完全图在同构的意义下是唯一的，记为 K_n。图 9.4 给出了 K_1，K_2，K_3，K_4 和 K_5。

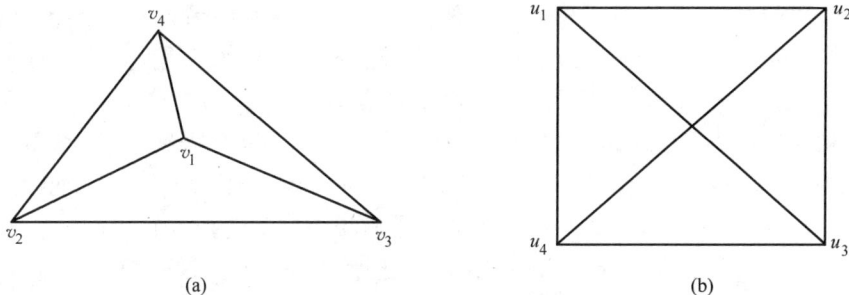

(a)

(b)

图 9.3　两个同构的图

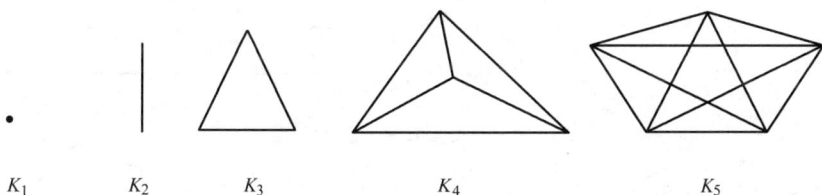

K_1　　K_2　　K_3　　　　K_4　　　　　　　K_5

图 9.4　若干完全图

下面我们定义子图的概念。

定义 4：设 $G = (V, E)$，$H = (V', E')$ 是二个图。若 $V' \subseteq V$ 且 $E' \subseteq E$，则称 H 是 G 的子图。若 $V' \subsetneq V$ 或 $E' \subsetneq E$，说 H 是 G 的真子图。若 H 是 G 的子图且 $V' = V$，说 H 是 G 的生成子图。

子图的概念比较容易理解，下面我们引入一个新概念。设 $G = (V, E)$ 是一个图，它没有自环和多重边。令 $\bar{G} = (V, E')$，其中 $E' = \{\{u, v\} \mid u \neq v, u, v \in V, \{u, v\} \notin E\}$，称 $\bar{G}$ 为 G 的补图。

$G = (V, E)$ 是一个图，对于每一个 $v \in V$，我们称关联顶点 v 的边数为顶点 v 的度数，记为 $d(v)$。我们可以有定理如下：

定理 1：设 $G = (V, E)$ 是一个图，则

$$\sum_{v \in V} d(v) = 2|E|。$$

此定理得结论比较明显，我们作如下说明，任何一个图，在其中增加一条边，则总度数增加 2 度，从没有边开始，由于没有一条边，故总度数为 0，然后把 $|E|$ 条边分别加进图中，总度数增加为 $2|E|$，所以，$\sum_{v \in V} d(v) = 2|E|$。

推论 1：任何一个无向图，度数为奇数的顶点有偶数个。

证明：设 $G = (V, E)$ 是一个无向图。$V_1 = \{v \in V \mid d(v)$ 是奇数$\}$，$V_2 = \{v \in V \mid d(v)$ 是偶数$\}$，显然 $\{V_1, V_2\}$ 是 V 的一个划分。所以

$\sum_{v \in V} d(v) = \sum_{v \in V_1} d(v) + \sum_{v \in V_2} d(v)$，而 $\sum_{v \in V_2} d(v)$ 是一个偶数，所以

$\sum_{v \in V_1} d(v) = \sum_{v \in V} d(v) - \sum_{v \in V_2} d(v)$，其中 $\sum_{v \in V} d(v) = 2|E|$ 也是一个偶数，偶数减去偶数仍然是偶数，故 $\sum_{v \in V_1} d(v)$ 是偶数。若 $|V_1|$ 是奇数，则 $\sum_{v \in V_1} d(v)$ 是奇数个奇数相加，其和也是奇数，产生矛盾，所以 $|V_1|$ 为偶数。

下面我们看两个例子。

例2：有九个人在一起打乒乓球，已知他们每人至少和其中另外三个人各打过一场球，则一定有一个人不止和三个人打过球。用图论语言解释这件事。

解：设 v_1，v_2，$\cdots$，v_9 代表这九个人，建立顶点集 $V = \{v_1, v_2, \cdots, v_9\}$，对于其中的任意二个人 v_i 和 $v_j(i \neq j)$，若 v_i 和 v_j 打过一场球，则 $\{v_i, v_j\} \in E$，得到边集 E，我们有一个无向图 $G = (V, E)$。若每一个人仅和其余三个人各打过一场球，则 $d(v_i) = 3$，而此时图 G 的奇数度的顶点是 9 个，即是奇数个，与推论矛盾。矛盾说明，至少有一个人 v_i，$d(v_i) \geq 4$。

例3：图9.5（a）和（b）是二个无向图，它们是否同构？并说明理由。

图9.5

解：图9.5中（a）和（b）不同构，理由如下：

若（a）和（b）同构，则一定存在一个同构映射。设 f 是同构映射，即 $f: V_1 \rightarrow V_2$ 的双射，其中 $V_1 = \{1, 2, 3, 4, 5, 6, 7\}$，$V_2 = \{a, b, c, d, e, f, g\}$。不难从图的同构定义中知，$f$ 是图的同构映射，一定有 $d(v_i) = d(f(v_i))$。即图9.5（a）中的二个3度顶点必须和图9.5（b）中的二个3度顶点对应，无论你怎样搭配，不失一般性，设 $f(2) = c$，$f(4) = d$，但是不能保证在图（a）的边集中有二个3度顶点为端点的边与 $\{c, d\}$ 边相对应，因为$\{2, 4\} \notin E_1$，$\{c, d\} \in E_2$，即 f 不能保证相应的边集的一一对应。故 f 不是图的同构映射。

本节对无向图中子图，图同构的定义可以比较自然地转移到有向图中。一个有向图去掉边的方向以后所得无向图是完全图，则称为有向完全图。

定义5：$G = (V, E)$ 是一个有向图，$v \in V$，我们称以 v 为始点的边的条数为 v 的出度，记为 $d_{出}(v)$；以 v 为终点的边的条数为 v 的入度，记为 $d_{入}(v)$。

定理2：$G = (V, E)$ 是一个有向图，则 $\sum\limits_{v \in V} d_{出}(v) = \sum\limits_{v \in V} d_{入}(v) = |E|$。

证明：略。

9.2 图中的通路、图的连通性和图的矩阵表示

设 $G = (V, E)$ 是一个无向图，一个图也可以认为每一个顶点对应一个城市，二个城市之间除有边相邻接以外，还有一个通路的问题。我们往往用一个顶点的序列来表示一条通路。一个顶点序列 $(v_{i_1}, v_{i_2}, \cdots, v_{i_s})$ 称为图 $G = (V, E)$ 中的一条通路，其中 $1 \leq j \leq s$，且 $\{v_{i_j}, v_{i_{j+1}}\} \in E$，$1 \leq j \leq s - 1$，一条通路也可以用边的序列来表示。若 $(e_{i_1}, e_{i_2}, \cdots, e_{i_t})$ 是图 G 中的一条通路，则有 $e_{i_j} \in E$，$1 \leq j \leq t$，且适当的规定边 e_{i_t}（$1 \leq j \leq t$）中的二个端点，让其中一个为起点，一个为终点，可以使 e_{i_j} 的终点与 $e_{i_{j+1}}$ 的起点是同一顶点，其中 $1 \leq j \leq t - 1$，我们称一条通路经过的边的多少为这条通路的长度。如果一条通路每一条边都不重复出现，则称它为简单通路；如果它的每一个顶点都不重复出现，则称它为初等通路。

对于任意的 u，$v \in V$，我们定义从 u 到 v 的最短通路的长度为 u 到 v 的距离，记

为$d(u, \nu)$。

设 $(\nu_{i_1}, \nu_{i_2}, \cdots, \nu_{i_s})$ 是 $G = (V, E)$ 中的一条通路，若 $\nu_{i_1} = \nu_{i_s}$，则这条通路为 G 中的一条回路，若一个回路中边不重复出现，则称为简单回路，若顶点不重复出现，则称为初等回路，初等回路又称为圈。一条回路的长度，就是这条回路经过的边的条数。

在图9.6中，$(\nu_1, \nu_2, \nu_5, \nu_6, \nu_4, \nu_2, \nu_5, \nu_8)$ 表示一条从 ν_1 到 ν_8 的通路，若用边序列表示为 $(e_2, e_6, e_9, e_8, e_4, e_6, e_{10})$，这条通路不是初等通路，也不是简单通路。而通路 $(\nu_1, \nu_2, \nu_5, \nu_6, \nu_4, \nu_5, \nu_8)$ 是简单通路，但不是初等通路。通路 $(\nu_1, \nu_2, \nu_5, \nu_8)$ 是一条初等通路，而 $(\nu_2, \nu_4, \nu_5, \nu_6, \nu_4, \nu_3, \nu_2)$ 是一个简单回路，但不是圈。$(\nu_3, \nu_2, \nu_5, \nu_6, \nu_4, \nu_3)$ 是一个圈。

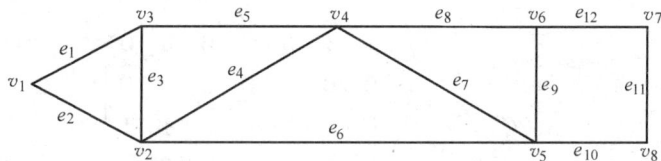

图9.6

定理1：$G = (V, E)$ 是一个无向图。$\nu_1, \nu_2 \in V$，若 G 中存在一条 ν_1 到 ν_2 的通路，则一定存在一条从 ν_1 到 ν_2 的初等通路。

证明：设 $S = \{n \in \mathbf{N} \mid G$ 中存在一条长为 n 的从 ν_1 到 ν_2 的通路$\}$。由题意知 $S \neq \varnothing$，又 $S \subseteq \mathbf{N}$，由自然数集的非空子集有最小数，设 $n_0 \in S$，对于任意 $n \in S$，$n_0 \leqslant n$。设 $(\nu_1, \nu_{i_1}, \cdots, \nu_{i_{n_0-1}}, \nu_2)$ 是 G 中一条从 ν_1 到 ν_2 长度为 n_0 的通路，则这条通路即是初等通路。否则，若 $(\nu_1, \nu_{i_1}, \cdots, \nu_{i_{n_0-1}}, \nu_2)$ 不是初等通路，一定存在 i_j 和 i_k，不失一般性，设 $n_0 - 1 \geqslant k > j \geqslant 1$，$i_j = i_k$；或者 $\nu_1 = \nu_{i_j}$；或者 $\nu_2 = \nu_{i_j}$，$1 \leqslant j \leqslant n_0 - 1$。不失一般性，我们讨论第一种情况。显然 $(\nu_1, \nu_{i_1}, \cdots, \nu_{i_j}, \cdots, \nu_{i_{k+1}}, \nu_{i_{n_0-1}}, \nu_2)$ 也是 G 中一条从 ν_1 到 ν_2 的通路，且长度为 $n_0 - k + j < n_0$，与 n_0 最小矛盾。矛盾说明 $(\nu_1, \nu_{i_1}, \cdots, \nu_{i_{n_0-1}}, \nu_2)$ 是初等通路。

推论：设 $G = (V, E)$ 是一个无向图，$|V| = n$，如果 G 中存在一条从 ν_1 到 ν_2 的路，那么一定存在一条从 ν_1 到 ν_2 长度小于或等于 $n-1$ 的路。

此推论由定理3可以直接得到。因为由定理3知，G 中存在一条从 ν_1 到 ν_2 的初等通路，G 中 $|V| = n$，最多有 n 个顶点，所以 G 中初等通路最长为 $n-1$。

定义：设 $G = (V, E)$ 是一个无向图，若 G 中任意二个不同的顶点之间在 G 中都有通路存在，则称 G 是一个连通图，否则称 G 为不连通图。

以上所述的无向图中的通路与回路概念可以简单地平移到有向图中去，关于连通性，有向图要复杂一些。一个有向图任意二点之间都有单向通路，则称为单侧连通图。如果一个有向图任意二点之间都有双向的通路，则称为强连通的图。例如，图9.7（a）是连通图，但不

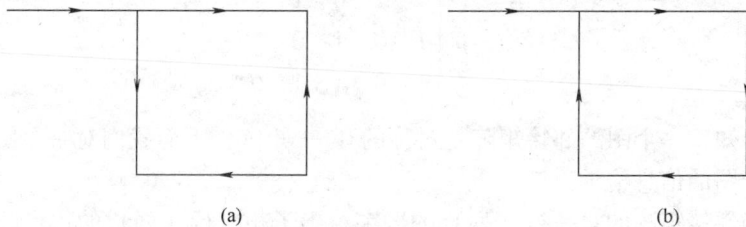

(a)   (b)

图9.7　有向图连通性例图

是单侧连通的，图 9.7（b）是单侧连通的，但不是强连通的。

图形表示是图的一种表示方法，它的优点是想象直观，图也可以用矩阵来表示。

设 $G = (V, E)$ 是一个无向图，$|V| = n$，$|E| = m$，$V = \{\nu_1, \nu_2, \cdots, \nu_n\}$，$E = \{e_1, e_2, \cdots, e_m\}$，则有 $n \times m$ 阶矩阵 $M(G) = (m_{ij})_{n \times m}$，其中

$$m_{ij} = \begin{cases} 1, & \text{如 } \nu_i \text{ 与边 } e_j \text{ 关联,} \\ 0, & \text{如 } \nu_i \text{ 与边 } e_j \text{ 不关联.} \end{cases}$$

我们称 $M(G) = (m_{ij})_{n \times m}$ 为图 G 的关联矩阵。

例：图 9.8 的关联矩阵如下：

$$M(G) = \begin{array}{c} \\ \nu_1 \\ \nu_2 \\ \nu_3 \\ \nu_4 \\ \nu_5 \end{array} \begin{array}{c} \begin{array}{cccccccc} e_1 & e_2 & e_3 & e_4 & e_5 & e_6 & e_7 & e_8 \end{array} \\ \left(\begin{array}{cccccccc} 1 & 1 & 1 & 0 & 1 & 0 & 0 & 0 \\ 1 & 0 & 0 & 1 & 0 & 0 & 0 & 0 \\ 0 & 0 & 1 & 1 & 0 & 0 & 1 & 1 \\ 0 & 0 & 0 & 0 & 1 & 1 & 0 & 1 \\ 0 & 1 & 0 & 0 & 0 & 1 & 1 & 0 \end{array} \right) \end{array}$$

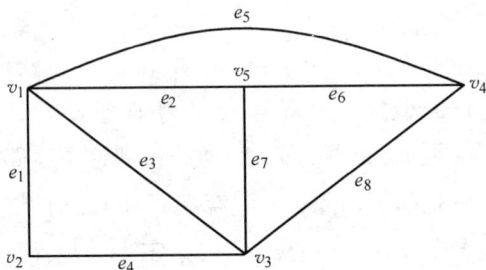

图 9.8

设 $G = (V, E)$ 是一个无向图，$|V| = n$，$V = \{\nu_1, \nu_2, \cdots, \nu_n\}$，则有 n 阶矩阵 $A(G) = (\alpha_{ij})_{n \times n}$，其中

$$\alpha_{ij} = \begin{cases} 1, & \text{当 } \{\nu_i, \nu_j\} \in E, \\ 0, & \text{当 } \{\nu_i, \nu_j\} \notin E. \end{cases}$$

我们称 $A(G) = (\alpha_{ij})_{n \times n}$ 是图 G 的邻接矩阵，简称为 A。

例如，图 9.8 的邻接矩阵是

$$A = \begin{array}{c} \\ \nu_1 \\ \nu_2 \\ \nu_3 \\ \nu_4 \\ \nu_5 \end{array} \begin{array}{c} \begin{array}{ccccc} e_1 & e_2 & e_3 & e_4 & e_5 \end{array} \\ \left(\begin{array}{ccccc} 0 & 1 & 1 & 1 & 1 \\ 1 & 0 & 1 & 0 & 0 \\ 1 & 1 & 0 & 1 & 1 \\ 1 & 0 & 1 & 0 & 1 \\ 1 & 0 & 1 & 1 & 0 \end{array} \right) \end{array}$$

由定义不难知，一个图的邻接矩阵是对称的 0—1 矩阵。下面我们对一个图的邻接矩阵可以给出多少关于图的信息给予讨论。

首先，一个邻接矩阵的每一行（列）的数字给出了相应行（列）的顶点的度数。

下面我们来看一个定理。

定理2：设 $G = (V, E)$ 是一个图，其中 $V = \{\nu_1, \nu_2, \cdots, \nu_n\}$。$A$ 是 G 的邻接矩阵。对于任意的自然数 l，设矩阵 $A^l = (\alpha_{ij}^{(l)})_{n \times n}$，则 $\alpha_{ij}^{(l)}$ 给出了所有的从 ν_i 到 ν_j 的长度为 l 的通路的条数，若 $\alpha_{ij}^{(l)} = 0$，则说明 ν_i 到 ν_j 的没有长度为 l 的通路。

证明：对 l 用归纳法。

当 $l = 1$ 时，由 A 的定义，结论显然成立。

当 $l = k$ 时，结论成立。

当 $l = k + 1$ 时，设 $A^k = (\alpha_{ij}^{(k)})_{n \times n}$，则

$$A^{k+1} = (\alpha_{ij}^{(k+1)})_{n \times n} = A^k \cdot A = (\alpha_{ij}^{(k)})_{n \times n} \cdot (\alpha_{ij})_{n \times n}。$$

由矩阵乘法定义有

$$\alpha_{ij}^{(k+1)} = \sum_{h=1}^{n} \alpha_{ih}^{(k)} \cdot \alpha_{hj}。$$

对于任意的 h（$1 \leq h \leq n$），$\alpha_{hj} = 1$，表示 ν_h 到 ν_j 相邻接，即 $\{\nu_h, \nu_j\} \in E$，而若 $\alpha_{ih}^{(k)} \neq 0$，则表示所有的从 ν_i 到 ν_h 长度为 k 的通路的条数，而其中任何一条从 ν_i 到 ν_h 的长度为 k 的通路，加上边 $\{\nu_h, \nu_j\}$，得到一条 ν_i 到 ν_j 的长为 $k + 1$ 的一条通路。若 $\alpha_{hj} = 0$，或 $\alpha_{ih}^{(k)} = 0$，表示从 ν_i 经 k 步到 ν_h，再走一步到 ν_j 这样的从 ν_i 到 ν_j 的长为 $k + 1$ 的通路不存在。综上所述，$\alpha_{ij}^{(k+1)}$ 给出了所有的从 ν_i 到 ν_j 长度为 $k + 1$ 的通路的总数。

令 $A + A^2 + \cdots + A^{n-1} = \widetilde{A} = (\widetilde{\alpha}_{ij})_{n \times n}$。我们称 $\widetilde{A}$ 为可达矩阵。即对于任意的 ν_i 与 ν_j，$\nu_i \neq \nu_j$，若存在从 ν_i 到 ν_j 的通路，则可知存在一条长度最多为 $n - 1$ 的通路，也即存在 $l \in \mathbf{N}$，$1 \leq l \leq n - 1$，使得 $\alpha_{ij}^{(l)} \geq 1$，则 $\widetilde{\alpha}_{ij} \geq 1$。若一个图是连通的，当且仅当可达矩阵除对角线外均不是 0。

对于图 9.8 给出的图，我们可以求出：

$$A^2 = \begin{bmatrix} 4 & 1 & 3 & 2 & 2 \\ 1 & 2 & 1 & 2 & 2 \\ 3 & 1 & 4 & 2 & 2 \\ 2 & 2 & 2 & 3 & 2 \\ 2 & 2 & 2 & 2 & 3 \end{bmatrix}, \quad A^3 = \begin{bmatrix} 8 & 7 & 9 & 9 & 9 \\ 7 & 2 & 7 & 4 & 4 \\ 9 & 7 & 8 & 9 & 9 \\ 9 & 4 & 9 & 6 & 7 \\ 9 & 4 & 9 & 7 & 6 \end{bmatrix}$$

A^4 与 $\widetilde{A}$ 也可求出，我们省略了其求解过程。

关于有向图的关联矩阵与邻接矩阵及可达矩阵可类似地得到。

9.3 带权图与带权图中的最短通路

我们把一个实际问题转化为一个抽象图时，往往有许多原因需要在图的顶点或边上标注一些附加的信息。例如，一个表示运输的图，其每一条边上可以写上一个数，它表示由这条边连接的二个顶点间的距离，或者表示二个顶点间运输的费用，等等。一个带权图我们规定为一个有序四元组 (V, E, f, g)，或有序三元组 (V, E, f)，或 (V, E, g)，其中 V 是顶点集，E 是边集，f 是定义在 V 上的函数，g 是定义在 E 上的函数，f 和 g 我们可以称为权函数。对于每一个顶点或边 x，$f(x)$ 和 $g(x)$ 可以是一个数字，符号或是某种量。

例如，设 $G = (V, E, W)$ 是一个带权图，其中 W 是边集 E 到 $\mathbf{R}^+ = \{x \in \mathbf{R} \mid x > 0\}$ 的一个函数。我们通常称 $W(e)(e \in E)$ 为边 e 的长度。实际上它也可以有其他的意义。例如，e 是

一段公路，$W(e)$ 可以是公路的维修费，也可以是公路的每小时运输量。

本节的主要问题是，$G = (V, E, W)$ 是一个如上定义的带权图，如何找出 V 中某一顶点到另一顶点的最短路？路的长度即路中所经过的边的长度的和。我们给大家介绍狄克斯瑞（Dijkstra）算法。

首先我们介绍这个算法的指导思想。设 $v_0 \in V$，$z \in V$ 为我们要求从 v_0 到 z 的最短路的通路的长。先把 V 分成二个子集，一个设为 T，$T = \{v \in V \mid v_0$ 到 v 的最短路的长已经求出$\}$，另一个是 $P = V - T$。显然 $T \neq \varnothing$，因为至少 $v_0 \in T$，我们不断地扩大 T，直到 $z \in T$。

给出一个规定，对于任意的 $t \in P$，设 $l(t)$ 表示从 v_0 仅经过 T 中的顶点到 t 的最短路的长。若不存在这样的路，置 $l(t) = \infty$。称 $l(t)$ 为 t 关于 T 的指标。

例如，如图 9.9（a）所示，设 $T = \{a\}$，则 $P = \{b, c, d, e, z\}$，$l(b) = 1$，$l(c) = 4$，$l(d) = \infty$，$l(e) = \infty$，$l(z) = \infty$。

令 $l(t_1) = \min\{l(t) \mid t \in P\}$，则 $l(t_1)$ 是从 v_0 到 t_1 的最短路的长。下面我们证明这个结论。

若存在从 v_0 到 t_1 的通路其长小于 $l(t_1)$，这条路一定包含了 P 中的顶点，设 $t_2 \in P$ 且 t_2 是从 v_0 到 t_1 的其长度小于 $l(t_1)$ 的通路中遇到的第一个 P 中的点，则有一条从 v_0 到 t_2 仅经过 T 中的点的通路，其长度小于 $l(t_1)$，则由 $l(t_2)$ 的定义知 $l(t_2) < l(t_1)$，与假设 $l(t_1) = \min\{l(t) \mid t \in P\}$ 矛盾。

由上，我们可以令 $T' = T \cup \{t_1\}$，$P' = P - \{t_1\}$。重新上面的工作，直到 $z \in T$。

这里有一个问题，如何寻找一个有效的方法来计算 $l(t)$（$t \in P$）。我们这样来考虑，设 T 和 P 已知，而且对于每一个 $t \in P$，$l(t)$ 也已算出，$l(t_1)$ 也找出。令 $T' = T \cup \{t_1\}$，$P' = P - \{t_1\}$，设 $l'(t)$ 表示仅经过 T' 中点从 v_0 到 t 的最短路的长。我们给出 $l(t)$ 来求 $l'(t)$ 的算式：

$l'(t) = \min\{l(t), l(t_1) + W(\{t_1, t\})\}$。若图中 $\{t, t\} \notin E$，则 $W(\{t_1, t\}) = \infty$。

下面我们来证明这个结论。

我们说，从 v_0 到 t 且不含 P' 中顶点的任何一条最短路，只有二种可能的情况：第一种情况是一条既不包含 P' 中的顶点也不包含 t_1 的路；第二种情况是一条由 v_0 到 t_1 不包含 P 中的其他顶点，然后又 t_1 经过 $\{t_1, t\}$ 到 t 的路。也许有人说还有一种，就是一条从 v_0 到 t_1，再回到 T 中某一顶点 t'，由 t' 到 t 中间不经 P 中其余点。实际上，从 v_0 到 t_1 再到 t' 的这条路一定比从 v_0 到 t' 的最短路不短，而由作法可知从 v_0 到 t' 的最短路经过的点全在 T 中，所以即使有可能产生一条最短路，我们也可以用一条从 v_0 到 t' 的仅经过 T 中点的最短路取代，也就是说，这种情况可以归化为第一种情况考虑。由第一种情况得到的结果是 $l(t)$，由第二种情况得到的结果是 $l(t_1) + W(\{t_1, t\})$，所以 $l'(t)$ 应该取二者之小的一种。例如，图 9.9（a）由前面计算 $t_1 = b$。令 $T' = T \cup \{b\} = \{a, b\}$，$P' = \{c, d, e, z\}$，有

$$l'(c) = \min\{4, 1 + 2\}, l'(d) = \min\{\infty, 1 + 7\},$$
$$l'(e) = \min\{\infty, 1 + 5\}, l'(z) = \infty。$$

综上所述，得出了在一个带权图中求 V 中某一个顶点到另一个顶点的最短路的长的算法。设起点是 v_0，终点是 z。

具体程序如下：

（1）开始，设 $T = \{v_0\}$，$P = V - T$，对 P 中的每一个顶点 t。令 $l(t) = W(\{v_0, t\})$。

（2）设 x 是 P 中关于 T 有最小指标的顶点。

（3）若 $x = z$，则终止。否则，设 $T' = T \cup \{x\}$，$P' = P - \{x\}$。对于 P' 中的每一个顶点 t，计算它关于 T' 的指标：$l'(t) = \min\{l(t)，l(x) + W(\{x，t\})\}$。把 T' 代为 T。P' 代为 P，重复步骤2。

在具体地使用这个程序时，我们除希望找出最短路的长，而且同时把这条最短路的路径给找出来。

图9.9（a）~（f）给出了一个计算的全过程的例子。$G = (V，E，W)$ 由图（a）给出。求从 a 到 z 的最短路的长。令 $T = \{a\}$，$P = V - T$，计算 P 中每一点的关于 T 的指标。如图9.9（b）所示，$l(b) = \min\{l(x) \mid x \in P\}$，令 $T' = T \cup \{b\}$，$P' = P - \{b\}$，计算 P' 中每一点关于 T' 的指标。图9.9（c）~（f）给出了从 a 到 z 的最短路的长度为9，最短路的路径为 $(a，b，c，e，d，z)$。

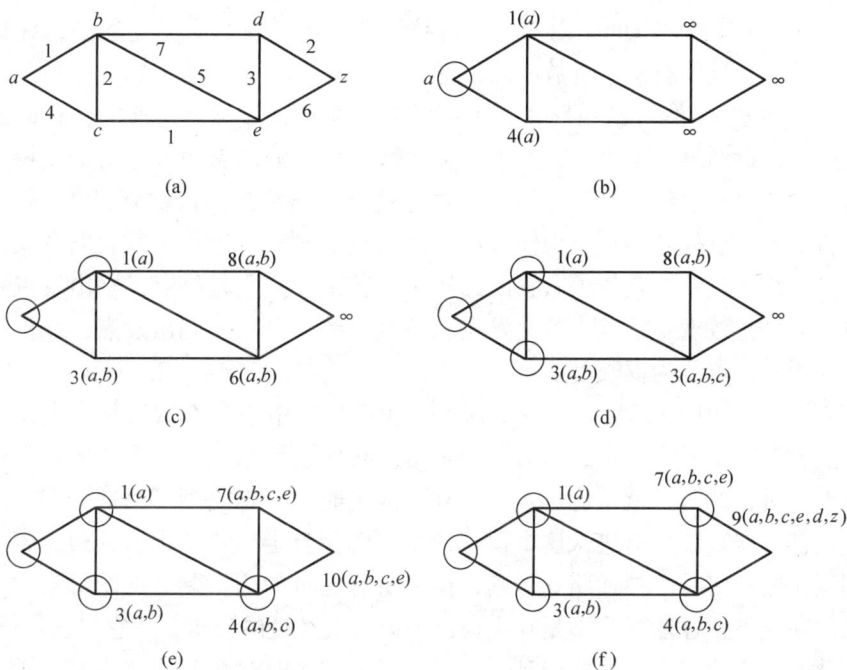

图9.9

9.4 欧拉图

18世纪初，在当时普鲁士哥德尼斯堡城的普雷格尔河上有7座桥，哥德尼斯堡的地图如图9.10（a）所示，它也可以表示为图9.10（b），其中图的边表示桥，而顶点表示岛和河的两岸。当地人经常在桥上散步，有人提出，从岛和河岸的某一处出发是否能找到一条通过每一座桥一次且仅一次的通路。这个问题也相当于在图9.10（b）中找一条通过每条边一次且仅一次的通路，1736年，欧拉解决了这个问题。从此，欧拉成为图论之父。

定义：设 $G = (V，E)$ 是一个图，G 中一条通路称为欧拉通路，若此条通路经过图中每条边一次且仅一次。若一条欧拉通路是一个回路，则称此回路为欧拉回路。一个图若有欧拉回路，则称这个图为欧拉图。

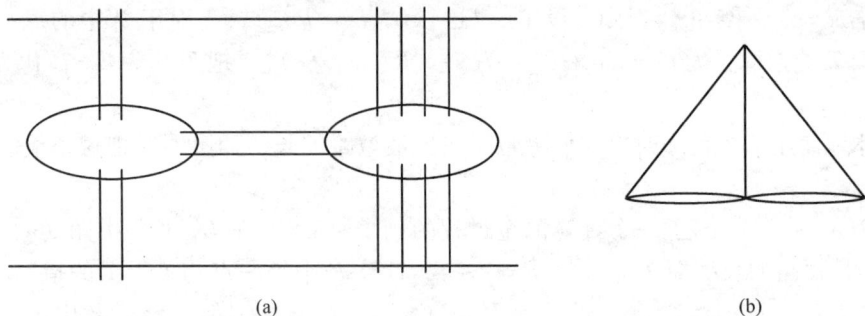

图 9.10　哥德尼斯堡城图

欧拉在 1736 年证明了以下定理：

定理 1：一个没有孤立点的无向图具有欧拉通路，当且仅当它是连通的，并且或者没有奇数度的顶点或者有且仅有两个奇数度的顶点。

证明："⇒"设这个图有欧拉回路，由于没有孤立点，显然是连通的，我们沿着欧拉路走，除出发点外，每经过一个顶点，要走过关联这个顶点的两条边，且由于欧拉路每条边仅能走过一次，除了出发点和终点外，每一个顶点被欧拉路经过的次数乘以 2，即该顶点的度数。因此，除二个端点外其余顶点为偶数度。出发点出发时，走过关联它的一条边，若途中再走过，同样，每经过一次走过关联它的二条边。若出发点不是终点，则出发点是奇数度顶点。同样终点也是奇数度定顶点。若出发点和终点一致，最后回到出发点，又仅走过关联它的一条边，故所有顶点均为偶数度。

"⇐"我们假设图中仅有两个奇数度顶点。我们从其中一个奇数度顶点出发，随意地经过图中的顶点，有一个要求，走过的边不能再走。我们说如果到了一个顶点，与这个顶点关联的边全部被走过，此时，就不能再走了。到不能走时，一定是到了另一个奇数度顶点，因为途中的点，都是偶数度，有进入这个顶点的边，就会有走出这个顶点的边。若所有的边均走完了，则这条路一定是欧拉通路。否则，擦去所有走过的边，剩下的图每条一个顶点全是偶数度。我们在剩下中任取一个不是 0 度但已被第一次经过的顶点，从它出发，仍随意地走，要求同上。此时若不能走了，一定回到了出发点，原因也是途中每个顶点是偶数度，只有出发点，原来虽也是偶数，但出发时，走过一条边后，剩下的是奇数条边了。此时，我们重新把这两条通路变为一条通路，从奇数度顶点出发，沿第一次的路径前进，当走过第二次路径的出发点时，停止走第一次路径的路，而先沿着第二次路径前进，把第二次路径走完，回到了第一次路径中，在沿第一次路径走到其终点。这样的一条通路仍保证了每条边仅走过一次，但确实增加了长度。若走完了所有的边，则此通路即欧拉通路。若还有边没有走完，重复第二条路径的走法，由于原图的连通性，所以若有没有走完的边，一定存在已经被走过的顶点，有没有走完的边，一直进行下去，由于图中边是有限的，若干步之后，一定可以走完所有的边，产生一条欧拉通路。

若原图均为偶数度顶点，我们可以任选一个顶点出发，显然，由上面证明可知，走到不能走为止时，一定回到出发点。其余同上面证明。

推论：一个无向图有欧拉回路当且仅当所有顶点均为偶数度。

一个无向图是否有欧拉路的问题与此图能否一笔画是同一个问题。一个图能够一笔画时，此图要么没有奇数度顶点，要么仅有两个奇数度顶点。对于一个复杂图，能一笔画，但如何一笔画出来，定理1的证明给出了找出这种画法的具体方法。

无向图的欧拉路、欧拉回路、欧拉图的定义可以直接推广到有向图中来，我们也有类似的定理：

定理2：一个有向图有欧拉回路，当且仅当它是连通的，并且每一个顶点的入度与出度相等。一个有向图有欧拉通路，当且仅当它是连通的，并且或者每一顶点的出度等于入度；或者除两个顶点外，其余各顶点出度等于入度，这两个顶点一个入度比出度多1，一个入度比出度少1。

例：在模数转换问题中，一个转鼓的表面分为16个扇形段，如图9.11（a）所示，鼓的位置信息使用二进制信号表示。如图9.11（b）中的 a、b、c、d。转鼓的扇形段使用导体材料（阴影区）和非导体材料（空白区）组成，终端 a、c 和 d 接地，而终端 b 不接地。为了把鼓的16个不同位置，在终端用二进制信号表示出来，这些扇形段必须按照这样一种方式构成，即应使任何四个相连扇形段中，每两个的导电和不导电的型式都不相同。问题是确定导电和不导电扇形段的这种排列是否存在，若存在的话，求出这样一个排列。设二进制数字0表示一个导电扇形段，二进制数字1表示一个不导电扇形段。这个问题可以重述如下：把16个二进制数字排成一个环形，使得四个一次相连的数字所组成的16个序列均不同。

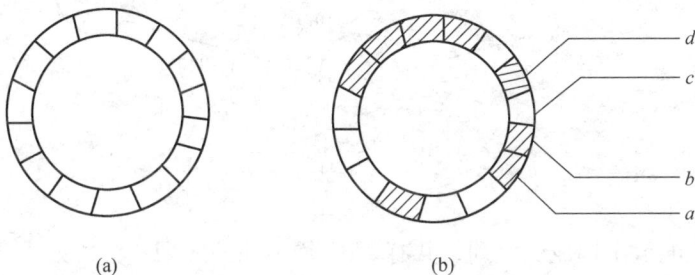

图 9.11　模数转换图

关于这样一种排列的可能性问题。回答是肯定的，一旦有了正确的观点，这个答案实际上是十分明显的，我们来构思一个具有八个顶点的有向图，这些顶点分别标以三位二进制数 $\{000, 001, \cdots, 111\}$，从标有 $a_1a_2a_3$ 的顶点到标有 $a_2a_3 0$ 的顶点到标有 $a_2a_3 1$ 的顶点，各有一条有向边。图9.12就是这样构思出来的。此外，我们将图的每一条边标上一个四位的二进制数，具体地说，就是从顶点 $a_1a_2a_3$ 到顶点 $a_2a_3 0$ 的边标上 $a_1a_2a_3 0$，而从顶点 $a_1a_2a_3$ 到顶点 a_1a_3 到标有 $a_2a_3 1$ 的边标上 $a_1a_2a_3 1$，因为这八个顶点标上八个不同的三位二进制的数，所以这些也将标上十六个不同的四位二进制数。因此，在这个图里的一条路上，任意两条相邻的边的标号，必然为 $a_1a_2a_3a_4$ 和 $a_2a_3a_4a_5$ 的形式，就是第一条边标号的末三位数与第二条边标号的头三位数相同，因为这个图中十六条边都是用不同的二进制的数来标识的，由此得出，对应于这个图的一个欧拉圈，就存在十六个二进制数字的一个环形排列，在这个排列里，所有四个依次相连的数字组成的序列均不相同。例如，对应于欧拉圈（e_0, e_1, e_2, e_5, e_{10}, e_4, e_9, e_3, e_6, e_{13}, e_{11}, e_7, e_{15}, e_{14}, e_{12}, e_8），十六个二进制数字的序列为0000101001101111（把序列的两端连起来，就得到了一个环形排列）。因为这个图的每一个顶点的入次和出次都等于2，根据前述结果，这个图显然存在欧拉圈。此外，按定理2的证明中所提出的构造步骤，我们就能找出该图的一条欧拉圈。

类似地，我们可以证明，能把 2^n 个二进制数字排列成一个环形阵列，使得这个排列里，

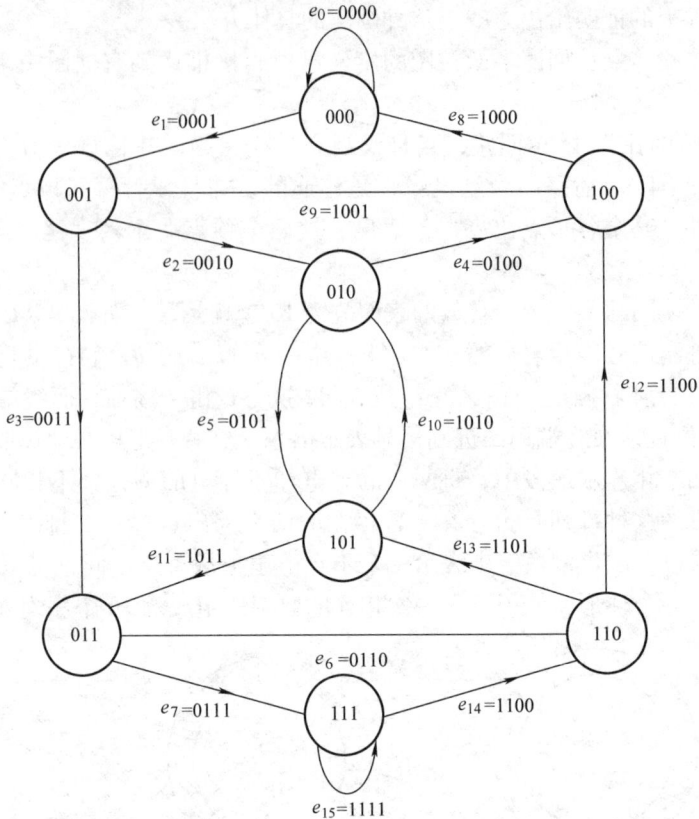

图 9.12

任何几个一次相连的数字构成的序列，共有 2^n 个均不同的序列。为了证明这一个点，我们构思一个具有 2^{n-1} 个顶点的有向图，这些顶点以 2^{n-1} 个 $n-1$ 位的二进制数，并且以标有 $a_1 a_2 a_3 \cdots a_{n-1}$ 的顶点到标有 $a_2 a_3 \cdots a_{n-1} 0$ 的顶点和标有 $a_2 a_3 \cdots 1$ 的顶点各有一条边，这两条边分别标上 $a_1 a_2 a_3 \cdots a_{n-1} 0$ 和 $a_1 a_2 a_3 \cdots a_{n-1} 1$。显然这样一个图存在欧拉圈，而这个圈就对应于 2^n 个二进制数字所组成的一个环形排列。

9.5　哈密尔顿图

19 世纪中期威廉·哈密尔顿爵士在给他的朋友克诺夫的一封信中描述了一个数学游戏：一个人在正十二面体的任意五个相邻顶点上插上五根大头针，形成一个圈，问能否把这个圈扩大，包含十二面体的每一个顶点一次且仅一次，如图 9.13 所示。人们以后就把这样的圈命名为哈密尔顿圈。实际上这个问题并不复杂，图 9.13 中的黑粗线就给出了这个问题的答案。

定义：设 $G=(V, E)$ 是一个图，G 中一条通路若通过每一个顶点一次且仅一次，称这条通路为哈密尔顿通路。G 中一个圈若通过每一个顶点一次且仅一次，称这个圈为哈密尔顿圈。一个图若存在哈密尔顿圈，就称为哈密尔顿图。

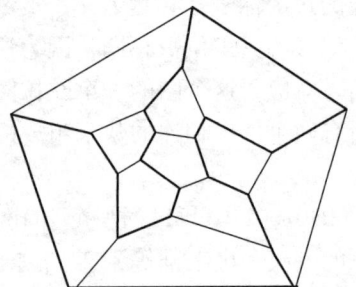

图 9.13　哈密尔顿圈

与欧拉图情况相反，到目前为止判定一个图是否是哈密尔顿图的充要条件尚不知道，而且这个问题是图论中主要的未解决问题之一。

我们先给出一个必要条件：

定理 1：若 $G = (V, E)$ 是一个哈密尔顿图，则对于 V 的每一个非空子集 S，均有

$$W(G-S) \leq |S|, \qquad\qquad (9.1)$$

其中 $W(G-S)$ 表示图 G 擦去属于 S 中的顶点后，剩下子图的连通分枝的个数。

证明：设 C 是图 G 中的哈密尔顿圈，对于 V 任意的一个非空子集 S。显然有

$$W(C-S) \leq |S|,$$

其中 $C-S$ 表示图 G 仅由哈密尔顿圈 C 中的边组成的子图擦去 S 中的顶点后所得子图。$W(C-S)$ 表示这样的子图的连通分枝的个数。

显然，$W(G-S) \leq W(C-S) \leq |S|$。

定理得证。

作为上述定理的一个说明，看图 9.14（a），这个图有九个顶点；删去黑点所示的三个顶点，剩下四个连通分枝，所以不满足式（9.1）。从定理 1 知，这个图为非哈密尔顿图。但是，皮德森（Petersen）图（见图 9.14（b））是非哈密尔顿图，却不能由定理 1 推出。

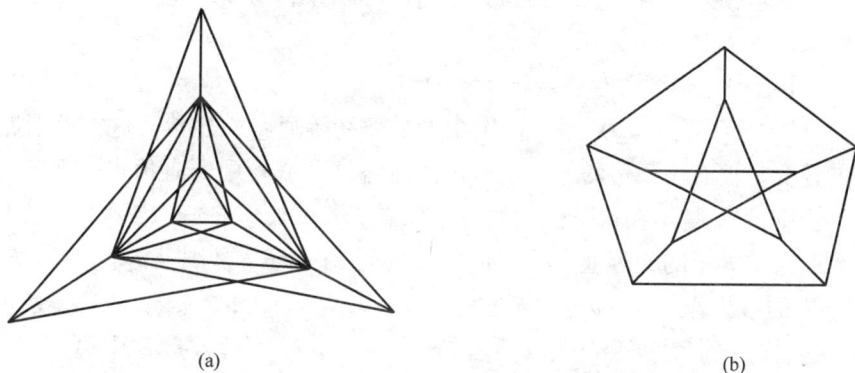

(a)   (b)

图 9.14 两个非哈密尔顿图例

下面给出图 G 是哈密尔顿图的充分条件。

定理 2：设 $G = (V, E)$ 是一个简单图，$|V| = n \geq 3$，若对于任意两个不相邻的顶点 u，$\nu \in V$，$d(u) + d(\nu) \geq n$，那么 G 是哈密尔顿图。

证明：首先证明 G 是连通图。用反证法，若 G 不连通，则 G 至少分成两个不连通的部分，其中一部分的顶点集为 V_1，另一部分为 V_2，令 $|V_1| = n_1$，$|V_2| = n_2$，则 $n_1 + n_2 = n$。在 V_1 中取一个顶点 $\nu_1 (\in V_1)$，$d(\nu_1) \leq n_1 - 1$，在 V_2 中取一个顶点 $\nu_2 (\in V_2)$，$d(\nu_2) \leq n_2 - 1$，所以 $d(\nu_1) + d(\nu_2) \leq n_1 + n_2 - 2 < n - 1$，与已知矛盾，所以 G 是连通图。

下面来证明 G 中有哈密尔顿圈。设 $(\nu_1, \nu_2, \cdots, \nu_p)$ 是 G 中的一条初等通路，且 ν_1 与 ν_p 仅与通路中的顶点相邻，这样的通路肯定是存在的。因为我们可以从任意一条边发展成这样的路。下面我们来证明这条初等通路可以变成一个圈。若 ν_1 与 ν_p 相邻接，则问题解决了。否则设 ν_1 仅与 $\nu_{i_1}, \nu_{i_2}, \cdots, \nu_{i_k}$ 相邻，其中 $2 \leq i_j \leq p-1$。若 ν_p 和 $\nu_{i_1-1}, \nu_{i_2-1}, \cdots, \nu_{i_k-1}$ 中任意一个顶点相邻，不是一般性。设与 ν_{i_j-1} 相邻，则 $(\nu_1, \nu_2, \cdots, \nu_{i_j-1}, \nu_p, \nu_{p-1}, \cdots, \nu_{i_j}, \nu_1)$ 是一个仅包含 $\nu_1, \nu_2, \cdots, \nu_p$ 的圈。如图 9.15 所示。而这样的 ν_{i_j-1} 顶点一定存在；否则 $d(\nu_1) = k$，而 $d(\nu_p) \leq p-k-1$。即 $d(\nu_1) + d(\nu_p) \leq p-1$ 与已知矛盾。

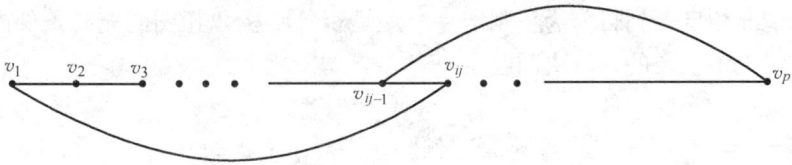

图 9.15

若 $p = n$，则定理得证。若 $p < n$，我们取一个与圈中某一顶点相邻不在圈中的点 ν_x，由于图 G 是连通的，这样的顶点一定存在。设 ν_x 邻接 ν_i，则 $(\nu_x, \nu_i, \nu_{i+1}, \cdots, \nu_{i-1})$ 是 G 中的一条初等通路，即加上边 $\{\nu_x, \nu_i\}$，去掉圈中边 $\{\nu_i, \nu_{i-1}\}$。我们可以把这条初等通路扩展成类似于 $(\nu_1, \nu_2, \cdots, \nu_p)$ 通路所具有的性质，但此时通路的长增加了，同上法可把这条通路变成一个圈，继续下去直到得到一个包含所有顶点的圈为止。

类似这个定理证明我们还可以得到定理：

定理 3：设 $G = (V, E)$ 是一个简单图，若对于 V 中任意两个不相邻的顶点 $\nu_1, \nu_2 \in V$，$d(\nu_1) + d(\nu_2) \geqslant n-1$，其中 $|V| = n$，则 G 中有哈密尔顿通路。

类似地，哈密尔顿路与哈密尔顿圈的概念同样可以在有向图中定义，下面我们给出有向图中的一个结果。

定理 4：一个有向完全图总存在哈密尔顿通路。

证明：设 $(\nu_1, \nu_2, \cdots, \nu_p)$ 是有向图中的一条初等通路，显然，这样的通路肯定是存在的，最差的情况是仅有一条边的通路。若这条通路包含了 G 中所有顶点，则即为所求的哈密尔顿通路。否则设 ν_x 是不在这条路上的一个顶点。若 $(\nu_x, \nu_1) \in E$，则我们把 ν_x 扩进原来的路，得到一条扩大了的初等通路。相反，若 $(\nu_x, \nu_1) \notin E$，则 $(\nu_1, \nu_x) \in E$，看 (ν_x, ν_2) 是否是 E 中的边；若 $(\nu_x, \nu_2) \in E$，则 $(\nu_1, \nu_x, \nu_2, \nu_3, \cdots, \nu_p)$ 是一条扩大了的初等通路。若 $(\nu_x, \nu_2) \notin E$，则 $(\nu_2, \nu_x) \in E$，看 (ν_x, ν_3) 是否是 E 中边，……。发展下去结果有两个，其一，存在一个 ν_i，$(1 \leqslant i \leqslant p-1)$，$(\nu_{i-1}, \nu_x) \in E$，$(\nu_x, \nu_i) \in E$，则 $(\nu_1, \nu_2, \cdots, \nu_{i-1}, \nu_x, \nu_i, \cdots, \nu_p)$ 是一条扩大了的初等通路；其二，对于所有的 i，$1 \leqslant i \leqslant p$，$(\nu_i, \nu_x) \in E$，则 $(\nu_1, \nu_2, \cdots, \nu_p, \nu_x)$ 是一条扩大了的初等通路。

同法，我们可以把不在初等通路上的顶点全部扩展进去得一条哈密尔顿通路。

下面我们介绍一个称为最邻近算法的方法。

（1）任选一个顶点作为始点，在与这点相关联的边中，选权值最小的一条边，把这条边作为所求的哈密尔顿圈中的一条路，这条边的二个端点称为被访问过的顶点。

（2）设 x 是表示刚加入路中的一条边上的新访问过的顶点，若存在未被访问过的顶点，在 x 和未被访问过的顶点之间的边中找权值最小的一条边，把这条边加入路中，这条边的另一个顶点是新访问过的顶点。

（3）若不存在未被访问过的顶点，就新访问过的顶点与始点之间的边加入这条路得一个圈，是一条哈密尔顿圈，否则执行 2。

图 9.16（a）给出了一个带权的完全图。而图 9.16(b)~(e) 给出了以 a 为始点，用最邻近法构造哈密尔顿圈的一个全过程。注意，这个所求出的哈密尔顿圈总长为 40，而最短哈密尔顿圈的总长为 37，见图 9.16（f）。

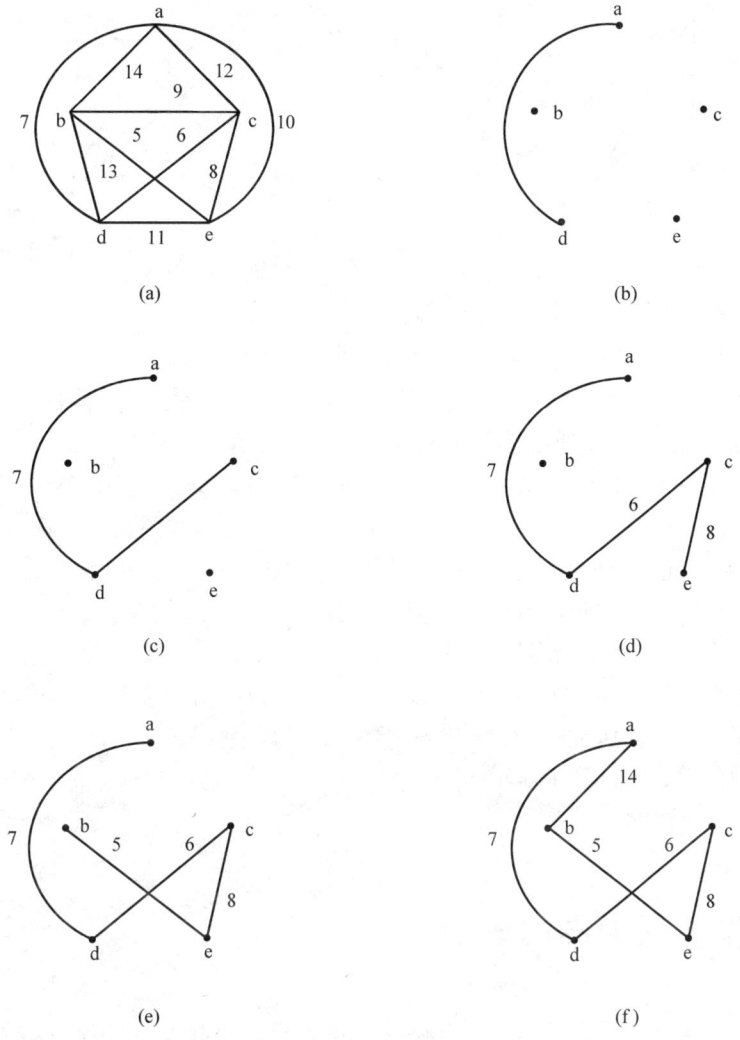

图 9.16

9.6 二部图

某公司准备分派 n 个工人 $x_1, x_2, \cdots, x_n$ 去做 n 件工作 $y_1, y_2, \cdots, y_n$。已知这些工人每个人都能胜任一件或几件工作，如何找到一种安排使每个工人都分配做一件他所胜任的工作是本节主要讨论的问题。

定义：设 $G = (V, E)$ 是一个图，若存在顶点集 V 的一个划分 $\{V_1, V_2\}$，使得对于任意的 $e \in E$，存在 $\nu_1 \in V_1$，$\nu_2 \in V_2$，$\{\nu_1, \nu_2\} = e$。我们说 (V_1, V_2) 是图 G 的顶点的二分类。称图 G 为二部图，或称二分图，也称偶图，又称 G 为具有二分类 (V_1, V_2) 的偶图。

设 $G = (V, E)$ 是一个二部图，(V_1, V_2) 是 G 的二分类，若对于任意的 $\nu_1 \in V_1$，$\nu_2 \in V_2$，有 $\{\nu_1, \nu_2\} \in E$，说 G 是一个完全二部图，一个完全二部图 G，(V_1, V_2) 是它的二分类，$|V_1| = n$，$|V_2| = m$，记 G 为 $k_{n,m}$，图 9.17 给出了 $K_{2,3}$，$K_{3,3}$。

定理：一个图 G 是二部图当且仅当它的所有回路的长度均是偶数。

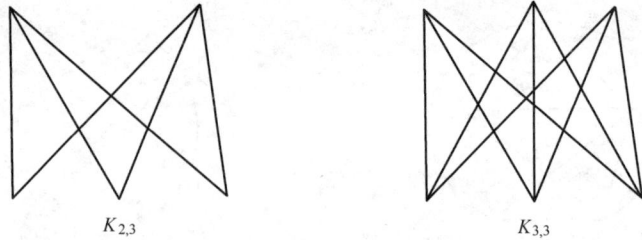

$K_{2,3}$ $K_{3,3}$

图 9.17　两个完全二部图

证明 "⇒" 如果 G 是二部图，(V_1, V_2) 是它的二分类。令 $(\nu_{i_0}, \nu_{i_1}, \cdots, \nu_{i_{l-1}}, \nu_{i_0})$ 是 G 中的一条长度为 l 的回路，不失一般性，设 $\nu_{i_0} \in V_1$，因此，有二部图的定义知 ν_{i_2}，ν_{i_4}，$\cdots$，$\nu_{i_{l-2}} \in V_1$，而 ν_{i_1}，ν_{i_3}，$\cdots$，$\nu_{i_{l-1}} \in V_2$，所以 $l-1$ 是奇数，l 是偶数。

"⇐" 我们先假设 G 是连通的，取定 $\nu_0 \in V$，定义 V 的二个子集如下：$V_1 = \{\nu_i | \nu_i$ 到 ν_0 的距离是偶数$\}$。$V_2 = V - V_1$，任取 $e = \{\nu_i, \nu_j\} \in E$。若 ν_i，$\nu_j \in V_1$ 由 V_1 的定义知，从 ν_i 到 ν_0 有一条初等通路，其长为偶数，而 ν_0 到 ν_j 也有一条长为偶数的初等通路，再加上边 $\{\nu_i, \nu_j\}$ 得到一条回路，此回路的长度是偶数 + 偶数 + 1，即为奇数，与题设矛盾。矛盾说明 ν_i 与 ν_j 不可能同时属于 V_1，同样我们可以证明 ν_i 与 ν_j 不可能同时属于 V_2，即 (V_1, V_2) 是 G 的一个二分类，也即 G 是一个二部图。

如果 G 不连通，设 G 为 k 个独立的连通分枝（子图），对于 G 的每一个连通分枝由上面的证明可以得到每一个独立子图的二分类，分别设为 $(V_1^{(1)}, V_2^{(1)})$，$(V_1^{(2)}, V_2^{(2)})$，$\cdots$ $(V_1^{(k)}, V_2^{(k)})$。则令 $V_1^{(1)} \cup V_1^{(2)} \cup \cdots \cup V_1^{(k)} = V_1$，$V_2^{(1)} \cup V_2^{(2)} \cup \cdots \cup V_2^{(k)} = V_2$，$G$ 是一个具有二分类 (V_1, V_2) 的二部图。

9.7　平面图与平面图的着色

大家都知道，制印刷电路板必须把电路除节点外导线不相交的印制在线路板上，这就提出了一个怎样的图可以边不相交地画在一块平面上的问题。这就是平面图的问题。

定义：一个图 $G = (V, E)$，如果能够画在一个平面上，除顶点外，它的边彼此不相交，这种图称为平面图，反之称为非平面图。

把一个平面图 G 画在一个平面上，使得它的边仅在顶点相交这样的一种画法称为 G 的一个平面嵌入。图 9.18（b）表示图 9.18（a）中的平面图的一个平面嵌入。

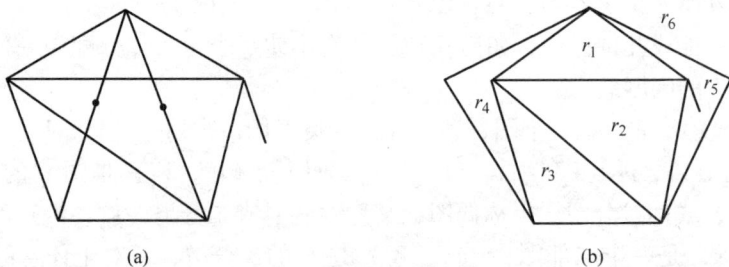

(a)   (b)

图 9.18　一个平面图例

把一个平面图画在一个平面上，使它的边仅在顶点相交，然后，用剪刀沿各边剪下，每一条边都被剪开，于是一个平面分成了若干个小片，每个小片叫平面的一个区域，也就是一个平面图的区域是由图中的边围成的，且不能再分成更小的区域。如果区域的面积是有限的，则称它为有限区域，若区域的面积是无限的，则称它为无限区域。如图 9.18（b），整个平面分成了 6 个区域，r_1，r_2，r_3 分别由三条边围成，r_4 由四条边围成，r_5 和 r_6 各用五条边围成，r_6 是无限区域，其余是有限区域。

显然，一个简单图的任何一个区域至少要由三条边围成，任何一个平面图有且仅有一个无限区域。

在连通的平面图中有一个关于顶点、边和面的数目的简单公式，称为欧拉（Enler）公式，因为欧拉首先对多面体的顶点和边所确定的平面图建立了这个公式。

定理 1：对于任何一个连通的平面图 $G = (V, E)$，$|V| = n$，$|E| = m$，则有 $n - m + r = 2$。其中 r 代表 G 的区域数。

证明：我们对边数 m 用归纳法。

当 $m = 1$，即 G 仅有一条边时，由于 G 是连通图，故图 G 或 $n = 1$，仅有一条自环，此时 $n = 1$，$m = 1$，$r = 2$，满足 $n - m + r = 2$，命题成立。或 $n = 2$，此时 G 有两个顶点及这两个顶点之间有一条边，则 $r = 1$，满足 $n - m + r = 2$。命题也成立。

所以，当 $m = 1$ 时命题成立。

若 $m = k$ 时命题成立。

当 $m = k + 1$ 时，若 G 中有一度顶点，设为 ν_0，在 G 中擦去顶点 ν_0，得一个新图 G'，此时新图 G' 比 G 少了一条关联 ν_0 的边。即 G' 有 k 条边，由归纳假定 $n' - m' + r' = 2$，其中 n' 为 G' 中顶点数，m' 为 G' 中边数，r' 为 G' 含有的区域数。但 $n = n' + 1$，$m = m' + 1$，而 $r = r'$。所以有 $n - m + r = 2$。若 G 中没有一度顶点，则 G 中一定有圈。我们擦去圈中一条边，得一新图 G'，则有 $n = n'$，$m = m' + 1$，$r = r' + 1$，其中 n'，m'，r' 分别为 G' 的顶点数，边数与区域数。由归纳假定在 G' 中有 $n' - m' + r' = 2$，所以也有：$n - m + r = 2$。命题得证。

必须强调指出，欧拉公式仅适用于连通的平面图。但是，用欧拉公式直接判定一个连通图是否是平面图是很难的，因为在没有把这个图边不相交地画在一个平面上时，无法确定区域数 r 是多少。下面我们应用欧拉公式证明二个有用的定理。

定理 2：任何一个简单的连通平面图 $G = (V, E)$，$|V| = n$，$|E| = m$，则有 $m \leq 3n - 6$。

证明：由于 G 是简单图，则任何一个区域至少由三条边围成，所以 $2m \geq 3r$，其中 r 是区域数，即 $r \leq \dfrac{2}{3} m$。

由连通平面图的欧拉公式：$n - m + r = 2$。

所以有 $2 \leq n - m + \dfrac{2}{3} m$，即 $3n - 6 \geq m$。

下面我们应用定理 2 来判定 K_5 不是平面图。K_5（如图 9.19 所示）中有 $n = 5$，$m = 10$，$3n - 6 = 3 \times 5 - 6 = 9 < m$，所以 K_5 不是平面图。$K_{3,3}$ 中有 $n = 6$，$m = 9$，$3n - 6 = 3 \times 6 - 9 = 12 > m$。但是否肯定 $K_{3,3}$ 是平面图呢？此定理仅是必要条件，不充分。由图 9.19 可知 $K_{3,3}$ 也是非平面图。仔细分析，不难看出，在 $K_{3,3}$ 中每一个区域都是被 4 条边围成。为此，我们有下一个新定理：

定理 3：任何一个圈至少由 4 条边组成的简单的连通平面图 $G = (V, E)$，$|V| = n$，$|E| = m$，则有 $m \leq 2n - 4$。

证明：由题知 $2m \geq 4r$，其中 r 是区域数。$r \leq \dfrac{m}{2}$，由欧拉公式：$n - m + r = 2$。所以 $2 \leq n - m + \dfrac{m}{2}$，即 $2n - 4 \geq m$。

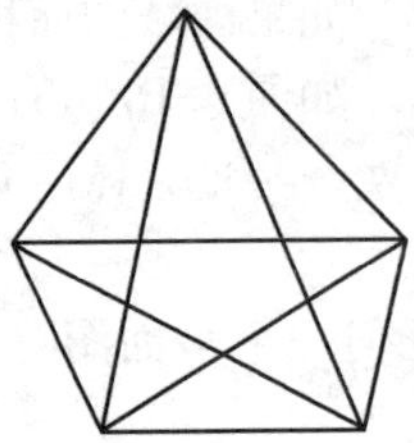

图 9.19　K_5 和 $K_{3,3}$

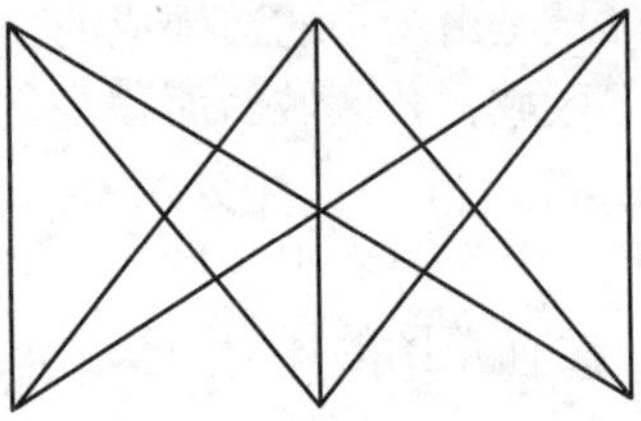

由定理 3 来判定 $K_{3,3}$ 不是平面图。因为在 $K_{3,3}$ 中 $n = 6$，$m = 9$，$2 \times n - 4 = 2 \times 6 - 4 = 8 < m$，故 $K_{3,3}$ 不是平面图。

定理 2 和定理 3 都是必要条件，俄罗斯数学家库拉道夫斯基在 1930 年给出了判定一个图是平面图的充要条件。这个定理证明太复杂，我们仅介绍不证明。

为此我们先介绍一个概念，两个图 G_1 与 G_2 称为在 2 度顶点内同构，若在这两个图中加上或去掉一些 2 度顶点后，G_1 与 G_2 是同构的两个图。例如，图 9.20（a）和（b）就是两个 2 度顶点内同构的图。

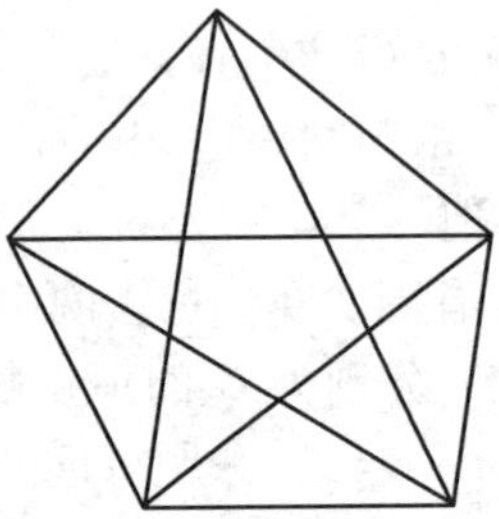

图 9.20　两个 2 度顶点内同构的图

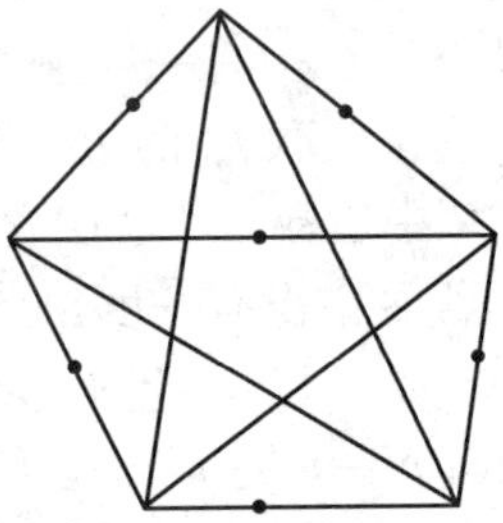

定理 4：一个图若不包含与 K_5 或 $K_{3,3}$ 在 2 度顶点内同构的子图当且仅当它是平面图。

K_5 或 $K_{3,3}$ 也称库拉道夫斯基图。

一个平面图的任意二个区域若有一条公共边，则称这二个区域是相邻的。一个平面图的着色问题是对平面图的区域着上颜色，至少要用几种不同颜色才能使得任何相邻两个区域有不同的颜色。在一百多年前，一个英国青年名叫盖思思（Guthrie）提出：任何连通的平面图，可以用不多于四种颜色对每一个区域着色，使相邻区域着不同颜色。到目前为止，没有找到一种平面图一定要用五种颜色着色的，但是，谁也无法用数学方法证明这个猜测的正确性。1976 年美国伊利诺大学的两位教授——阿佩尔（Appel）和海肯（Haken）——宣布，用计算机证明了这个问题，对数学家来说总还是希望能找到数学方法的证明。

一个图对其每一个顶点着上一种颜色，使得相邻接的两个顶点着不同颜色。如果它至少需 n 种颜色才能完成上面的着色，就称这个图为 n 色图。记 $\lambda(G) = n$。读者自然会提出一个问题，是否可以把平面图的区域着色问题转化为平面图的顶点着色问题？答案是肯定的。为了解决这个问题，我们先介绍一个平面图 G 的对偶图的概念。

设 G 是一个连通平面图。G 已经被嵌入某一平面内，把平面分为 n 个区域 f_1，f_2，…，f_n，在每一个区域 f_i 内取定一点 r_i 代表这个区域，若 r_i 和 r_j 是两个区域，它们之间有若干条公共边，对每一条公共边我们连接 r_i 和 r_j 并与这条公共边相交叉一条线（直线或曲线），有多少条公共边画多少条，这样我们得到一个新图记为 G^*，称为图 G 的对偶图。从画法知，G 和 G^* 有相同的边数。

例：图 9.21 上的实线为图 G，它的对偶图 G^* 用虚线表示。注意图 G 中的自环是怎样处理的。

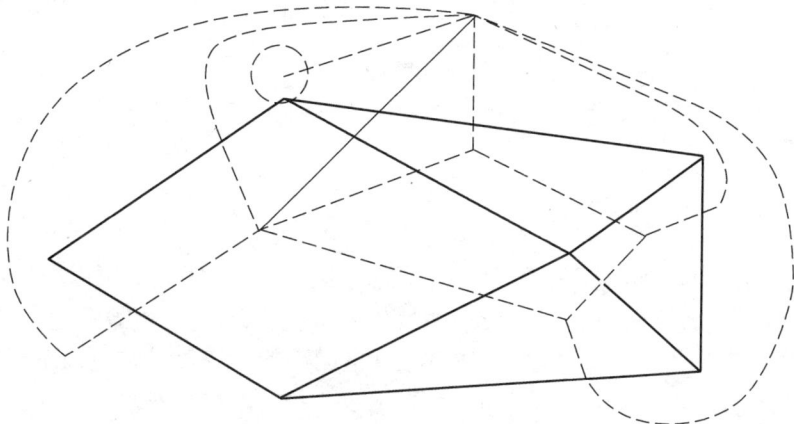

图 9.21　对偶图的构造

显然，对于 G 的每个区域着色对应于 G^* 中每一个顶点着色，反之亦然。而且 G^* 与 G 同是连通的平面图。

定理 5：任何一个简单的连通平面图是顶点 5 着色的。

首先，我们证明 G 中一定存在一个顶点，其度数小于或等于 5。用反证法，若每一个顶点度数均大于 5，则有 $\sum\limits_{v \in V} d(v) \geq 6|V|$，即 $2|E| \geq 6|V|$，即 $|E| \geq 3|V|$，但 G 是简单的连通平面图，由定理 5 有 $3|V| - 6 \geq |E|$，显然与 $|E| \geq 3|V|$ 矛盾。矛盾说明，原图至少有一个顶点度数小于或等于 5。

下面对图的顶点用归纳法来证明定理。

当 $n = |V| \leq 5$ 时，结论显然成立。

若小于或等于 $n-1$ 的顶点的图，定理成立。

下面看有 n 个顶点的图。

由前面知，此图一定有一个顶点记为 v_0，$d(v_0) \leq 5$。从图 G 中擦去 v_0 得一个 G 的子图，有 $n-1$ 个顶点，且是连通的平面图，可以 5 着色。我们对它施行一种着色，使得它用红、白、黄、蓝、黑五种颜色刚好对这个子图的每一个顶点着上一种颜色，且相邻接顶点着不同颜色。

若 $d(v_0) < 5$，或 $d(v_0) = 5$，但与 v_0 邻接的这些点仅着了四种颜色，则 v_0 可着第 5 种颜色，定理成立。如图 9.22（a）和（b）所示。

若 $d(v_0) = 5$，且和 v_0 邻接的 5 个顶点着的是 5 种不同颜色，如图 9.22（c）所示。

如图 9.22（c）所示，v_1 着黄色，与 v_1 相邻的其余顶点中，一定有一个着白色的，否则 v_1 可以改着白色，而 v_0 着黄色，定理得证。设 v_{i_1} 和 v_1 相邻，且 v_{i_1} 着白色，与 v_{i_1} 相邻接的顶点中，一定有着黄色的，否则 v_{i_1} 着黄色，v_1 着白色，v_0 着黄色……。由上，我们可以得到图中一条黄白两色顶点交错的线，这条线若最后可以通到 v_3，则得到一条从 v_1 到 v_3 的封闭的黄

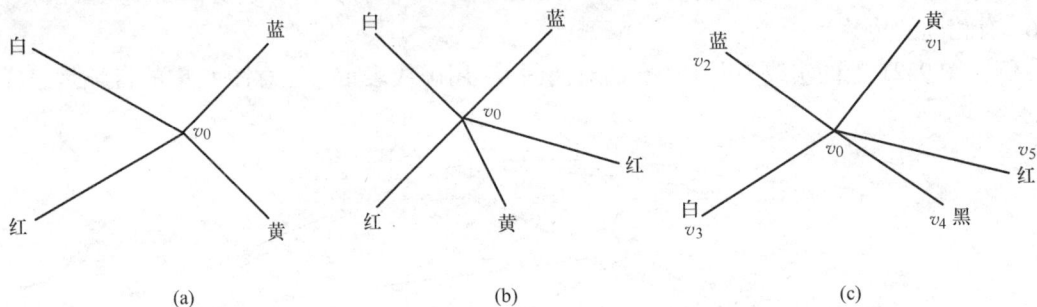

图 9.22

白交错的圈所括 v_0。也有可能这条线无论怎样都走不到 v_3，此时我们可以把这条线的顶点着色改一下，着黄色的改为着白色，着白色的改为着黄色，此时 v_0 可着黄色。若是如图 9.22 (b) 所示情况，看 v_2 与 v_5，分别同上产生蓝、红的线，这两条线若彼此连不到一起，即类似黄白线，则可改动 v_2 这一条线上点着色，v_2 改着红，把着红改为着蓝，着蓝的改为着红，此时，v_0 可着蓝色。若两条线可以相接成类似黄白线。那么黄白线与红蓝线一定相交，因为是平面图，故有交点也是顶点，则交点着色产生矛盾，即交点在黄白线上是着白色或黄色，又交点在红蓝线上应着红色或蓝色。矛盾说明此情况不可能发生。定理得证。

9.8 典型例题及解答

例 1：若无向图 G 中恰有二个奇数度顶点，证明这二个奇数度顶点必连通。

证明：假设 G 中二个奇数度顶点 u 和 v 不连通，则 u 和 v 分别处在 G 的二个不连通的分枝 G_1 和 G_2 中，因而 G_1 和 G_2 作为独立的图时，均只有一个奇数度顶点，从而知 G_1 和 G_2 中顶点的度数之和均为奇数，与握手定理矛盾。故二个奇数度顶点必连通。

例 2：设图 $G = (V, E)$ 有 n 个顶点，$2n$ 条边，且存在一个度数为 3 的结点，证明：G 中至少有一个节点的度数 $\geqslant 5$。

证明：设 G 中所有一个顶点的度数 $\leqslant 4$，则根据握手定理知

$$4n = 2|E| = \sum d(v) \leqslant 3 + 4(|V| - 1) = 3 + 4n - 4 = 4n - 1 < 4n,$$

矛盾，故 G 中至少有一个顶点的度数 $\geqslant 5$。

例 3：某工厂生产由 8 种不同的颜色的纱织成的双色布，已知在一批双色布中，每种颜色至少与其他 4 种颜色相搭配，证明可以从这批双色布中找出 4 种，它们由 8 种不同的颜色的纱织成。试用图论的语言证明之。

证明：以 8 种不同的颜色的纱为 8 个顶点，构成顶点集 $V = \{v_1, v_2, \cdots, v_8\}$，若两种颜色 v_i，$v_j (v_i \neq v_j)$ 相搭配，则在两点间画一条边，构成边集 E，从而构成图 $G = (V, E)$。因为每种颜色至少与其他 4 种颜色相搭配，则每个顶点的度数 $\geqslant 4$，对于任意两个顶点 u，v，$d(u) + d(v) \geqslant 8$，则 G 为哈密尔顿图，存在哈密尔顿圈 v_{i_1}，v_{i_2}，$\cdots$，v_{i_7}，v_{i_8}，v_{i_1}，则从这批双色布中找出 4 种双色布 (v_{i_1}, v_{i_2})，(v_{i_3}, v_{i_4})，(v_{i_5}, v_{i_6})，(v_{i_7}, v_{i_8})。因此得证它们由 8 种不同的颜色的纱织成。

例4：设 $G = (V, E)$ 是无向连通图，证明：若 G 中有桥或割点，则 G 不是哈密尔顿图。

证明：(1) 设 v 是连通图 G 中的割点，则 $S = \{v\}$ 为 G 中的点的割集，于是 $W(G-S) \geqslant 2 > 1 = |S|$，与哈密尔顿图的必要条件矛盾，故 G 不是哈密尔顿图。

(2) 设 $e = (u, v)$ 为 G 中的一个桥，若 u, v 的度数均为1，则 G 为两个顶点的完全图 K_2，K_2 不是哈密尔顿图。若 u, v 中至少有一个顶点其度数大于或等于2，不妨设 $d(u) \geqslant 2$。由于 e 与 u 关联，且 e 为桥，所以删除 u 后，G 至少产生两个连通分支，故 u 为割点。由（1）可知 G 不是哈密尔顿图。

例5：设 $G = (V, E)$ 是一个无回路的简单无向图，证明若 G 中仅有两个顶点的度数为1，则 G 中其余顶点的度数均为2。

证明：设 G 中存在一个顶点，其度数大于或等于3。因为 $G = (V, E)$ 是一个无回路的简单无向图，所以 G 是一棵树。根据握手定理和树的性质有

$$2|E| = \sum d(v) \geqslant 2 + 3 + 2(|V| - 3) = 2|E| + 1 > 2|E|$$

矛盾，所以 G 中其余顶点的度数均为2。

例6：设 $G = (V, E)$ 是一个图，若 G 中每个结点的度数均大于或等于3，试证明不存在有7条边的连通简单平面图。

证明：设存在一个有7条边的连通简单平面图，令 G 有 n 个顶点，m 条边，r 个面，且 $m = 7$。根据欧拉公式知，$n - m + r = 2$，从而有 $n + r = 9$。

因为 G 连通简单平面图，每个平面至少有3条边围成，所以 $2m \geqslant 3r$，$r \leqslant \frac{2}{3}m = \frac{14}{3}$，故 $r \leqslant 4$。

又因为 G 中每个结点的度数均大于或等于3，根据握手定理知 $3n \leqslant 2m = 14$，故 $n \leqslant 4$。于是，$n + r \leqslant 8 < 9$，与 $n + r = 9$ 矛盾。

故不存在有7条边的连通简单平面图。

例7：已知 $G = (V, E)$ 为一个二部图，$|V| = n$，$|E| = m$，试证明 $m \leqslant \frac{n^2}{4}$。

证明：设 $\{V_1, V_2\}$ 为二部图的顶点二分类，且 $|V_1| = n_1$，则 $|V_2| = n - n_1$。根据二部图的性质知：

$$m \leqslant n_1 \times (n - n_1) = nn_1 - n_1^2 = \frac{n^2}{4} - \frac{n^2}{4} + nn_1 - n_1^2 = \frac{n^2}{4} - \left(n_1 - \frac{n}{2}\right)^2 \leqslant \frac{n^2}{4}。$$

● 练习九

9.1 设 $V = \{u, v, w, x, y\}$，画出图 $G = (V, E)$，其中

(1) $E = \{(u, v), (u, x), (v, w), (v, y), (x, y)\}$

(2) $E = \{(u, v), (v, w), (w, x), (w, y), (x, y)\}$

再求各个结点的次数。

9.2 设 G 是具有4个顶点的完全图。

(1) 写出 G 的所有生成子图。

(2) G 的所有互不同构的子图有多少？

9.3 一个无向简单图如果同构于它的补图，则称这个图为自互补图。

(1) 试画出五个顶点的自互补图。

（2）证明：一个自互补图一定只有 $4k$ 或 $4k+1$ 个顶点（k 是整数）。

9.4 画出两个不同构的简单无向图。每一个图都仅有 6 个顶点，且每个顶点都均是 3 度，并指出这二个图为什么不同构。

9.5 证明：任意二个同构的无向图，一定有一个同样的顶点度序列。顶点度序列是一组按大小排列的正整数。每一个数对应某一个顶点的度数。

9.6 习题 9.6 图中所给的图（a）与图（b）是否同构？为什么？

习题 9.6 图

9.7 有 207 个人在一起欢聚。若已知每个人至少和 5 个人握了手，则至少有一个人不止和 5 个人握手。

9.8 证明：一个无向图的奇数度的顶点一定有偶数个。

9.9 设 δ，Δ 分别是图 $G=(V, E)$ 中顶点的最小度数和最大度数。$|V|=n$，$|E|=m$，证明：$\delta \leqslant \dfrac{2m}{n} \leqslant \Delta$。

9.10 证明：由多于或等于两个人的人群，至少有两个人在这群人中朋友数相同。

9.11 $G=(V, E)$ 是一个简单无向图，试证明：若 $|E|>\dfrac{1}{2}(|V|-1)(|V|-2)$，则 G 是连通图。

9.12 $G=(V, E)$ 是一个简单图，试证明：若 G 不连通，则 G 的补图 $\overline{G}$ 一定连通。

9.13 已知关于人员 a，b，c，d，e，f 和 g 的下述事实：

a：说英语；

b：说英语和西班牙语；

c：说英语、意大利语和俄语；

d：说日语和西班牙语；

e：说德语和意大利语；

f：说法语、日语和俄语；

g：说法语和德语。

试问：上述七个人中是否任意两人都能交谈（如果必要，可由其余五人所组成的译员链帮忙），为什么？

9.14 $(d_1, d_2, \cdots, d_n)$ 是一个非负整数的 n 元数组，若存在一个 n 个顶点的简单无向图，使得其顶点的次分别是 d_1，d_2，$\cdots$，d_n，则称这个 n 元数组是可图的。

（1）证明：（4，3，2，2，1）是可图的。

（2）证明：（3，3，3，1）是不可图的。

（3）不失一般性，设 $d_1 \geqslant d_2 \geqslant \cdots \geqslant d_n$，证明：$(d_1, d_2, \cdots, d_n)$ 是可图的当且仅当 $(d_2-1, d_3-1, \cdots, d_{d_1}-1, d_{d_1+1}-1, d_{d_1+2}, d_n)$ 是可图的。

9.15 一个简单连通的无向图的中心，定义为具有这样性质的一个顶点。即这个顶点到

其余顶点之间的最大距离是最小的。（两点间距离为两点间最少边的一条通路的边的数目）

（1）举出仅有一个中心的图的例子。

（2）举出一个不止一个中心的图的例子。

（3）若 G 是一棵树，且 G 有两个中心，则这两个中心一定邻接。

9.16 G 是一个简单图，$G = (V, E)$，G 中顶点度数的最少值 $\delta(G) \geqslant |V| - 2$，证明欲使此图不连通至少擦去 $\delta(G)$ 个顶点。（即点连通度 $k(G) = \delta(G)$）

9.17 设 $G = (V, E)$ 是一个简单图，$\delta = \min\{d(v) \mid v \in V\}$，$K$ 是图 G 的连通度。即表示图 G 至少擦去 K 个顶点，图才不连通。由连通度的定义可知，若图是不连通的，则 $K = 0$。若 $K = 1$，表示图中有一个顶点，从图 G 中擦去此点后，原图不连通了。

（1）证明：若 $\delta \geqslant |V| - 3$，则 $K < \delta$

（2）找出一个简单图 G 使 $\delta \geqslant |V| - 3$，且 $K < \delta$。

9.18 证明：一个连通的简单无向图，若每一个顶点的度数均是偶数，则此图不存在仅有一条边的割集。

9.19 $G = (V, E)$ 是一个图，V 是顶点集，E 是边集。若 $|V| = n$，对任意的 v_i，$v_j \in V$（$v_i \neq v_j$），v_i 到 v_j 有一条通路，则一定有一条长度不超过 $n - 1$ 的通路。

9.20 证明：在一个连通图中，任意两条最长路必有公共顶点。

9.21 证明：一个连通简单无向图若有且仅有两个顶点不是割点（即除这二个不是割点、顶点外，任何另外的一点若擦去图就不连通了），则此图是一条直线。

9.22 证明：一个无向图，没有孤立点，没有奇数度顶点，则它必包含有圈。

9.23 $G = (V, E)$ 是一个简单连通图。证明：若 G 中每个顶点的度数都大于 1，则 G 中有圈。

9.24 $G = (V, E)$ 是一个简单无向图。且 G 是一个二部图（偶图），且每一个顶点的度数都是 3 度。$\{V_1, V_2\}$ 是 G 作为二部图顶点集一个划分。证明：$|V_1| = |V_2|$。

9.25 $G = (V, E)$ 是简单图，证明以下三条等价：

（1）G 是一个顶点 2 着色的图；

（2）G 是一个二部图（偶图）；

（3）G 是所有回路都是由偶数条边组成。

9.26 已知：a，b，c，d，e，f，g 的下述事实：

a：说汉语、日语；

b：说日语、法语；

c：说德语、法语、西班牙语；

d：说汉语、德语、俄语、葡萄牙语；

e：说俄语、朝语；

f：说朝语、西班牙语；

g：说葡萄牙语。

试问：能否将七个人分成二组，使同一组中没有二个人能互相交谈？并用图论方法，说明你的结论。

9.27 习题图 9.27 中哪个图是欧拉图？哪个图是哈密尔顿图？哪个图有欧拉通路？哪个图有哈密尔顿通路？

9.28 当 n 是什么数时，完全图 K_n 是欧拉图？请说明理由。

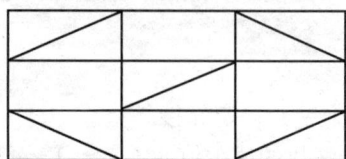
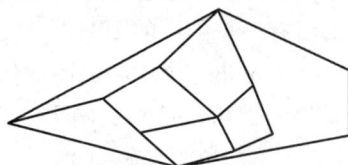

(a)　　　　　　　　　　　　　　　(b)

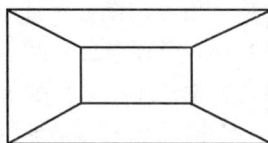

(c)　　　　　　　　　　　　　　　(d)

习题 9.27 图

9.29　（1）画一个欧拉图，但不是哈密尔顿。

（2）画一个哈密尔顿图，但不是欧拉图。

（3）画一个有哈密尔顿路的非哈密尔顿图

（4）画一个有哈密尔顿通路但无哈密尔顿圈的欧拉图。

9.30　一个连通图中有一个顶点，若擦去这个顶点后，图就不连通了，称之为割点。请画一个欧拉图，但不是哈密尔顿图且没有割点。

9.31　画一个有七个顶点的简单无向图，满足：

（1）它有哈密尔顿通路。

（2）它不是哈密尔顿图。

（3）它不是欧拉图。

（4）它能一笔画。

9.32　证明：一个无向图若有 $2m$ 个奇数顶点，则此图至少要 m 笔才能画，且能用 m 笔画。

9.33　如果可能，请画一个顶点是偶数，边是奇数的欧拉图。否则说明理由。

9.34　画一个欧拉图，它是简单无向图。有偶数条边，但有奇数个顶点。

9.35　证明：一个欧拉图不存在割边，即不存在一条边，拿去此边后，原图变成不连通的二部分。

9.36　$G = (V, E)$ 是一个简单连通图，且 G 是一个二部图（偶图），相应地顶点分类为 $\{V_1, V_2\}$，且 $|V_1| \neq |V_2|$。证明：G 不是哈密尔顿图。

9.37　如果一个无向图中每一条边给它定一个方向，使所得有向图是强连通的，那么称这个图为可定向的。证明：任何一个哈密尔顿图是可定向的。

9.38　$G = (V, E)$ 是一个简单连通图。$e \in E$ 是 G 中一条边，若从图 G 中擦去边 e，则 G 不连通，且边 e 是 G 中桥。证明：G 是哈密尔顿图，则 G 中无任何一条边是桥。

9.39　$G = (V, E)$ 是一个简单连通图。$v \in V$ 是 G 中一个顶点，若从图 G 中擦去顶点 v，其余不动，则 G_2 不连通，且 v 是 G 中的割点。证明：G 是哈密尔顿图，则 G 中没有一个顶点是割点。

9.40 有 12 个人围坐一圆桌，边会餐边交流乒乓球技术。已知这 12 个人中，每个人至少和其余的 6 人打过球，试问是否有一种坐法，使每个人左、右两人都和他打过球？请说明原因。

9.41 有 12 个人，围坐一个圆桌的四周开会。已知，这 12 个人中的任意的两个人能认识其余的 10 个人。证明这 12 个人围坐一圈能使每一个人都认识各自的左、右的邻人。

9.42 $G = (V, E)$ 是一个连通无向图。做一个新图 $G' = (V, E')$，$\{v_1, v_2\} \in E'$，当且仅当在原图 G 中有一条从 v_1 到 v_2 的哈密尔顿通路。一个图 G 叫自哈密尔顿路图，若 G 与 G' 同构。请画出两个不同构的自哈密尔顿路图。它们都各有 4 个顶点。

9.43 画两个最简单的不同构的非平面图。

9.44 画两个六个顶点的图，它们都是非平面图，但互不同构。

9.45 试画一个有八个顶点的简单连通图，让它和它的补图都是平面图。

9.46 $G = (V, E)$ 是一个简单无向图。证明：若 $|V| \geq 11$，则 G 或者 G 的补图 $\overline{G}$ 是非平面图。

9.47 证明：小于 30 条边的简单连通平面图至少有一个顶点的度数小于或等于 4。

9.48 若 G 的每一个面至少由 $K(K \geq 3)$ 条边围成，证明 $e \leq \dfrac{K(v-2)}{K-2}$，其中 e，v 分别是 G 的边数和顶点数。

9.49 证明：具有 6 个顶点 12 条边的连通平面简单图，它的每一个面都是由 3 条边组成。

9.50 一个连通的简单平面图若有 8 个顶点 18 条边。此图嵌入平面台，会把平面分成几个小区域。

第 10 章

树与有序树

本章研究一类特殊的图。

10.1　树的基本概念

定义：一个无向图若连通且不含圈，则称它为一棵树，记为 $T = (V, E)$。T 是一棵树，T 中度数为 1 的顶点称为树叶，度数大于 1 的顶点称为分枝点。

例 1：画出所有五个顶点的树。

解：如图 10.1 所示。

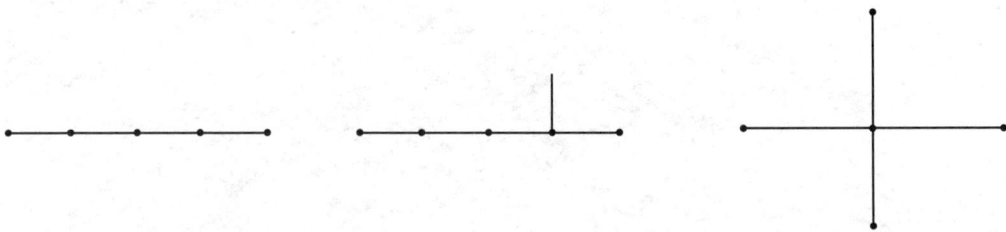

图 10.1　五个顶点的树

下面我们来看这类图的一些性质。

定理 1：设 $T = (V, E)$ 是一棵树，则有 $|E| = |V| - 1$。

证明：用对顶点集 V 的元素个数归纳法来证。

当 $|V| = 1$ 时，T 是一个仅有一个顶点且没有边的图。我们可以看作一棵树，显然满足：$|E| = |V| - 1$。

若 $|V| \leqslant k$ 时，命题成立。

$|V| = k + 1$ 时，设 $e = \{u', v'\} \in E$，我们擦去边 e，得 T 的一个子图。令 $V_1 = \{v \in V |$ 子图中存在 u' 到 v 的通路$\}$，$V_2 = \{v \in V |$ 子图中存在 v' 到 v 的通路$\}$。显然 $V = V_1 \cup V_2$，因为对于任意的 $v \in V$，原图是连通的，所以在原图中存在 v 到 u' 的通路，也存在 v 到 v' 的通路，且都是初等通路。若两条通路都经过这条边，则原图中一定有圈。而且 $V_1 \cap V_2 = \varnothing$。这是因为若存在 $v \in V_1 \cap V_2$，即原图中存在 v 到 u' 和 v 到 v' 的二条初等通路，且都不经过边 e，则加上边 e 原图中一定有圈。

以上证明说明新图分为二个连通的子图，设为 T_1 和 T_2，且原图无圈，子图也不会有圈，即二棵不相交的树（顶点的交集为空集）。设 $T_1 = (V_1, E_1)$，$T_2 = (V_2, E_2)$，由归纳假定有 $|V_1| - 1 = |E_1|$，$|V_2| - 1 = |E_2|$。又 $|V| = |V_1| + |V_2|$，$|E| = |E_1| + |E_2| + 1$。所以有 $|V| - 1 = |E|$。定理得证。

推论：任何一棵至少含有两个顶点的树至少有二片树叶。

证明：设 $T = (V, E)$ 是一棵树，若 T 中最多只有一片树叶，则有

$$2|E| = \sum_{v \in V} d(v) \geq 1 + 2(|V| - 1) = 2|E| + 1$$ 矛盾，矛盾说明 T 不止一片树叶。

例2：已知一棵树有五个 4 度顶点，三个 3 度顶点，三个 2 度顶点，问有几个 1 度顶点？

解：设有 x 个 1 度顶点，则依题意有方程：

$$5 \cdot 4 + 3 \cdot 3 + 3 \cdot 2 + 1 \cdot x = 2 \cdot (5 + 3 + 3 + x - 1)$$
$$x = 15$$

下面给出树的几个等价定义。

定理2：$T = (V, E)$ 是一个简单图，以下三条等价。

① T 是一棵树。

② T 连通且 $|V| - 1 = |E|$。

③ T 中无圈且 $|V| - 1 = |E|$。

证明：我们由①推出②，由②推出③，再由③推出①，以完成整个定理的证明。

①$\Rightarrow$②：T 是一棵树，即 T 连通且无圈，由定理 1 知，有 $|V| - 1 = |E|$。

②$\Rightarrow$③：已知 T 连通且 $|V| - 1 = |E|$。若 T 中有圈，拿去圈中的一条边，T 仍连通，我们继续这样的工作，直到 T 中无圈，由于顶点与边都是有限集，上面的工作一定可以在有限步内终止。设 T 中共拿走 l 条边，由于每次拿去的边都是圈中的边，不影响 T 的连通性，所以剩下的子图 T' 是连通且无圈的图，即是一棵树，由定理 2 知，$|V'| - 1 = |E'|$，其中 V'，E' 分别是 T' 的顶点集和边集。由 T' 的产生有 $|V'| = |V|$，$|E'| = |E| - l$。所以 $|V| - 1 = |E| - l$，由于 $|V| - 1 = |E|$，所以 $l = 0$，即原图无圈。

③ $\Rightarrow$①：已知 T 中无圈且 $|V| - 1 = |E|$。若 T 不连通，设 T 有 k 个连通分枝，T_1，T_2，…，T_k，$T_i = (V_i, E_i)$（$1 \leq i \leq k$）。对于每一个 i（$1 \leq i \leq k$），T_i 是连通的且无圈，故 T_i 是树，$|V_i| - 1 = |E_i|$，$1 \leq i \leq k$，又 $\sum_{i=1}^{k} |V_i| = |V|$，$\sum_{i=1}^{k} |E_i| = |E|$。所以 $|V| - k = |E|$，而已知 $|V| - 1 = |E|$，故 $k = 1$，即 T 是连通图。

10.2 连通图的生成树和带权连通图的最小生成树

假设一个连通图表示的是一个地下建筑群，它的每一个顶点表示一座地下建筑，顶点之间的边表示连接建筑物之间的地道。我们要求在这座地下城中通电，也就是在这些地道中选出一部分布设电线。显然，以被选出的这些地道为边，全部建筑物为顶点，所得子图是连通的，且不含有圈，另一方面，我们还希望能确定这些地道中的一部分，使得关闭这些地道后，某些建筑物与另一些建筑物之间的通道被隔断。本节我们将研究一个连通图的边满足上述要求的子集。

定义1：设 $G = (V, E)$ 是一个连通图，G 的一个生成子图若本身是一棵树，我们称它为 G 的一棵生成树。

定理1：任何连通图都有生成树。

证明：设 $G = (V, E)$ 是一个简单连通图，若 G 中无圈，则 G 本身是 G 的一棵生成树。

若 G 中有圈，拿去圈中一条边，原图仍连通。若再有圈，再拿去圈中一条边，直到 G 中无圈为止，因为 G 中顶点与边均为有限数，故上述工作一定可以在有限步内结束。G 的这个无圈的连通子图就是 G 的一颗生成树。

例1：$G = (V, E)$ 是如图 10.2 所示中的图，图中粗黑线的边，即为 G 中的一棵生成树。显然，G 若有生成树，一般不唯一。

设 $G = (V, E)$ 是一个图，$T_G = (V, E')$ 是 G 的一棵生成树。我们称 $e \in E'$，为 T_G 的枝，$e \in E$ 且 $e \notin E'$ 为 T_G 的弦。设 $|V| = n$，T_G 有 $n - 1$ 个枝。如图 10.2 所示中边 $\{v_0, v_2\}$，$\{v_2, v_1\}$，$\{v_2, v_4\}$，$\{v_4,$

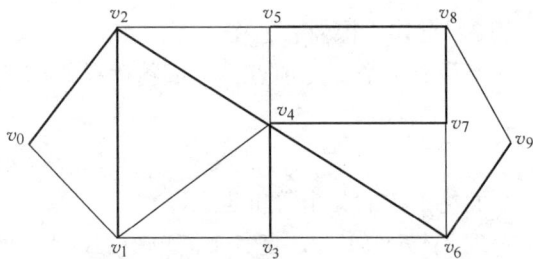

图 10.2　连通图的生成树

$v_7\}$，$\{v_4, v_6\}$，$\{v_7, v_8\}$，$\{v_8, v_5\}$，$\{v_6, v_9\}$，$\{v_4, v_3\}$ 为 9 个枝。$\{v_0, v_1\}$，$\{v_1, v_3\}$，$\{v_1, v_4\}$，$\{v_2, v_5\}$，$\{v_5, v_4\}$，$\{v_3, v_6\}$，$\{v_7, v_6\}$，$\{v_8, v_9\}$ 为弦。

对于 T_G 中的每一个弦，对应于 G 中的唯一的一个圈。G 中由所有弦所分别对应的圈组成了 G 关于 T_G 的基本圈系统。

弦 $\{v_0, v_1\}$ 对应的圈为 v_0, v_1, v_2, v_0。G 中有 8 条弦，对应 8 个圈组成了图 10.2 中图的基本圈系统。

定义2：$G = (V, E)$ 是一个图，边集 E 的一个子集 E' 若有性质，从 G 中擦去 E' 中的边，则 G 的连通分枝个数增加了，而从 G 中擦去 E' 的任何真子集，G 连通分枝个数不变。称 E' 为 G 的割集。

例如，图 10.2 中边集 $\{\{v_0, v_2\}, \{v_0, v_1\}\}$ 和 $\{v_2, v_5\}$，$\{v_2, v_4\}$，$\{v_1, v_4\}$，$\{v_1, v_3\}$ 均为割集。

$G = (V, E)$ 是一个图，$T_G = (V, E')$ 是 G 的一棵生成树。$e = \{u_0, v_0\} \in E'$ 是 T_G 的枝。令 $V_1 = \{v \in V | v = u_0$ 或在 T_G 中 v 与 u_0 之间有不经过边 e 的通路$\}$，$V_2 = \{v \in V | v = v_0$ 或在 T_G 中 v 与 v_0 之间有不经过边 e 的通路$\}$，则 $\{\{u, v\} | u \in V_1, v \in V_2\}$ 是 G 的一个割集。这样的割集叫 G 关于 T_G 的基本割集。所有的这样的基本割集组成了基本割集系统。图 10.2 $\{\{v_2, v_5\}, \{v_2, v_4\}, \{v_1, v_4\}, \{v_1, v_3\}\}$ 是枝 $\{v_2, v_4\}$ 对应的基本割集。

下面我们对于一个简单的连通无向图给出它的生成树、割集、圈之间的关系的几个定理。

定理2：一个连通图的任何一个圈与任意一棵生成树的补，至少有一条公共边。

证明：如果有一个圈，它与一棵生成树的补没有公共边，即圈中边全是生成树的枝，与一棵树不含圈矛盾，矛盾说明一个圈与一棵生成树的补至少有一条公共边。

定理3：一个连通图的任何一个割集与任意一棵生成树，至少有一条公共边。

证明：一个割集如果与某一棵生成树没有公共边，也即从图中擦去这个割集后，图中还保留有一棵生成树，即子图仍连通，与割集的定义矛盾。

定理4：一个连通图的每一个圈与每一个割集，有偶数条公共边。

证明：设 E' 是一个割集，擦去 E' 后图 G 的顶点分为两个不连通的部分，分别为 V_1 与 V_2，设 C 为图中一个圈，$C = (v_1, v_2, v_3, \cdots, v_n, v_1)$，我们假定圈中边按圈走动方向定向为有向边，若有 $\{v_{i_1}, v_{i_1+1}\}$，$\{v_{i_2}, v_{i_2+1}\}$，$\cdots$，$\{v_{i_k}, v_{i_k+1}\}$ 是 k 条圈中边，沿圈行进方向从 v_{i_j} 到 v_{i_j+1} $(1 \leq j \leq k)$，其中 v_{i_1}，v_{i_2}，$\cdots$，$v_{i_k} \in V_1$；v_{i_1+1}，v_{i_2+1}，$\cdots$，$v_{i_k+1} \in V_2$，则一定存在 $\{v_{l_1}, v_{l_1+1}\}$，$\{v_{l_2}, v_{l_2+1}\}$，$\cdots$，$\{v_{l_k}, v_{l_k+1}\}$ 也是圈中边，沿圈行进方向从 v_{l_j} 到 v_{l_j+1} $(1 \leq j \leq k)$，且 $v_{l_j} \in V_2 (1 \leq j \leq k)$，$v_{l_j+1} \in V_1 (1 \leq j \leq k)$。否则圈 C 的起点 v_1 与终点 v_1 各在 V_1 与 V_2 二个子集之一中，与 C 是一个圈矛盾。图 10.3 所示，圈 C 为用粗黑线表示。

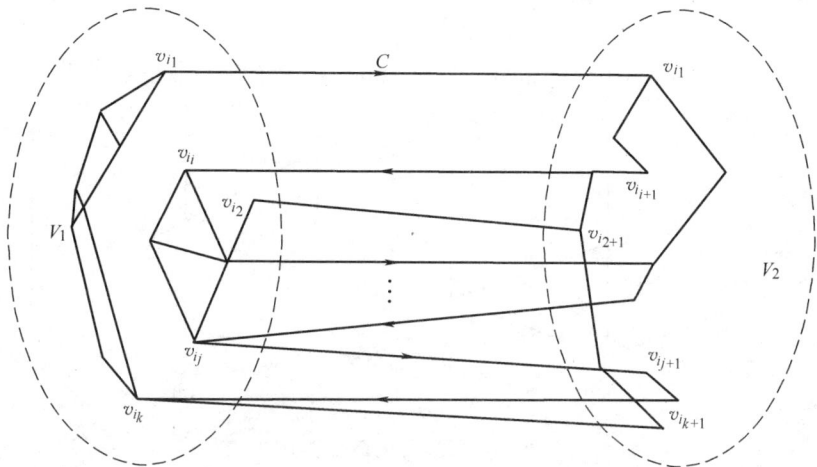

图 10.3

定理 5：$G = (V, E)$ 是一个简单连通图，$T_G = (V, E')$ 是 G 的一棵生成树。设 $D = \{e_1, e_2, \cdots, e_k\}$ 是一个基本割集，其中 e_1 是生成树 T_G 的枝，e_2，$\cdots$，e_k 是弦，那么 e_1 包含在与 $e_i (i = 2, 3, \cdots, k)$ 对应的基本圈中，且在其他的基本圈中都不含有 e_1。

证明：设 C 是对应于弦 e_i 的基本圈（$2 \leq i \leq k$）。因为 $e_i \in C \cap D$，又由定理 4 割集与圈的交是偶数条边，所以必有 $e_j \in C \cap D$，而 $j \neq i$。$e_j \in C$，中除 e_i 是弦，其余全是枝，$j \neq i$，故 e_j 是枝。又 $e_j \in D$，D 中仅 e_1 是枝，所以 $j = 1$。

另一方面，设 C 是不是 D 中的弦对应的一个基本圈，若 e_1 是 C' 中的边，$e_1 \in C' \cap D$，但 D 中没有任何的弦在 C 中，即仅有 $e_1 \in C' \cap D$，与 C，D 必须有偶数条公共边矛盾。

类似地，我们有：

定理 6：$G = (V, E)$ 是一个简单连通图，$T_G = (V, E')$ 是 G 的一棵生成树。设 $C = \{e_1, e_3, \cdots, e_k\}$ 是一个基本圈，其中 e_1 是弦，其余 e_2，e_3，$\cdots$，e_k 是枝，那么 e_1 包含在对应于 e_i $(i = 2, 3, \cdots, k)$ 的基本割集中；而且，在任何其他的基本割集都不含 e_1。

设 $G = (V, E, \varphi)$ 是一个带权连通图，$\varphi : E \to \mathbf{R}^+$。$\mathbf{R}^+ = \{x \in \mathbf{R} \mid x > 0\}$。$T_G = (V, E')$ 是 G 中一棵生成树，记 $\varphi(T_G) = \sum\limits_{e \in E'} \varphi(e)$ 表示 T_G 的权值。如何在这样一个给定的带权图中求出权值最小的生成树呢？我们给出一个算法。

这个算法的指导思想是 G 中任何一个圈中权值最大的边不是最小生成树的枝。若 T'_G 是 G 的一棵权值最小的生成树，C 是图 G 中一个圈，$e \in C$ 是圈中权值最大的边。e 是 T'_G 的枝。设 D 是对应于 e 的一个基本割集，由定理 4 知，C 和 D 必有偶数条共同边，所以一定还有 C 中

另一条边设为 $e' \in D$。且 e' 是 T'_G 的弦。在 T'_G 中拿去边 e，加上边 e' 又得一棵新生成树 T_G，由于 $\varphi(e) > \varphi(e')$，而其余的边没动，所以 $\varphi(T_G) < \varphi(T'_G)$ 与 T'_G 是最小生成树矛盾。

该算法的过程为：

（1）把 G 中的边按权值大小排序。

（2）按边的权值大小次序，从最小边开始，画上权值最小的边为生成树的枝。

（3）设 e 是未被考察的边中权值最小的边，若把 e 画上作为生成树的枝，所得子图不产生圈，则选 e 为生成树的枝，否则不把 e 画上。

（4）看选上作为生成树的边的条数是否等于 $|V| - 1$。若等于 $|V| - 1$，则停机。否则转向3。

例2：图 10.4（a）给出了一个带权图，而（b）给出了它的最小生成树。

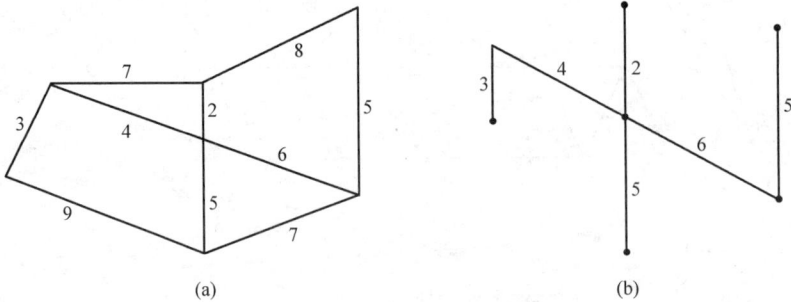

图 10.4　带权图的最小生成树

10.3　有序树

图 10.5 表示了一个公司的内部的组织结构。本节主要研究这一类的有向图。

定义1：一个有向图，若去掉边的方向，所得无向图是一棵树，则称这个有向图为有向树。

我们研究的是一类特殊的有向树。设 $T = (V, E)$ 是一棵有向树，若仅有一个顶点的入度为0。其余的顶点的入度均为1，这样一棵有向树我们称为根树。入度为0的顶点称为树根。出度为0的顶点称为树叶，出度不为0的顶点称为分枝点。图 10.5 中的图就是一棵根树。一个家族的家谱也是一棵树。

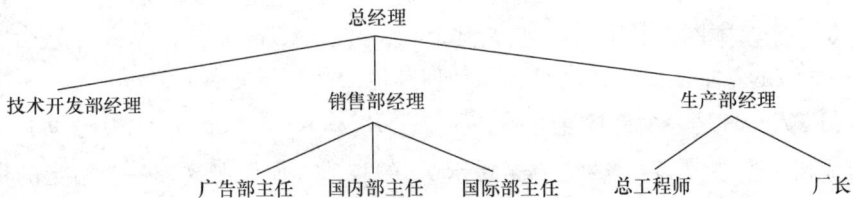

图 10.5　公司内部的组织结构

设 $T = (V, E)$ 是一棵根树。$e = (v, u) \in E$，我们称 v 是 u 父亲，u 是 v 的儿子。v_1，$v_2 \in V$，若存在一条从 v_1 到 v_2 的通路，则称 v_1 是 v_2 的祖先，v_2 是 v_1 的后代。若 (v_0, v_1)，$(v_0$，

v_2）$\in E$，说 v_1 与 v_2 是兄弟。$v_0 \in V$，v_0 是 T 中一个分支点，所谓以 v_0 为根的子树是指 T 的一个子图 T'，T' 以 v_0 和 v_0 的全部的后代为顶点，以从 v_0 出发的所有通路经过的边为边。以 v_0 的一个儿子为根的子树称为 v_0 的子树。例如，图 10.6（a）和（b）就分别是图 10.5 中图的以销售部经理和生产部经理为根的子树。

图 10.6　子树示例

一棵根树，为简单起见，我们往往把它画成一个无向图。我们使每一条边的箭头都指向下方，从而达到可以省略箭头的目的。例如，图 10.7 中（a）和（b）表示的是同一棵根树。

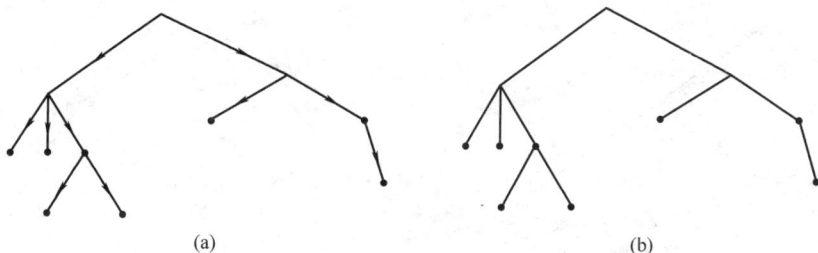

图 10.7　两棵等价的树

定义 2：一棵根树，若每一个分枝点出发的边，分别标以整数 1，2，…，k，则称这样的根树为有序树。

需要说明的是，一棵有序树的每个分枝点出发的边的标号并不要求是连续的。一个分枝点出发的边，若被标上 i，则称这条边是这个分枝点的 i 子树。一个分枝点出发的三条边若分别标上 1，3，4，我们说这个点没有第 2 子树。

如果一棵有序树的每个分枝点最多有 m 个儿子，我们说这棵有序树为 m - 分树。若一棵 m - 分树的每一个分枝点恰好有 m 个儿子，我们称这样的 m - 分树为正则 m - 分树。在 m - 分树中，最主要的是 2 - 分树。对于 2 - 分树，它的每一个分枝点的第一个子树和第二个子树又分别叫左子树和右子树。例如，图 10.8 给出了有 8 个选手参加的单淘汰赛的程序表，它正好是一棵正则 2 - 分树。

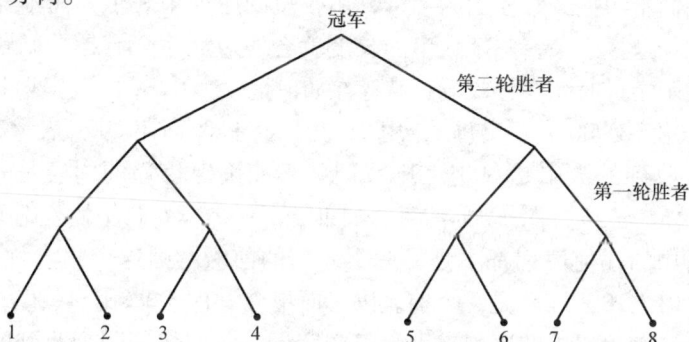

图 10.8　单淘汰赛的 2 - 分树

定理：一棵正则 m – 分树的分枝点的个数为 i，树叶的个数为 t，则有
$$(m-1)i = t-1。$$

证明：总共有 i 个分枝点，每个分枝点有 m 个儿子，故总的儿子数目为 $m \cdot i$。而所有的儿子包括全部顶点减去一个根，即为 $m+t-1$，即 $mi = m+t-1$，所以有 $(m-1)i = t-1$。

例：用带 4 个插座的接线板，连接 19 个灯到一个总插座上，问至少需要多少块接线板。

解：任何一个连接方法都是一棵 4 – 分树，由 $(4-1)i = 19-1$，得 $i = 6$。

在一棵树形图中，一个顶点的路长规定为从树根到这个顶点的通路的长。一棵树形图的高度即为该树中最长路的长度。这里，我们承认了一个事实，就是在一棵树形图中从树根到每一个顶点有且仅有唯一的一条通路。读者不妨从树形图的定义去考察给出这个事实的证明。

图 10.9 中（a）和（b）给出了二个高为 3 的正则 2 – 分树，一个仅有四片树叶，而另一个有 8 片树叶。我们说高为 h 的正则 m – 分树，最多有 m^h 片树叶，至少有 $m+(m-1)(h-1)$ 片树叶。

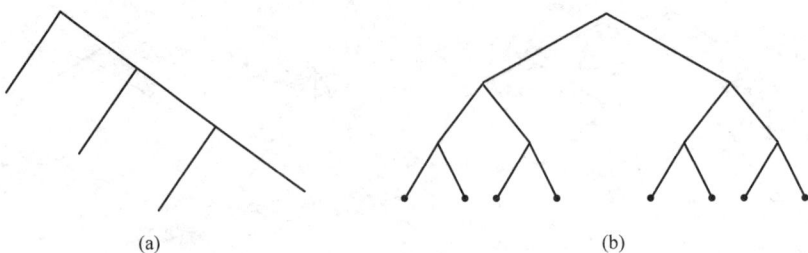

图 10.9   2 – 分树的树叶

10.4   前缀码和最优二分树

英文的编码通信中，考察用 0 和 1 来表示英文字母的问题，因为字母表中的 26 个字母必须用 0 和 1 组成的序列来表示，故它们可以用长度为 5 位（因 $2^4 < 26 < 2^5$）的序列表示出来。要传递一条信息，我们只要传递用来表示消息而组成字母序列的一个 0，1 字符串即可。在接收端，把一个 0，1 字符串分为长度为 5 位的序列，而这些序列对应的字母就可以识别出来。

然而，众所周知，英文中的字母使用频数是不同的。例如，字母 e 和 t 比字母 q 和 z 使用更频繁。因此，人们希望把经常使用的字母，用较短的序列来表示，而不经常使用的字母用较长的序列来表示。这样一来，整个数串的长度就会缩短。一个有趣的问题是：当用各种不同长度的序列来表示字母时，在接收端，就存在如何把一个 0，1 的数串划分为对应字母序列的问题？例如，若用序列 00 表示字母 e，用 01 表示字母 t，而用 0001 表示字母 w。那么，如果我们在接收端，收到的数串是 0001，则我们就不能确定传递的内容是 et，还是 w。序列 $a_1 a_2 \cdots a_m$ 是序列 $b_1 b_2 \cdots b_m b_{m+1} \cdots b_n$ 的前缀，如果 $a_1 a_2 \cdots a_m = b_1 b_2 \cdots b_m$。对于序列的一个集合来说，若这个集合中的任何序列都不是另一个序列的前缀，则这个集合称为前缀码。例如，集合 $\{000, 001, 01, 10, 11\}$ 是一个前缀码，而集合 $\{1, 00, 01, 000, 0001\}$ 不是前缀码。如果我们用一个前缀码中的序列来表示英文字母，我们将证明把收到的数串，清楚地划分为表示消息中的字母序列总是可能做到的。

首先我们给出一个结论：由任何一棵 2 - 分树可以得到一个前缀码，且对应一个前缀码也一定存在一棵相应的 2 - 分树。

设 T 是一棵 2 - 分树，对每一个分枝点发出的左、右两条边，我们分别标以 0 和 1，可以仅有一条边。对于每一片叶子，标上一个 0，1 序列，这个序列是从树根到这片叶子的通路上的边的标号序列。由于通路的唯一性，标号也是唯一的。显然，树叶标号的序列集合是一个前缀码。例如，图 10.10 表示的 2 - 分树的树叶标号的序列集合 $A = \{10,$ 001，010，011，110$\}$ 即为一个前缀码。

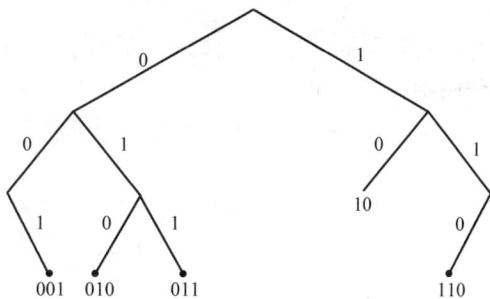

图 10.10 前缀码的 2 - 分树

反之，对应一个前缀码 A，设 A 中最长的码字为 h。我们画一棵高为 h 的、有 2^h 片树叶的正则 2 - 分树。对每个分枝点出发的两条边分别标上 0 和 1，对每一个顶点（包括树叶和分枝点）标上一个 0 和 1 的序列，这个序列是从根到这个顶点的通路上的边的标号序列，然后擦去一些顶点，仅使顶点标号序列在前缀码 A 中的顶点为树叶，这样得到一棵新的 2 - 分树，其树叶的标号序列集即为 A。图 10.11（a）和（b）图给出了相应于前缀码 $A = \{01，10,$ 001，110$\}$ 的棵 2 - 分树。

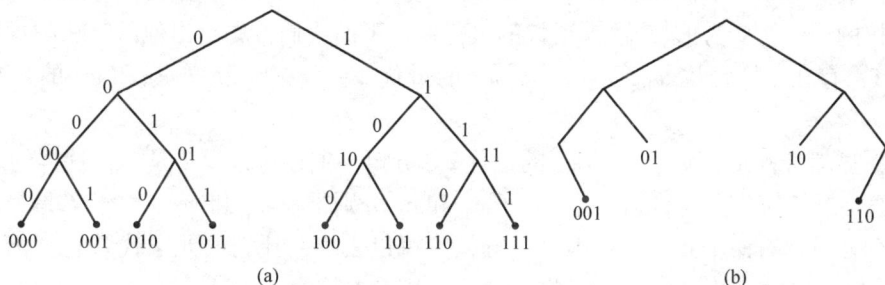

图 10.11 对应前缀码的 2 - 分树

下面我们说明，如何利用 2 - 分树把收到的 0 和 1 的字符串划分为前缀码中的码字。按照接收到的 0 和 1 字符串的顺序，从 2 - 分树的根开始，沿着树中边向下走。例如，字符串的第一个字为 0，我们从根开始，沿树根出发标 0 的边往下走，到一个分枝点，若字符串的第二个字为 1，沿这个分枝点出发的标 1 的边再往下走到下一个点。每走到一个分枝点，如果遇到的字符中的字为 0，我们就沿这个分枝点出发标 0 的边往下走，若遇到的字符串中的字为 1，我们就沿这个分枝点出发标 1 的边往下走。当达到一片叶子时，我们断开字符串中被走过的一段字符串得到了一个前缀码中的码字，然后再回到树根开始，直到走完整个字符串。

另一个问题是，如果我们用不等长的 0 和 1 的字符串来表示 26 个英文字母。已知在 1000 个英文字母组成的短文中，第 i 个字母出现的频率是 w_i 次，而第 i 个字母用 l_i 长的 0 和 1 序列来表示，则 1 000 个英文字母组成的一段英文所用的字符串的平均长度为 $\sum\limits_{i=1}^{26} w_i l_i$。

上述讨论引出了下面的问题：假如我们有一组权 w_1，w_2，$\cdots$，w_t。所谓一组权可以是一组正实数。不失一般性，设 $w_1 \leq w_2 \leq \cdots \leq w_t$。一棵有 t 片叶子的 2 - 分树，如果分配给它的

叶子的权分别为 w_1，w_2，$\cdots$，w_t，则这棵 2 - 分树称为叶子权为 w_1，w_2，$\cdots$，w_t 的 2 - 分树。我们定义叶子权为 w_1，w_2，$\cdots$，w_t 的 2 - 分树的权为：$\sum\limits_{i=1}^{t} w_i L(w_i)$，其中 $L(w_i)$ 是具有权为 w_i 的叶子的路长。一棵树 T 的权，用 $W(T)$ 表示。在叶子权为 w_1，w_2，$\cdots$，w_t 的所有 2 - 分树中，具有最小权的一棵 2 - 分树，称为最优树。例如，对给定的权 5，6，7，12；图 10.12（a）是一棵最优树（请读者验证，图 10.12（b）的树不是最优的）。

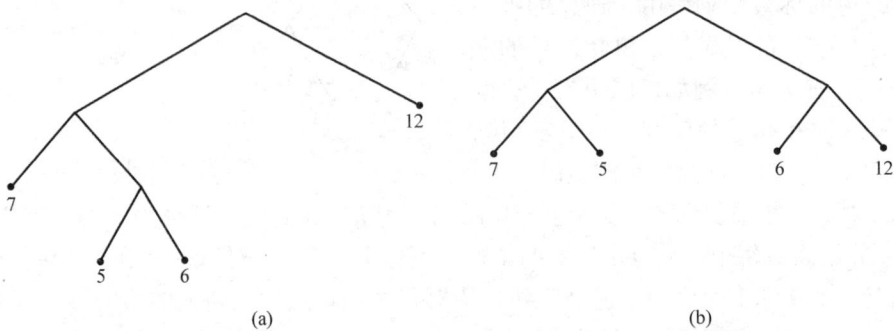

图 10.12　最优树与非最优树

求带权最优树有一个较好的算法，称为霍夫曼（HuffamnD. A）算法。它的指导思想是把求带 n 个权的最优树变为求带 $n-1$ 个权的最优树。下面我们首先给出他的算法的理论根据。

命题 1：存在一棵带权 w_1，w_2，$\cdots$，w_n 的最优 2 - 分树，带权 w_1 和 w_2 的二片叶子是兄弟。

证明：显然带权 w_1，w_2，$\cdots$，w_n 的最优 2 - 分树一定存在，设 T 是一棵这样的 2 - 分树。a 是 T 中通路最长的分支点。a 的两个儿子 a_1 和 a_2 分别带权 w_x 和 w_y。由于 T 是最优的，所以每一个分枝点都有两个儿子，否则这个分枝点可以去掉，让它的儿子代替它，仍是一个带权的 2 - 分树，但树 T 的权减少了。设 $w_x \leqslant w_y$，则有 $w_1 \leqslant w_x$，$w_2 \leqslant w_y$。让 a_1 带权 w_1，让带权 w_1 的叶子带权 w_x，a_2 带权 w_2，带权 w_2 的叶子带权 w_y，我们得到一棵新的带权 w_1，w_2，$\cdots$，w_n 的 2 - 分树设为 T'，显然 $l(w_x) \geqslant l(w_1)$，$l(w_y) \geqslant l(w_2)$，所以 $W(T') \leqslant W(T)$，由于 T 是最优的，所以 $W(T') = W(T)$。而 W' 是一棵带权最优 2 - 分树且带权 w_1 与 w_2 的两片叶子是兄弟。

命题 1 告诉我们，从一棵带权最优二分树，一定可以得到一棵带权最小的两片叶子是兄弟的最优树。所以，我们可以设 T 是一棵带权 w_1，w_2，$\cdots$，w_n 的最优树，且带权 w_1 和 w_2 的两片叶子是兄弟。我们把带权 w_1 和 w_2 的两片叶子去掉，让它们的父亲变成一片叶子带权 $w_1 + w_2$，这时我们得到一棵带权 $w_1 + w_2$，w_3，w_4，$\cdots$，w_n 的 2 - 分树，记为 $\hat{T}$。显然有 $W(\hat{T}) = W(T) - w_1 - w_2$。

设 T' 是一棵带权 $w_1 + w_2$，w_3，w_4，$\cdots$，w_n 的最优树，我们将带权 $w_1 + w_2$ 的叶子变为分枝点，让它的两个儿子分别带权 w_1 和 w_2 得一棵带权 w_1，w_2，$\cdots$，w_1 的 2 - 分树，记为 T。

命题 2：T 也是最优树。

证明：由已知我们有 $W(T) = W(T') + w_1 + w_2$。若 T 不是最优树，设 T^* 是一棵带权 w_1，w_2，$\cdots$，w_n 的最优树且 $W(T^*) < W(T)$。且 T^* 带权 w_1 和 w_2 的两片叶子是兄弟。从 T^* 可以

由上法得一个 $\hat{T}^*$ 是带权 $w_1 + w_2$，w_3，w_4，$\cdots$，w_n 的 2 – 分树，且有 $W(\hat{T}^*) = W(T^*) - w_1 - w_2$。

因为 T' 是带权 $w_1 + w_2$，w_3，w_4，$\cdots$，w_n 的最优树，所以 $W(T') \leqslant W(\hat{T}^*) = W(T^*) - w_1 - w_2$，而 $W(T') = W(T) - w_1 - w_2$，联合二式有：$W(T) \leqslant W(T^*)$ 与 $W(T^*) \leqslant W(T)$ 矛盾。矛盾说明 T 是最优树。

下面我们给出一个用霍夫曼算法构造带权最优树的例子。

例：求带权 2，3，5，7，10 最优 2 – 分树。

解：构造带权 2，3，5，7，10 的最优树等于构造带权 5，5，7，10 的最优树；等于构造 7，10，10 的最优树；等于构造 10，17 的最优树。图 10.13(a) ~ (d)给出了这个具体过程。

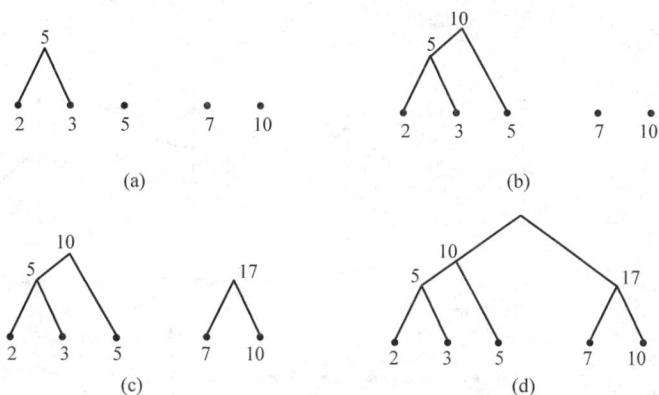

图 10.13 最优树的生成过程

10.5 典型例题及解答

例 1：已知 $G = (V, E)$ 是一个无向图，且 $|V| = n$，$|E| = m$，该无向图是有 $r(r \geqslant 2)$ 棵树组成的森林（所谓森林是指 n 棵不相交的树构成的集合），试证明：$m + r = n$。

证明：设 $G = (V, E)$ 的 r 棵树的森林为 T_1，T_2，T_3，$\cdots$，T_r，每个树对应的顶点数分别为 n_1，n_2，$\cdots$，n_r，边数分别为 m_1，m_2，$\cdots$，m_r。根据树的性质知

对于 $\forall i \in \{1, 2, 3, \cdots, r\}$，$m_i = n_i - 1$，从而有 $m = \sum_{i=1}^{r} m_i = \sum_{i=1}^{r} (n_i - 1) = n - r$。故 $m + r = n$。

例 2：设 e 为无向连通图 G 中的一条边，且 e 不为环和桥，证明存在一棵生成树以 e 为枝，也存在一棵生成树以 e 为弦。

证明：由于 e 不为桥，因而 e 必在某些圈中出现，又因为 e 不为环，所以 e 所在圈的长度均大于或等于2。

在用去圈法构造生成树时，无论 e 在哪个圈中出现，删除一条边时都不删 e，如此生成的生成树 T 中必以 e 为枝。

在用去圈法构造生成树时，找到一个含有 e 的圈 C，将 e 从 C 删除，当生成生成树 T 时，

T 中不含有 e，从而 e 成为生成树的弦。

例3：画出具有 7 个顶点的所有非同构的树。

解：所画出的树有 6 条边，因而 7 个顶点的度数之和应为 12。由于每个顶点的度数均大于或等于 1，因而可以产生以下 7 种度数序列：

1 1 1 1 1 1 6，产生 1 棵非同构的树 T_1；

1 1 1 1 1 2 5，产生 1 棵非同构的树 T_2；

1 1 1 1 1 3 4，产生 1 棵非同构的树 T_3；

1 1 1 1 2 2 4，产生 2 棵非同构的树 T_4，T_5；

1 1 1 1 2 3 3，产生 2 棵非同构的树 T_6，T_7；

1 1 1 2 2 2 3，产生 3 棵非同构的树 T_8，T_9，T_{10}；

1 1 2 2 2 2 2，产生 1 棵非同构的树 T_{11}。

T_1　　T_2　　T_3　　T_4　　T_5

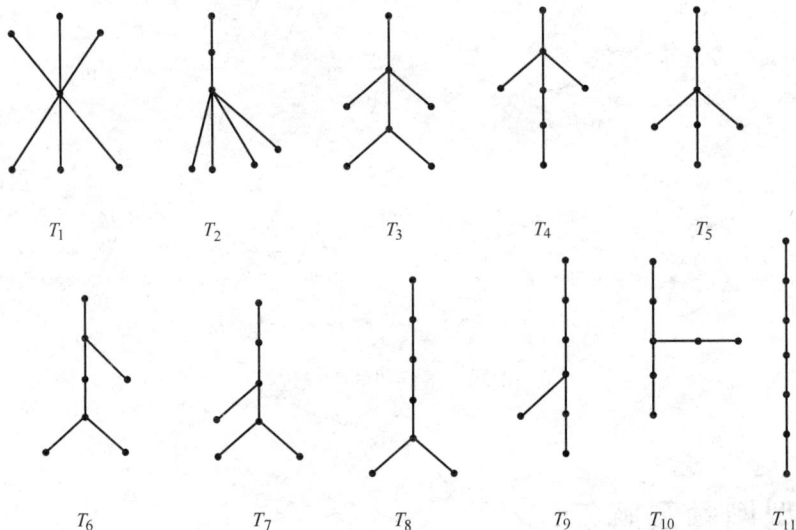

T_6　　T_7　　T_8　　T_9　　T_{10}　　T_{11}

● 习题十

10.1 画出所有不同构的、有 5 个顶点的树。

10.2 证明：一棵树的顶点度数之和为 $2(|V|-1)$，其中 V 是顶点集。

10.3 一棵树有三个 2 度顶点，五个 3 度顶点，八个 4 度顶点，问有几个 1 度顶点？

10.4 一棵树 n_2 个顶点的度数为 2，n_3 个顶点的度数为 3，$\cdots$，n_k 个顶点度数为 k，问有几个顶点度数为一个顶点。

10.5 证明：一棵树若有三片树叶，则至少有一个顶点度数大于或等于 3。

10.6 $T=(V,E)$ 是一棵树，证明若 T 仅有两个 1 度顶点，则 T 是一条直线。

10.7 证明：正整数序列 $(d_1, d_2, \cdots, d_n)$ 是一棵树的度序列当且仅当 $\sum\limits_{i=1}^{n} d_2 = 2(n-1)$。

10.8 证明一棵树是二部图（偶图）。$T=(V,E)$，V_1，V_2 是 T 作为二部图的顶点分类，若 $|V_1| \geqslant |V_2|$，则 V_1 中至少有一片树叶。

10.9　$T=(V,E)$是简单无向图。T是一棵树当且仅当T中任意二点仅有唯一的简单通路。

10.10　求下面习题10.10图的最小生成树。

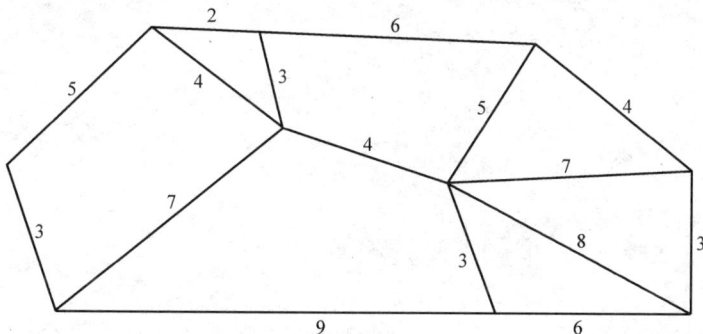

习题10.10图

10.11　G是一个连通图，$G=(V,E)$，$v\in V$，$\mathrm{dcg}(v)=1$，$e\in E$是关联定点v的一条边。证明e一定是任何一棵生成树的枝。

10.12　试证明简单连通图G的任一条边都可以是某一生成树的枝。

10.13　证明任何生成树的补不包含割。

10.14　证明一个割集的补不含生成树。

10.15　证明一棵正则2–分树必有奇数个顶点。

10.16　给定权为1，4，9，16，25，36，49，64，87，100。

（1）构造一棵带权最优2–分树（二叉树）

（2）构造一棵带权最优3–分树（三叉树）。

10.17　画一棵带权为3，5，5，7，9，11，13，14的最优2–分树。

第 11 章

群 和 环

数学中，研究数的部分属于代数学的范畴。代数学包含了算术、初等代数、高等代数、数论、抽象代数。人们发现许多不同对象上的运算可以有共同的性质，从 20 世纪初以来形成了抽象代数，也称为近世代数，可以追溯到 19 个世纪伽罗瓦（Galois）提出群的概念。在抽象代数中，被研究的对象和其上的运算称为一个代数系统。群是最基本、最重要的代数系统。

11.1 代数运算的基本概念

在普通代数里，我们计算的对象是数，有自然数、整数、有理数、实数以及复数，而计算的方法是加、减、乘、除和乘方。随着数学本身的进步和自然科学的许多部门发展的需要，我们发现，可以对一些不是数的事物，用类似普通计算的方法来加以计算。这在线性代数里已经看到很多了，例如，对于向量、矩阵、线性变换等都可以进行运算，在本书的第六章我们介绍了集合的运算也是一例。在这一节我们将给出代数运算的定义。

11.1.1 代数运算

定义 1：设 A，B，D 是三个任意的非空集合。若 $*$ 是 $A \times B$ 到 D 的一个映射，即

$$* : A \times B \rightarrow D,$$

则称 $*$ 为 $A \times B$ 到 D 的一个代数运算。

按照我们的定义，一个代数运算只是一种特殊的映射，给了 A 中的任意一个元素 a 和 B 中任意一个元素 b，我们可以通过这个运算，得到唯一的一个结果，即存在唯一的 $d \in D$，使得 $*((a, b)) = d$。由于代数运算是一种特殊的映射，描写它的符号，也可以特殊一点。记 $*((a, b)) = d$ 为：

$$a * b = d。$$

例 1：$\mathbf{N}$ 是自然数集，$\mathbf{Z}$ 是整数集，$\mathbf{Q}$ 是有理数集。

普通加法 " + " 是一个 $\mathbf{N} \times \mathbf{N}$ 到 $\mathbf{N}$ 的代数运算。

普通加法 " × " 是一个 $\mathbf{N} \times \mathbf{N}$ 到 $\mathbf{N}$ 的代数运算。

普通减法 " − " 是一个 $\mathbf{N} \times \mathbf{N}$ 到 $\mathbf{Z}$ 的代数运算。

普遍除法 " ÷ " 是一个 $\mathbf{N} \times \mathbf{Z}^+$ 到 $\mathbf{Q}$ 的代数运算，其中 $\mathbf{Z}^+ = \{x \in \mathbf{Z} | x > 0\}$。

例 2：**N** 是自然数集，定义 **N**×**N** 到 **N** 的一个映射 ∗：对于任意的 m，$n \in \mathbf{N}$，

$$*((m,n)) = m^n，$$

即 ∗ 是 **N**×**N** 到 **N** 的一个代数运算，对于任意的 m，$n \in \mathbf{N}$，

$$m * n = m^n。$$

这里，不妨约定 $0° = 1$。

例 3：设 $A = \{奇，偶\}$。我们定义一个 $A×A$ 到 A 的映射 ∗：

$$（奇，奇）\mapsto 偶，$$
$$（奇，偶）\mapsto 奇，$$
$$（偶，奇）\mapsto 奇，$$
$$（偶，偶）\mapsto 偶。$$

"∗" 是一个 $A×A$ 到 A 的运算。

在此例中，集合 A 是有限集，可以用一个表（称为运算表）来对代数运算给予说明，见表 11.1。

对于类似例 2 与例 3 中的代数运算，我们将给出一个定义。

定义 2：设 A，B 是两个非空集合。若 ∗ 是 $A×A$ 到 B 的一个运算，即

表 11.1

∗	奇	偶
奇	偶	奇
偶	奇	偶

$$* : A×A \rightarrow B，$$

则称 ∗ 集合 A 上的一个代数运算或二元运算。

若对于 A 中的任意两个元素 a_1，$a_2 \in A$，都有

$$a_1 * a_2 \in A，$$

则称 ∗ 是集合 A 上的闭运算，也说集合 A 对运算 ∗ 是封闭的。

显然，如果将集合 A 上的一个代数运算的陪域取为 $B \subseteq A$，特别地取 $B = A$，则该代数运算一定是闭运算。一般地，对于集合 A 上的一个代数运算 ∗，今后除非特别申明，通常可理解为取 $B = A$，即 ∗ 就是 $A×A$ 到 A 的一个闭运算，即有

$$* : A×A \rightarrow A。$$

11.1.2 交换律、结合律

一个代数运算是可以任意规定的，并不一定有多大意义。当然，我们定义一个代数运算，一般都会有实际的意义，我们还希望一个代数运算适合某些常见的规律。这通常指交换律和结合律。

定义 3：设 A 是一个非空集合，∗ 是 A 上的一个代数运算。若对于 A 中任意的两个元素 a 和 b，都有

$$a * b = b * a，$$

则称 ∗ 满足交换律。

显然，实数集 R 上的普通加法、乘法、减法代数运算中，加法与乘法是满足交换律的，而减法则不满足交换律。

定义 4：设 A 是一个非空集合，∗ 是 A 上的一个代数运算。若对于 A 中任意的三个元素 a，b 和 c，都有

$$(a * b) * c = a * (b * c)，$$

则称 $*$ 满足结合律。

例4：$\mathbf{Z}$ 是整数集，$*$ 是 $\mathbf{Z}$ 上一个二元运算，对于任意的 m，$n \in \mathbf{Z}$，

$$m * n = m + n - 5。$$

问：$*$ 是可交换的二元运算吗？$*$ 是可结合的二元运算吗？

解：对于任意的 m，$n \in \mathbf{Z}$，

因为 $m * n = m + n - 5$，

$n * m = n + m - 5$；

又因为 $m + n - 5 = n + m - 5$，

故 $m * n = n * m$，

故 $*$ 是可交换的。

对于任意的 m，n，$l \in \mathbf{Z}$，

因为 $(m * n) * l = (m + n - 5) * l = (m + n - 5) + l - 5 = m + n + l - 10$，

又 $(m * (n * l)) = m * (n + l - 5) = m + (n + l - 5) - 5 = m + n + l - 10$，

故 $(m * n) * l = m * (n * l)$，

所以 $*$ 是可结合的。

例5：设 A 是一个非空集合。$A^A = \{f | f : A \rightarrow A\}$，即对于任意 $f \in A^A$，f 是 A 到 A 的一个映射。在 A^A 上，定义一个运算"$\circ$"，即映射的复合运算：对于任意的 f_1，$f_2 \in A^A$，$f_1 \circ f_2$ 为

$$f_1 \circ f_2 : A \rightarrow A$$
$$x \mapsto f_1(f_2(x))$$

由定义知，"$\circ$" 是封闭的，且由 8.2 节定理 1 知，"$\circ$" 是可结合的。

若 $|A| > 1$，不妨设 a_1，$a_2 \in A$，$a_1 \neq a_2$，分别定义 f_1，f_2 如下：

$f_1 : A \rightarrow A$ 　　　　　　　　　　$f_2 : A \rightarrow A$

$\begin{cases} a_1 \mapsto a_1, \\ a_2 \mapsto a_1, \\ x \mapsto x, \ 若 \ x \neq a_1, \ x \neq a_2 \end{cases}$ 　　$\begin{cases} a_1 \mapsto a_2, \\ a_2 \mapsto a_2, \\ x \mapsto x, \ 若 \ x \neq a_1, \ x \neq a_2 \end{cases}$

则：$f_1 \circ f_2(a_1) = f_1(f_2(a_1)) = a_1$，

$f_2 \circ f_1(a_1) = f_2(f_1(a_1)) = a_2$。

因为 $f_1 \circ f_2(a_1) \neq f_2 \circ f_1(a_1)$，

所以 $f_1 \circ f_2 \neq f_2 \circ f_1$，

即当 A 是多于 1 个元素的集合时，"$\circ$" 不是 A^A 上的可交换的二元运算。

例6：$\mathbf{N}$ 是自然数集，在 $\mathbf{N}$ 上定义运算 $*$：对于任意的 m，$n \in \mathbf{N}$，

$$m * n = m + 2n。$$

问：$*$ 是可交换的吗？$*$ 适合结合律吗？

解：取 $m = 1$，$n = 2$，$1 * 2 = 1 + 2 \cdot 2 = 5$，

$2 * 1 = 2 + 2 \cdot 1 = 4$，

故 $1 * 2 \neq 2 * 1$，

所以 $*$ 是不可交换的。

取 $m = 1, n = 2, l = 3, (1 * 2) * 3 = (1 + 2 \cdot 2) * 3 = (1 + 2 \cdot 2) + 2 \cdot 3 = 1 + 4 + 6 = 11$，

$1 * (2 * 3) = 1 * (2 + 2 \cdot 3) = 1 + 2 \cdot (2 + 2 \cdot 3) = 1 + 2 \cdot 8 = 1 + 16 = 17$，

故$(1*2)*3 \neq 1*(2*3)$

所以 $*$ 不满足结合律。

例7：$A = \{a, b, c\}$。表 11.2 给出了集合 A 上的一个 $*$ 运算表。问 $*$ 是否适合结合律？是否适合交换律？

解：由表 11.2 给出的运算表是对称的，可以断定 $*$ 适合交换律。

为考察结合律，须讨论在 x，y，z 这三个变量分别取值为 a，b，c 的诸 27 种情况下，公式$(x*y)*z$ 与 $x*(y*z)$ 是否分别相等。只有在这 27 种情况两个公式全相等时，才能得出 $*$ 满足结合律的结论。当然在具体验算时，可以采取适当的方式以减少验算的次数。例如，表中的 a 元素有性质，对任意的 x 属于 A，$a*x = x$，则我们无须讨论 x，y，z 中任何一个为 a 的情况。同时，$*$ 适合交换律，又可以减少一些情况。经验证 $*$ 运算满足结合律。

表 11.2

$*$	a	b	c
a	a	b	c
b	b	c	a
c	c	a	b

11.1.3 n 元运算

下面我们把二元运算推广为 $n(\geqslant 1)$ 元运算。

定义5：设 A，B 是两个非空集合，$n \geqslant 1$ 是正整数，$*$ 为 A^n 到 B 的一个映射，即

$$* : A^n \rightarrow B,$$

则称 $*$ 为集合 A 上的一个 n 元运算。

一般地，对于集合 A 上的一个 n 元运算 $*$，今后除非特别申明，通常可理解为取 $B = A$，即 $*$ 就是 A^n 到 A 的一个 n 元运算，即有

$$* : A^n \rightarrow A。$$

例如，设 A 是一个集合，2^A 是 A 的幂集合，集合的补运算是 2^A 上的一个一元运算。对于实数集 $\mathbf{R}$，$\mathbf{R}$ 上的常见单变量函数（如多项式函数、绝对值函数、指数函数等）都可以看作为 $\mathbf{R}$ 上的一个一元运算。

11.2 代数系统和半群

一、代数系统

定义1：设 A 是一个非空集合，$*$ 是 A 上的一个代数运算，若将集合 A 以及 A 上的代数运算 $*$ 放在一起，记为

$$(A, *),$$

则称之为一个代数系统。

一般地，设 $*_1$，$*_2$，$\cdots$，$*_n$ 是 A 上的 n 个代数运算。若将集合 A 以及 A 上的 n 个代数运算 $*_1$，$*_2$，$\cdots$，$*_n$ 放在一起，记为

$$(A, *_1, *_2, \cdots, *_n),$$

则也称之为一个代数系统。

本章主要讨论只有一个代数运算的代数系统，即由集合 A 和 A 上的一个二元运算 $*$ 组成的代数系统 $(A, *)$。

二、同态映射、同构映射

定义2：设 $(A, *)$，$(A_1, \cdot)$ 是两个代数系统，$*$ 是 A 上的一个二元运算，$\cdot$ 是 A_1 上的一个二元运算。设 f 是 A 到 A_1 的一个映射，即 $f: A \to A_1$。若对于 A 中的任意两个元素 a_1，a_2，有

$$f(a_1 * a_2) = f(a_1) \cdot f(a_2),$$

则称映射 f 是 A 到 A_1 的一个同态映射。进一步，若 f 是单射，则称 f 是一个单一同态映射；若 f 是满射，则称 f 是一个满同态映射；若 f 是双射，则称 f 是一个同构映射。

若两个代数系统之间存在一个同构映射，则称这两个代数系统是同构的。

我们举个例子。

例：$\mathbf{Z}$ 是整数集，$\mathbf{Z}$ 上的二元运算是加法，即给定 $(\mathbf{Z}, +)$。

$A = \{1, -1\}$，A 上的二元运算是数的乘法，即给定 $(A, \cdot)$。

试讨论下述 3 个映射的性质：

（1）$\varphi_1: \mathbf{Z} \to A$，对于每一个 $n \varepsilon \mathbf{Z}$，$\varphi_1(n) = 1$。

（2）$\varphi_2: \mathbf{Z} \to A$，对于每一个 n 属于 $\mathbf{Z}$，若 n 是偶数，$\varphi_2(n) = 1$，若 n 是奇数，$\varphi_2(n) = -1$。即有

$$\varphi_2(n) = \begin{cases} 1, & \text{若 } n \text{ 为偶数}, \\ -1, & \text{若 } n \text{ 为奇数}。 \end{cases}$$

（3）$\varphi_3: \mathbf{Z} \to A$，对于每一个 $n \in \mathbf{Z}$，$\varphi_3(n) = -1$。

解：

（1）φ_1 既不是 $\mathbf{Z}$ 到 A 的单射，也不是满射。

对于 $\mathbf{Z}$ 中的任意两个整数 n_1 和 n_2，有

$$\varphi_1(n_1) = 1,$$
$$\varphi_1(n_2) = 1,$$
$$\varphi_1(n_1 + n_2) = 1,$$

所以 $\qquad \varphi_1(n_1 + n_2) = \varphi_1(n_1) \cdot \varphi_1(n_2) = 1,$

故 φ_1 是同态映射。

（2）φ_2 是 $\mathbf{Z}$ 到 A 的满射，但不是单射。

对于 $\mathbf{Z}$ 中的任意的两个整数 n_1 和 n_2 来说，分以下 3 种情况：

① 若 n_1 和 n_2 均是偶数，则

$$\varphi_1(n_1) = 1,$$
$$\varphi_1(n_2) = 1,$$
$$\varphi_1(n_1 + n_2) = 1,$$

所以 $\qquad \varphi_1(n_1 + n_2) = \varphi_1(n_1) \cdot \varphi_1(n_2) = 1;$

② 若 n_1 和 n_2 均是奇数，则

$$\varphi_1(n_1) = -1,$$
$$\varphi_1(n_2) = -1,$$
$$\varphi_1(n_1 + n_2) = 1,$$

所以 $\qquad \varphi_1(n_1 + n_2) = \varphi_1(n_1) \cdot \varphi_1(n_2) = 1;$

③ 若 n_1 和 n_2 一个奇数，一个偶数，不失一般性，不妨设 n_1 是奇数，n_2 是偶数，则

$$\varphi_2(n_1) = -1,$$
$$\varphi_2(n_2) = 1,$$
$$\varphi_2(n_1 + n_2) = -1,$$

所以 $$\varphi_1(n_1 + n_2) = \varphi_1(n_1) \cdot \varphi_1(n_2) = -1;$$

因此，φ_2 是一个同态映射。

（3）φ_3 既不是 **Z** 到 A 的单射，也不是满射。

取 $n_1 = 2$，$n_2 = 3$ 时，有

$$\varphi_3(2 + 3) = \varphi_3(5) = -1,$$
$$\varphi_3(2) = -1,$$
$$\varphi_3(3) = -1,$$
$$\varphi_3(2) \cdot \varphi_3(3) = 1,$$

即 $\varphi_3(2 + 3) \neq \varphi_3(2) \cdot \varphi_3(3)$。

故 φ_3 不是同态映射。

上面例子说明两个代数系统之间既可以建立一些同态映射，也可以建立一些非同态映射。

定理 1：设 $(A, *)$，$(A_1, \cdot)$ 是两个代数系统，$*$ 是 A 上的一个二元运算，$\cdot$ 是 A_1 上一个二元运算。设 f 是 A 到 A_1 的一个满同态映射。那么下列结论成立：

（1）若 $*$ 适合交换律，则 $\cdot$ 也适合交换律。

（2）若 $*$ 适合结合律，则 $\cdot$ 也适合结合律。

证明：f 是 A 到 A_1 的一个满射，并且具有同态性。

（1）对于任意 a_1，$b_1 \in A_1$，因为 f 是 A 到 A_1 的一个满射，所以 $\exists a$，$b \in A$，使得 $f(a) = a_1$，$f(b) = b_1$，于是由同态性与交换律，可得

$$a_1 \cdot b_1 = f(a) \cdot f(b) = f(a * b) = f(b * a) = f(b) \cdot f(a) = b_1 \cdot a_1,$$

即 $\cdot$ 适合交换律。

（2）对于任意 a_1，b_1，$c_1 \in A_1$，因为 f 是 A 到 A_1 的一个满射，所以 $\exists a$，b，$c \in A$，使得 $f(a) = a_1$，$f(b) = b_1$，$f(c) = c_1$，于是由同态性与结合律，可得

$$(a_1 \cdot b_1) \cdot c_1 = (f(a) \cdot f(b)) \cdot f(c) = f(a * b) \cdot f(c)$$
$$= f((a * b) * c) = f(a * (b * c))$$
$$= f(a) \cdot f(b * c) = f(a) \cdot (f(b) \cdot f(c))$$
$$= a_1 \cdot (b_1 \cdot c_1),$$

即 $\cdot$ 适合结合律。

三、半群

下面我们研究一个特殊的代数系统。

定义 3：设 $(A, *)$ 是一个代数系统，$*$ 是非空集合 A 上的一个代数运算。若

（1）$*$ 具有封闭性，即 $*$ 是 A 上的闭运算；

（2）$*$ 具有结合律，

则称 $(A, *)$ 是一个半群。

例 2：在自然数集 **N** 上可以定义不同的代数运算，所构成的代数系统可以是半群，也可以不是半群。

（1）$(\mathbf{N}, +)$ 表示自然数集带着数的加法的代数系统，是一个半群。

（2）$(\mathbf{N}, \cdot)$ 表示自然数集带着数的乘法的代数系统，是一个半群。

（3）$(\mathbf{N}, -)$ 表示自然数集带着数的减法的代数系统，不是半群。因为减法运算可以看成是 $\mathbf{N} \times \mathbf{N}$ 到 **Z** 的一个代数运算，既不满足封闭率，也不满足结合律。

（4）对于任意两个自然数 n 和 m，定义 "$*$" 运算：

$$m * n = m + n + m \cdot n。$$

不难验证"＊"是 **N** 上的闭运算，且满足结合律，故（**N**，＊）也是一个半群。

（5）对于任意两个自然数 n 和 m，定义"⊙"运算：

$$m \odot n = m + 2n。$$

不难验证"⊙"是 **N** 上的闭运算，但不满足结合律，故（**N**，⊙）不是一个半群。

四、含幺半群

定义4：设（A，＊）是一个代数系统，

（1）若存在 $e_右 \in A$，对于任意的 $a \in A$，有 $a * e_右 = a$，则称 $e_右$ 是右幺元。

（2）若存在 $e_左 \in A$，对于任意的 $a \in A$，有 $e_左 * a = a$，则称 $e_左$ 是左幺元。

（3）若存在一个元素 $e \in A$，它既是左幺元，又是右幺元，则称 e 是幺元（又称单位元）。

定理2：设（A，＊）是一个代数系统，若它既有左幺元，又有右幺元，则左幺元等于右幺元。若有幺元，则幺元唯一。

证明：设 $e_左$，$e_右 \in A$ 分别是左、右幺元，则有：

$$e_左 = e_左 * e_右 = e_右。$$

若有 e_1，$e_2 \in A$，且均是幺元，则也有

$$e_1 = e_1 * e_2 = e_2。$$

通常用 e 表示幺元。

定义5：称含有幺元的半群为含幺半群。

不难看出 0 是半群（**N**，＋）的幺元，而 1 是半群（**N**，·）的幺元。（**N**，＋）和（**N**，·）都是含幺半群。

设 A 是一个任意的集合，2^A 是 A 的幂集合，集合的并运算∪是 2^A 上的一个二元运算，由集合运算性质知，并运算是 2^A 上的闭运算，且满足结合律，所以（2^A，∪）是一个半群，$\varnothing \in 2^A$，显然是幺元，即（2^A，∪）也是含幺半群，$\varnothing \in 2^A$ 是幺元。

五、子半群

定义6：设（A，＊）是一个半群，$\varnothing \neq B \subseteq A$，若（$B$，＊）本身是一个半群，则称（$B$，＊）是（$A$，＊）的子半群。

考察半群（A，＊）的一个非空子集 $B \subseteq A$ 是否是 A 的子半群，按定义需考察两条，即"＊"是否是 B 上封闭的二元运算；"＊"是否是 B 上可结合的二元运算。由于 $B \subseteq A$，而"＊"是 A 上可结合的二元运算，所以显然也是 A 的子集 B 上的可结合的二元运算。所以我们仅需考察"＊"是否是 B 上的闭运算。

大家知道，（**N**，＋），（**N**，·）都是半群。记

$$B_1 = \{0, 1\}$$

$$B_2 = \{x \mid x = 2i, i \in \mathbf{N}\}$$

$$B_3 = \{x \mid x = 3i, i \in \mathbf{N}\}$$

显然，（B_2，＋），（B_3，＋）都是（**N**，＋）的子半群，但（B_1，＋）不是（**N**，＋）的子半群。（B_1，·），（B_2，·），（B_3，·）都是（**N**，·）的子半群。

11.3　群的基本概念

群是近世代数中最基本、也是最重要的概念。在建立群的概念之前，先建立一个关于逆

元的概念。

一、逆元

定义 1：设（A，$*$）是一个代数系统，$e \in A$ 是幺元，$a \in A$，

（1）若存在 $b \in A$，使得 $a * b = e$，则称 b 是 a 的右逆元；

（2）若存在 $d \in A$，使得 $d * a = e$，则称 d 是 a 的左逆元。

（3）若存在 $a' \in A$，使得 a' 既是 a 的左逆元，又是 a 的右逆元，则称 a' 是 a 的逆元。

实际上，我们已经在一个函数的左逆函数、右逆函数、逆函数的定义中接触了关于左逆元、右逆元、逆元的概念。

我们有以下定理：

定理 1：设（A，$*$）是一个代数系统，$*$ 满足结合律，$e \in A$ 是幺元，$a \in A$ 是任意的元素，则

（1）若 a 既有左逆元，又有右逆元，则 a 的左逆元等于右逆元，即为 a 的逆元。

（2）a 的逆元若存在，则唯一。

证明：

（1）设 d，b 分别是 a 的左、右逆元，则有

$$d * a = e,$$
$$a * b = e,$$

于是，$d = d * e = d * (a * b) = (d * a) * b = e * b = b$。

（2）设 d，b 分别是 a 的两个逆元，则有

$$d * a = e, \qquad a * d = e,$$
$$a * b = e, \qquad b * a = e。$$

于是，$d = d * e = d * (a * b) = (d * a) * b = e * b = b$。

设（A，$*$）是一个代数系统，$e \in A$，对于 A 中的任意元素 a，若 a 有逆元，则记之为 a^{-1}，即 a^{-1} 为 a 的逆元，它满足：

$$a^{-1} * a = e, \qquad a * a^{-1} = e。$$

二、群（Group）

定义 2：（A，$*$）是一个代数系统，若（A，$*$）满足以下四条：

（1）$*$ 是 A 上的闭运算；

（2）$*$ 适合结合律；

（3）存在幺元 $e \in A$（又称之为单位元）；

（4）对于 A 中的任意元素 a，存在逆元 $a^{-1} \in A$，使得 $a * a^{-1} = a^{-1} * a = e$。

则称（A，$*$）是一个群。

由群的定义，不难知道

（1）（$\mathbf{N}$，$+$）是含幺半群，幺元是 0，但不是群。因为 $1 \in \mathbf{N}$，但不存在 $x \in \mathbf{N}$，$x + 1 = 0$。然而，（$\mathbf{Z}$，$+$）是群，（$\mathbf{Q}$，$+$），（$\mathbf{R}$，$+$）都是群。

（2）（$\mathbf{Z}$，$\cdot$）也是含幺半群，幺元是 1，但不是群。因为 $0 \in \mathbf{Z}$，不存在 $x \in \mathbf{Z}$，使得 $x \cdot 0 = 1$。同理，（$\mathbf{Q}$，$\cdot$），（$\mathbf{R}$，$\cdot$）也都不是群。取 $\mathbf{Q}^* - \mathbf{Q} - \{0\}$，$\mathbf{R}^* = \mathbf{R} \{0\}$，则容易验证（$\mathbf{Q}^*$，$\cdot$），（$\mathbf{R}^*$，$\cdot$）都是群。

下面我们再看一些群的例子。

例 1：设 $A = \{\bar{0}, \bar{1}, \bar{2}, \cdots, \overline{n-1}\}$，$n$ 是一个正整数。

在 A 上定义运算:对于任意的 $\bar{i}, \bar{j} \in A$,

$$\bar{i} \oplus \bar{j} = \begin{cases} \overline{i+j}, & i+j \le n-1 \\ \overline{i+j-n}, & i+j \ge n_{\circ} \end{cases}$$

由定义知,$\oplus$ 是 A 上的闭运算。

对于任意的 $\bar{i}, \bar{j}, \bar{k} \in A$,下面分情况讨论来证明 $(\bar{i} \oplus \bar{j}) \oplus \bar{k} = \bar{i} \oplus (\bar{j} \oplus \bar{k})$。

（1）若 $i+j+k < n$,则

$$(\bar{i} \oplus \bar{j}) \oplus \bar{k} = \overline{i+j} \oplus \bar{k} = \overline{i+j+k}_{\circ}$$

而

$$\bar{i} \oplus (\bar{j} \oplus \bar{k}) = \bar{i} \oplus \overline{j+k} = \overline{i+j+k},$$

所以有

$$(\bar{i} \oplus \bar{j}) \oplus \bar{k} = \bar{i} \oplus (\bar{j} \oplus \bar{k})_{\circ}$$

（2）若 $i+j+k \ge 2n$,则任意两数之和将超过 n,

$$(\bar{i} \oplus \bar{j}) \oplus \bar{k} = \overline{i+j-n} \oplus \bar{k} = \overline{i+j+k-2n},$$

而

$$\bar{i} \oplus (\bar{j} \oplus \bar{k}) = \bar{i} \oplus \overline{j+k-n} = \overline{i+j+k-2n}$$

所以也有

$$(\bar{i} \oplus \bar{j}) \oplus \bar{k} = \bar{i} \oplus (\bar{j} \oplus \bar{k})_{\circ}$$

（3）若 $n \le i+j+k < 2n$,则有四种情况如下:

① 设 $j+k < n$, $i+j < n$,则

$$(\bar{i} \oplus \bar{j}) \oplus \bar{k} = \overline{i+j} \oplus \bar{k} = \overline{i+j+k-n},$$

$$\bar{i} \oplus (\bar{j} \oplus \bar{k}) = \bar{i} \oplus \overline{j+k} = \overline{i+j+k-n}_{\circ}$$

② 设 $j+k \ge n$, $i+j \ge n$,则

$$(\bar{i} \oplus \bar{j}) \oplus \bar{k} = \overline{i+j-n} \oplus \bar{k} = \overline{i+j+k-n},$$

$$\bar{i} \oplus (\bar{j} \oplus \bar{k}) = \bar{i} \oplus \overline{j+k-n} = \overline{i+j+k-n}_{\circ}$$

③ 设 $i+j < n$, $j+k \ge n$,则

$$(\bar{i} \oplus \bar{j}) \oplus \bar{k} = \overline{i+j} \oplus \bar{k} = \overline{i+j+k-n},$$

$$\bar{i} \oplus (\bar{j} \oplus \bar{k}) = \bar{i} \oplus \overline{j+k-n} = \overline{i+j+k-n}_{\circ}$$

④ 设 $i+j \ge n$, $j+k < n$,则

$$(\bar{i} \oplus \bar{j}) \oplus \bar{k} = \overline{i+j-n} \oplus \bar{k} = \overline{i+j+k-n},$$

$$\bar{i} \oplus (\bar{j} \oplus \bar{k}) = \bar{i} \oplus \overline{j+k} = \overline{i+j+k-n}_{\circ}$$

因此,有

$$(\bar{i} \oplus \bar{j}) \oplus \bar{k} = \bar{i} \oplus (\bar{j} \oplus \bar{k}),$$

即 $\oplus$ 满足结合律。

显然,元素 $\bar{0} \in A$ 满足:对于任意的 $\bar{i} \in A$,有

$$\bar{0} \oplus \bar{i} = \bar{i} \oplus \bar{0} = \bar{i},$$

即 $\bar{0}$ 是幺元。

对于任意的 $\bar{i} \in A$,若 $i \ne 0$,则有 $\overline{n-i} \in A$,使得

$$\bar{i} \oplus \overline{n-i} = \overline{n-i} \oplus \bar{i} = \overline{n-i+i-n} = \bar{0} \,。$$

若 $i=0$，则有

$$\bar{0} \oplus \bar{0} = \bar{0} \oplus \bar{0} = \bar{0},$$

即 A 中每个元素都有逆元。

综上所述，$(A, \oplus)$ 是一个群。

这个群称之为模 n 的整数加群，一般记之为 $(\mathbf{Z}_n, \oplus)$，其中 $\mathbf{Z}_n = \{\bar{0}, \bar{1}, \bar{2}, \cdots, \overline{n-1}\}$。

例2：设 $A = \{a_1, a_2, a_3, a_4, a_5, a_6\}$，$A$ 上的运算 "$*$" 由表11.3给出。

表 11.3

$*$	a_1	a_2	a_3	a_4	a_5	a_6
a_1	a_1	a_2	a_3	a_4	a_5	a_6
a_2	a_2	a_1	a_5	a_6	a_3	a_4
a_3	a_3	a_6	a_1	a_5	a_4	a_2
a_4	a_4	a_5	a_6	a_1	a_2	a_3
a_5	a_5	a_4	a_2	a_3	a_6	a_1
a_6	a_6	a_3	a_4	a_2	a_1	a_5

由表11.3，不难看出 $*$ 是 A 上的闭运算。显然，a_1 是幺元。

可以验证，对于任意的 $x, y, z \in A$，有 $(x*y)*z = x*(y*z)$，即 $*$ 适合结合律，且有 $a_2^{-1} = a_2$，$a_3^{-1} = a_3$，$a_4^{-1} = a_4$，$a_5^{-1} = a_6$，$a_6^{-1} = a_5$，故 $(A, *)$ 是一个群。

定理2：设 $(G, *)$ 是一个群，则

（1）对于任意的 $g \in G$，$(g^{-1})^{-1} = g$。

（2）对于任意的 $g_1, g_2 \in G$，$(g_1 * g_2)^{-1} = g_2^{-1} * g_1^{-1}$。

证明：

因为 $g * g^{-1} = g^{-1} * g = e$，由定义可以直接得 $(g^{-1})^{-1} = g$。

又

$$(g_1 * g_2) * (g_2^{-1} * g_1^{-1}) = g_1 * (g_2 * g_2^{-1}) * g_1^{-1} = g_1 * e * g_1^{-1} = g_1 * g_1^{-1} = e,$$

且

$$(g_2^{-1} * g_1^{-1}) * (g_1 * g_2) = g_2^{-1} * (g_1^{-1} * g_1) * g_2 = g_2^{-1} * e * g_2 = e,$$

由定义，有 $(g_1 * g_2)^{-1} = g_2^{-1} * g_1^{-1}$。

定义3：设 $(A, *)$ 是一个代数系统。若对于任意的 $a, b, c \in A$，满足

如果 $a*b = a*c$，那么 $b = c$，

则称 $*$ 运算满足左消去律。

若对于任意的 $a, b, c \in A$，满足

如果 $b*a = c*a$，那么 $b = c$，

则称 $*$ 运算满足右消去律。

定理3：设 $(G, *)$ 是一个群，则 $*$ 运算分别满足左、右消去律。

证明：对于任意的 $a, b, c \in G$，若 $a*b = a*c$，则

$$(a^{-1})*(a*b) = (a^{-1})*(a*c),$$

即

$$(a^{-1}*a)*b = (a^{-1}*a)*c,$$

亦即

$$e*b = e*c,$$

故 $\qquad\qquad\qquad\qquad\qquad b=c_{\circ}$

若 $b*a=c*a$，则
$$(b*a)*(a^{-1})=(c*a)*(a^{-1}),$$

即 $\qquad\qquad\qquad b*(a*a^{-1})=c*(a*a^{-1}),$

亦即 $\qquad\qquad\qquad b*e=c*e,$

故 $\qquad\qquad\qquad\qquad\quad b=c_{\circ}$

三、群的同态、同构

定义4：设 $(G,*)$ 和 $(A,\cdot)$ 是两个群，f 是 G 到 A 的一个映射。

若对于任意的 g_1，$g_2\in G$，有
$$f(g_1*g_2)=f(g_1)\cdot f(g_2),$$

则称 f 是 $(G,*)$ 到 $(A,\cdot)$ 的群同态映射。进一步，若 f 是单射，则称 f 是单一同态；若 f 是满射，则称 f 是满同态；若 f 是双射，则称 f 是同构映射，并称群 $(G,*)$ 和 $(A,\cdot)$ 是两个同构的群。

例3：设 $(G,*)$ 和 $(A,\cdot)$ 是两个任意的群，e_2 是 $(A,\cdot)$ 的幺元。

现定义 $\varphi: G\to A$，对于任意的 $g\in G$，
$$\varphi(g)=e_2_{\circ}$$

对于任意的 g_1，$g_2\in G$，
$$\varphi(g_1*g_2)=e_2,\varphi(g_1)=\varphi(g_2)=e_2,$$

于是，$\varphi(g_1*g_2)=e_2=e_2\cdot e_2=\varphi(g_1)\cdot\varphi(g_2)$

所以，$\varphi: G\to A$ 是一个同态映射。

定义5：设 $(G,*)$ 是一个群，f 是一个 G 到 G 的映射。若 f 是同态映射，称 f 为群 G 的自同态映射。若 f 是同构映射，称 f 为群 G 的自同构映射。

例4：$\mathbf{Z}_6=\{\bar{0},\bar{1},\bar{2},\bar{3},\bar{4},\bar{5}\}$，现定义映射 $f_1:\mathbf{Z}_6\to\mathbf{Z}_6$ 与 $f_2:\mathbf{Z}_6\to\mathbf{Z}_6$ 如下。

$$f_1(\bar{0})=\bar{0}, \qquad f_2(\bar{0})=\bar{0},$$
$$f_1(\bar{1})=\bar{5}, \qquad f_2(\bar{1})=\bar{2},$$
$$f_1(\bar{2})=\bar{4}, \qquad f_2(\bar{2})=\bar{4},$$
$$f_1(\bar{3})=\bar{3}, \qquad f_2(\bar{3})=\bar{0},$$
$$f_1(\bar{4})=\bar{2}, \qquad f_2(\bar{4})=\bar{2},$$
$$f_1(\bar{5})=\bar{1}_{\circ} \qquad f_2(\bar{5})=\bar{4}_{\circ}$$

显然，f_1 是一个自同构映射，f_2 是一个自同态映射。我们还可以给出几个不同的自同态映射。

定理4：设 $(G,*)$ 和 $(A,\cdot)$ 是两个任意的群，$f: G\to A$ 是群同态映射，则

（1）对于 $(G,*)$ 和 $(A,\cdot)$ 的幺元 e_1 和 e_2，有 $f(e_1)=e_2$，

（2）对任意的 $g\in G$，有 $f(g^{-1})=(f(g))^{-1}$。

证明：（1）$f(e_1*e_1)=f(e_1)$，

又 $\qquad\qquad\qquad f(e_1*e_1)=f(e_1)\cdot f(e_1),$

故 $$f(e_1) \cdot f(e_1) = f(e_1) = f(e_1) \cdot e_2,$$

根据群的左消去律，有 $f(e_1) = e_2$。

（2）对于任意的 $g \in G$，

$$f(g * g^{-1}) = f(g) \cdot f(g^{-1}),$$

又 $$f(g * g^{-1}) = f(e_1) = e_2,$$

故 $$f(g) \cdot f(g^{-1}) = e_2 = f(g) \cdot (f(g))^{-1},$$

根据群的左消去律，有

$$f(g^{-1}) = (f(g))^{-1}。$$

四、无限群、有限群、交换群、元的阶

定义 6：设 $(A, *)$ 是一个群，

（1）若 A 是无限集，则称 $(A, *)$ 是无限群。

（2）若 A 是有限集，且 $|A| = n$，则称 $(A, *)$ 是 n 阶有限群。

（3）对于 A 中的任意两个元素 a, b，若有 $a * b = b * a$，则称 $(A, *)$ 是交换群，又称之为阿贝尔（Abel）群。

定义 7：设 $(G, *)$ 是一个群，$g \in G$。若存在一个正整数 n，使得

$$g * g * \cdots * g = g^n = e,$$

且对于任意的正整数 m，$m < n$，有

$$g^m \neq e,$$

则称 g 是一个 n 阶元，记为 $o(g) = n$。

若对于任意的正整数 n，

$$g^n \neq e,$$

则称 g 是无限阶元，记为 $o(g) = \infty$。

在整数加群 $(\mathbf{Z}, +)$ 中，对于任意的 $m \in \mathbf{Z}$，因为对于任意的正整数 n，

$$\underbrace{m + m + \cdots + m}_{n} = nm \neq 0,$$

所以，$o(m) = \infty$。

在模 6 的整数加群 $(\mathbf{Z}_6, \oplus)$ 中，

$$\bar{1} \oplus \bar{1} \oplus \bar{1} \oplus \bar{1} \oplus \bar{1} \oplus \bar{1} = \bar{0} = \bar{5} \oplus \bar{5} \oplus \bar{5} \oplus \bar{5} \oplus \bar{5} \oplus \bar{5},$$

$$\bar{2} \oplus \bar{2} \oplus \bar{2} = \bar{0} = \bar{4} \oplus \bar{4} \oplus \bar{4},$$

$$\bar{3} \oplus \bar{3} = \bar{0},$$

从而有 $o(\bar{1}) = 6$，$o(\bar{3}) = 2$，$o(\bar{2}) = 3$，$o(\bar{4}) = 3$，$o(\bar{5}) = 6$。

例 5：$G = \left\{1, \varepsilon_1 = \dfrac{-1 + \sqrt{-3}}{2}, \varepsilon_2 = \dfrac{-1 - \sqrt{-3}}{2}\right\}$，

对于普通乘法来说，$(G, \cdot)$ 是一个群。

容易验证，$\varepsilon_1^3 = 1$，而 $\varepsilon_1^2 \neq 1$。

从而有 $o(\varepsilon_1) = 3$。

同理可得，$o(\varepsilon_2) = 3$。

例 6：设 $(G, \cdot)$ 是一个交换群，对于任意的 $a, b \in G$，若

$$o(a) = n,$$

$$o(b) = m,$$
$$(n, m) = 1,$$

则
$$o(a \cdot b) = nm。$$

证明　显然 $(a \cdot b)^{mm} = a^{mn} \cdot b^{mn} = (a^n)^m \cdot (b^m)^n = e \cdot e = e$。

对于任意正整数 k，若 $(a \cdot b)^k = e$，则 $(a \cdot b)^{km} = ((a \cdot b)^k)^m = e^m = e$，且 $(a \cdot b)^{km} = (a^{km} \cdot b^{km}) = (a^{km} \cdot e) = a^{km}$，所以 $a^{km} = e$。已知 $o(a) = n$，故 $n \mid km$，又 $(n, m) = 1$，所以 $n \mid k$。

同理可证 $m \mid k$。

又 $(m, n) = 1$，因此 $mn \mid k$。

综上所述，$o(a \cdot b) = mn$。

群是只有一种代数运算的代数系统，可以看到：一个代数运算用什么符号来表示，这并不是一个关键问题，可以由我们自由决定，有时可以用" $*$ "，有时可以用" $\cdot$ "或" $+$ "或" $\oplus$ "等等。对于一个一般的群，不一定可换，即未必满足交换率，以后我们常用" $\cdot$ "（读作"点乘"）来表示它所具有的二元运算，称该群为乘法群。"群 G "即表示一个群 $(G, \cdot)$，其中" $\cdot$ "运算，是泛指的，绝不是数的乘法运算。

通常称一个交换群为加法群，并用" $+$ "来表示它的二元运算，此时的" $+$ "，绝不是数的加法运算，也是泛指一个有交换律的二元运算。在一个加法群 $(G, +)$ 中，用"0"表示幺元，对于任意的 $g \in G$，其逆元可以用 $-g$ 来表示。

11.4　群的几个等价定义

群是一个最重要的代数系统，对于如何定义一个群，从不同的角度出发，可以得到几个不同的定义。

定理 1：设 $(G, *)$ 是一个半群。若

（1）存在 $e \in G$ 是 G 中的左幺元，

（2）对于任意的 G 中元素 g，存在左逆元 $g' \in G$，使得 $g' * g = e$。

则 $(G, *)$ 是一个群。

证明：对于任意的 G 中元素 g，由已知条件，存在左逆元 $g' \in G$，使得

$$g' * g = e, \tag{1}$$

又 $g' \in G$，又存在 $g'' * G$，使得

$$g'' * g' = e,$$

则有

$$g * g' = e * (g * g') = (g'' * g') * (g * g') = g'' * (g' * g) * g',$$
$$= g'' * e * g' = g'' * (e * g') = g'' * g' = e,$$

即有
$$g * g' = e, \tag{2}$$

于是
$$g * e = g * (g' * g) = (g * g') * g = e * g = g,$$

即 e 是右幺元，所以 e 是幺元

进而由式（1）和式（2）知道，g' 就是 g 的逆元，即 $g' = g^{-1}$。

综上所述，$(G, *)$ 是一个群。

这个定理告诉我们，群的定义条件可以减弱，但实际上表面减弱的定义与原定义是等价的。为了方便起见，仍用原定义条件。

定理2：设（G，$*$）是一个半群，则（G，$*$）是群当且仅当对于 G 中任意两个元素 a 和 b 来说，方程 $a*x=b$ 和 $y*a=b$ 在 G 中有解。

证明："$\Rightarrow$"先证必要性。设 a 和 b 是 G 中任意两个元素，因为（G，$*$）是群，故存在 $a^{-1}\in G$，于是

$$a*(a^{-1}*b)=b,$$
$$(b*a^{-1})*a=b,$$

即 $a^{-1}*b$ 是 $a*x=b$ 的一个解，$b*a^{-1}$ 是 $y*a=b$ 的一个解。

"$\Leftarrow$"再证充分性。对于任意元素 $a\in G$，由充分性条件 $y*a=a$ 在 G 中有解知，存在 $e\in G$，使得

$$e*a=a。$$

对于任意元素 $g\in G$，由充分性条件 $a*x=g$ 在 G 中有解知，存在 $b\in G$，使得

$$a*b=g,$$

于是
$$e*g=e*(a*b)=(e*a)*b=a*b=g,$$

故 e 是 G 中的左幺元。

对于 G 中任意元素 g，由充分性条件 $y*g=e$ 在 G 中有解知，存在 $g'\in G$，使得

$$g'*g=e,$$

故 g' 是 g 的左逆元。

综上所述，（G，$*$）是一个群。

N 是自然数集，在含幺半群（**N**，+）中，对于任意的 m，$n\in$**N**，方程 $x+m=n$ 在 **N** 中不一定有解。把自然数集扩大为整数集后，在（**Z**，+）中对于任意的 m，$n\in$**Z**，方程 $x+m=n$ 在 **Z** 中一定有解。

这个定理给出了群的又一个等价定义。对于有限群，还可以有一个更简单的定义。

定理3：设 G 是一个非空有限集，（G，$*$）是一个半群，若 $*$ 满足左、右消去律，即对于任意的 a，b，$c\in A$，满足：

如果 $a*b=a*c$，那么 $b=c$；

如果 $b*a=c*a$，那么 $b=c$，

则（G，$*$）是一个群。

证明：先证对于 G 中任意两个元素 a 和 b，$a*x=b$ 在 G 中有解。

不妨设 $G=\{g_1,g_2,\cdots,g_n\}$，则

$$a*G\hat{=}\{a*g_1,a*g_2,\cdots,a*g_n\},$$

由于 $*$ 是封闭的，所以 $a*G\subseteq G$。

作 G 到 $a*G$ 的映射 φ：$G\rightarrow a*G$ 如下：

$$\varphi(g_i)=a*g_i,1\leqslant i\leqslant n。$$

显然，φ 是满射。

若 $\varphi(g_i)=\varphi(g_j)$，即 $a*g_i=a*g_j$，则由左消去率知 $g_i=g_j$，故 φ 是单射。

于是，φ 是双射，所以 $|a*G|=|G|$。

又 G 是有限集，且 $a*G\subseteq G$，则有 $a*G=G$。

因为 $b\in G$，所以 $b\in a*G$，即存在 $g_{i_0}\in G$，使得

$$b = a * g_{i_0}。$$

也就是 $a * x = b$ 在 G 中有解 g_{i_0}。

同理可证，$y * a = b$ 在 G 中也有解。

最后可得，$(G, *)$ 是群。

11.5   变换群和置换群

设 A 是一个任意的非空集合，A^A 是以 A 到 A 的映射为元素的集合：

$$A^A = \{f \mid f : A \rightarrow A\}。$$

对于任意的 f_1，$f_2 \in A^A$，$f_1 \circ f_2$ 是映射 f_1 与映射 f_2 的复合映射，由映射复合的定义知，$f_1 \circ f_2 \in A^A$。

$\Delta_A = \{(x, x) \mid x \in A\} \in A^A$，对于任意的 $f \in A^A$，由复合映射的定义有

$$f \circ \Delta_A = \Delta_A \circ f = f,$$

即 Δ_A 是幺元。

又映射的复合运算满足结合律，所以 $(A_A, \circ)$ 是一个含幺半群。

一、变换群

定义 1：设 A 是一个非空集合，G 是由 A 到 A 的一些映射构成的集合，若 G 是关于运算"$\circ$"构成的一个群，则称 $(G, \circ)$ 是集合 A 上的一个变换群，简称变换群。

例 1：令 $U(A^A) = \{f \mid f \in A^A, f$ 是双射$\}$，则 $(U(A^A), \circ)$ 是集合 A 上的一个变换群。

对于任意的 f_1，$f_2 \in U(A^A)$，f_1，f_2 都是 A 上的双射，$f_1 \circ f_2$ 也是双射，所以 $f_1 \circ f_2 \in U(A^A)$。

显然，"$\circ$"也是 $U(A^A)$ 上的可结合的二元运算。

显然，$\Delta_A \in U(A^A)$，Δ_A 是幺元。

对于任意的 $f \in U(A^A)$，因为 f 是双射，所以存在 $f^{-1} \in A^A$，使 $f \circ f^{-1} = f^{-1} \circ f = \Delta_A$，且 f^{-1} 也是双射，所以 $f^{-1} \in U(A^A)$。

综上所述，$(U(A^A), \circ)$ 是一个群。对于任意的 $f \in U(A^A)$，称 f 为集合 A 上的一个变换。

例 2：$\mathbf{R}$ 是实数集，

$$L = \{f_{a, b} \mid a \neq 0, a, b \in \mathbf{R}, \text{对于任意的 } x \in \mathbf{R}, f_{a, b}(x) = ax + b\},$$

则 $(L, \circ)$ 是实数集 $\mathbf{R}$ 上的一个变换群。

首先证明 $\circ$ 是 L 上的闭运算。

对于任意的 $f_{a,b}$，$f_{c,d} \in L$，$a \neq 0$，$c \neq 0$，a，b，c，$d \in \mathbf{R}$。

对于任意的 $x \in \mathbf{R}$，

$$f_{a,b} \circ f_{c,d}(x) = f_{a,b}(f_{c,d}(x))$$
$$= f_{a,b}(cx + d) = a(cx + d) + b = acx + ad + b。$$

因为 $a \neq 0$，$c \neq 0$，所以 $ac \neq 0$，ac，$ad + b \in \mathbf{R}$，所以

$$f_{a, b} \circ f_{c, d} = f_{ac, ad + b} \in L。$$

因为 $\circ$ 是映射的复合运算，所以 $\circ$ 是可结合的二元运算。

显然，$f_{1,0} \in L$，$f_{1,0} = \Delta_{\mathbf{R}}$，所以 $f_{1,0}$ 是幺元，即对于任意的 $f_{a,b} \in L$，

$$f_{a,b} \circ f_{1,0} = f_{1,0} \circ f_{a,b} = f_{a,b}。$$

对于任意的 $f_{a,b} \in L$，因为 $a \neq 0$，所以 $a^{-1} \neq 0$，a^{-1}，$-a^{-1}b \in \mathbf{R}$，$f_{a^{-1}, -a^{-1}b} \in L$，并且

$$f_{a,b} \circ f_{a^{-1}, -a^{-1}b} = f_{a^{-1}, -a^{-1}b} \circ f_{a,b} = f_{1,0},$$

从而有，$f_{a,b}^{-1} = f_{a^{-1}, -a^{-1}b} \in L$，故 $f_{a^{-1}, -a^{-1}b}$ 为 $f_{a,b}$ 的逆元。

综上所述，$(L, \circ)$ 是一个群，且对于任意的 $f_{a,b} \in L$，$f_{a,b}$ 是 $\mathbf{R}$ 到 $\mathbf{R}$ 的双射，$(L, \circ)$ 是实数集 $\mathbf{R}$ 上的一个变换群。

二、置换群

定义 2：设 A 是一个非空有限集，则

（1）称 A 上的一个变换群为 A 上的一个置换群，简称置换群。

（2）对于任意的 $f \in U(A^A)$，称 f 为集合 A 上的一个置换。

下面针对非空有限集 A，深入讨论变换群 $(U(A^A), \circ)$。

设 $A = \{a_1, a_2, a_3\}$，

对于任意的 $f \in U(A^A)$，令 $f(a_i) = a_{f_i}$，$1 \leq i \leq 3$。则

$$A \xrightarrow{f} A,$$
$$a_1 \mapsto a_{f_1},$$
$$a_2 \mapsto a_{f_2},$$
$$a_3 \mapsto a_{f_3}。$$

为简单起见，我们记之为：

$$f = \begin{bmatrix} 1 & 2 & 3 \\ f_1 & f_2 & f_3 \end{bmatrix}$$

例如，$f = \begin{bmatrix} 1 & 2 & 3 \\ 2 & 3 & 1 \end{bmatrix}$，即

$$A \xrightarrow{f} A,$$
$$a_1 \mapsto a_2,$$
$$a_2 \mapsto a_3,$$
$$a_3 \mapsto a_1。$$

显然，

$$f = \begin{bmatrix} 1 & 2 & 3 \\ 2 & 3 & 1 \end{bmatrix} = \begin{bmatrix} 1 & 3 & 2 \\ 2 & 1 & 3 \end{bmatrix} = \begin{bmatrix} 2 & 1 & 3 \\ 3 & 2 & 1 \end{bmatrix} = \begin{bmatrix} 2 & 3 & 1 \\ 3 & 1 & 2 \end{bmatrix} = \begin{bmatrix} 3 & 1 & 2 \\ 1 & 2 & 3 \end{bmatrix} = \begin{bmatrix} 3 & 2 & 1 \\ 1 & 3 & 2 \end{bmatrix}。$$

一般地，$A = \{a_1, a_2, \cdots, a_n\}$。

对于任意的 $f \in U(A^A)$，令 $f(a_i) = a_{f_i}$，$1 \leq i \leq n$。则

$$A \xrightarrow{f} A,$$
$$a_1 \mapsto a_{f_1},$$
$$a_2 \mapsto a_{f_2},$$
$$\vdots$$
$$a_n \mapsto A_{f_n}。$$

为简单起见，我们记之为：

$$f = \begin{bmatrix} 1 & 2 & 3 & \cdots & n \\ f_1 & f_2 & f_3 & \cdots & f_n \end{bmatrix}。$$

三、n 次对称群 S_n

定义 3：设 $A = \{a_1, a_2, \cdots, a_n\}$，称 $(U(A^A), \circ)$ 为 n 次对称群，记为 S_n，即

$$S_n = U(A^A)。$$

例 3：$|S_n| = n!$。

对于任意的 $f \in S_n$，f 可以表示如下：

$$f = \begin{bmatrix} 1 & 2 & \cdots & n \\ f_1 & f_2 & \cdots & f_n \end{bmatrix}。$$

因为 f 是双射，所以，$f_1, f_2, \cdots, f_n$ 是 $1, 2, \cdots, n$ 的一个排列。

显然，$1, 2, \cdots, n$ 的一个排列和 $f \in S_n$ 是一一对应的。

$1, 2, \cdots, n$ 共有 $n!$ 个不同的排列，所以 $|S_n| = n!$。

例 4：设 $n = 3$，则 S_3 有 6 个元素：

$$\begin{bmatrix} 1 & 2 & 3 \\ 1 & 2 & 3 \end{bmatrix}, \begin{bmatrix} 1 & 2 & 3 \\ 2 & 1 & 3 \end{bmatrix}, \begin{bmatrix} 1 & 2 & 3 \\ 1 & 3 & 2 \end{bmatrix}, \begin{bmatrix} 1 & 2 & 3 \\ 3 & 2 & 1 \end{bmatrix}, \begin{bmatrix} 1 & 2 & 3 \\ 2 & 3 & 1 \end{bmatrix}, \begin{bmatrix} 1 & 2 & 3 \\ 3 & 1 & 2 \end{bmatrix}。$$

因为

$$\begin{bmatrix} 1 & 2 & 3 \\ 1 & 3 & 2 \end{bmatrix} \circ \begin{bmatrix} 1 & 2 & 3 \\ 2 & 1 & 3 \end{bmatrix} = \begin{bmatrix} 1 & 2 & 3 \\ 3 & 1 & 2 \end{bmatrix},$$

$$\begin{bmatrix} 1 & 2 & 3 \\ 2 & 1 & 3 \end{bmatrix} \circ \begin{bmatrix} 1 & 2 & 3 \\ 1 & 3 & 2 \end{bmatrix} = \begin{bmatrix} 1 & 2 & 3 \\ 2 & 3 & 1 \end{bmatrix},$$

所以，S_3 不是交换群。

为便利起见，在算式中可以省略 "$\circ$"，上面式子变为：

$$\begin{bmatrix} 1 & 2 & 3 \\ 1 & 3 & 2 \end{bmatrix} \begin{bmatrix} 1 & 2 & 3 \\ 2 & 1 & 3 \end{bmatrix} = \begin{bmatrix} 1 & 2 & 3 \\ 3 & 1 & 2 \end{bmatrix},$$

$$\begin{bmatrix} 1 & 2 & 3 \\ 2 & 1 & 3 \end{bmatrix} \begin{bmatrix} 1 & 2 & 3 \\ 1 & 3 & 2 \end{bmatrix} = \begin{bmatrix} 1 & 2 & 3 \\ 2 & 3 & 1 \end{bmatrix}。$$

在计算中，可以利用下面方法，可以很快求得结果：

$$\begin{bmatrix} 1 & 2 & 3 \\ 1 & 3 & 2 \end{bmatrix} \begin{bmatrix} 1 & 2 & 3 \\ 2 & 1 & 3 \end{bmatrix} = \begin{bmatrix} 2 & 1 & 3 \\ 3 & 1 & 2 \end{bmatrix} \begin{bmatrix} 1 & 2 & 3 \\ 2 & 1 & 3 \end{bmatrix} = \begin{bmatrix} 1 & 2 & 3 \\ 3 & 1 & 2 \end{bmatrix},$$

$$\begin{bmatrix} 1 & 2 & 3 \\ 2 & 1 & 3 \end{bmatrix} \begin{bmatrix} 1 & 2 & 3 \\ 1 & 3 & 2 \end{bmatrix} = \begin{bmatrix} 1 & 3 & 2 \\ 2 & 3 & 1 \end{bmatrix} \begin{bmatrix} 1 & 2 & 3 \\ 1 & 3 & 2 \end{bmatrix} = \begin{bmatrix} 1 & 2 & 3 \\ 2 & 3 & 1 \end{bmatrix}。$$

再看一个算例：

$$\begin{bmatrix} 1 & 2 & 3 \\ 3 & 1 & 2 \end{bmatrix} \begin{bmatrix} 1 & 2 & 3 \\ 2 & 3 & 1 \end{bmatrix} = \begin{bmatrix} 2 & 3 & 1 \\ 1 & 2 & 3 \end{bmatrix} \begin{bmatrix} 1 & 2 & 3 \\ 2 & 3 & 1 \end{bmatrix} = \begin{bmatrix} 1 & 2 & 3 \\ 1 & 2 & 3 \end{bmatrix}。$$

四、k–循环置换

定义 4：设 $A = \{a_1, a_2, \cdots, a_n\}$，$\{a_{i_1}, a_{i_2}, \cdots, a_{i_k}\} \subseteq A$，若 $f \in S_n$ 具有下列形式：

$$f(a_{i_j}) = a_{i_{j+1}}, 1 \leqslant j \leqslant k-1,$$

$$f(a_{i_k}) = a_{i_1},$$

$$f(a_l) = a_l, l \notin \{i_1, i_2, \cdots, i_k\},$$

则称 f 是一个 k–循环置换，简称 k–循环，并记之为：

$$f = (i_1, i_2, \cdots, i_k) = (i_2, i_3, \cdots, i_k, i_1) = \cdots = (i_k, i_1, i_2, \cdots, i_{k-1})。$$

例如在 S_5 中

$$f = \begin{bmatrix} 1 & 2 & 3 & 4 & 5 \\ 2 & 3 & 1 & 4 & 5 \end{bmatrix} = (123) = (231) = (312)$$

$$g = \begin{bmatrix} 1 & 2 & 3 & 4 & 5 \\ 5 & 1 & 4 & 2 & 3 \end{bmatrix} = (15342) = (53421) = (34215) = (42153)$$

$$h = \begin{bmatrix} 1 & 2 & 3 & 4 & 5 \\ 1 & 2 & 3 & 4 & 5 \end{bmatrix} = (1) = (2) = (3) = (4) = (5)$$

一个任意的置换当然不一定是一个循环置换。例如，$\alpha = \begin{bmatrix} 1 & 2 & 3 & 4 & 5 \\ 3 & 2 & 1 & 5 & 4 \end{bmatrix}$ 就不是一个循环置换，然而它可以表示为循环置换的乘积：

$$\alpha = \begin{bmatrix} 1 & 2 & 3 & 4 & 5 \\ 3 & 2 & 1 & 5 & 4 \end{bmatrix} = \begin{bmatrix} 1 & 2 & 3 & 4 & 5 \\ 3 & 2 & 1 & 4 & 5 \end{bmatrix} \begin{bmatrix} 1 & 2 & 3 & 4 & 5 \\ 1 & 2 & 3 & 5 & 4 \end{bmatrix} = (13)(45)。$$

定理：设 $f \in S_n$，则 f 可以写成若干个互相没有共同数字的（不相交的）循环置换的乘积。

证明：设 $A = \{a_1, a_2, \cdots, a_n\}$，$S_n = U(A^A)$。

对于任意给定的 $f \in S_n$，对于任意的 $a_i \in A$，若 $f(a_i) = a_i$，称 a_i 为在 f 下不动的元素，否则称 a_i 为在 f 下变动的元素。对在 f 作用下变动元素个数进行归纳法。

当变动元素个数为 0 时，此时 f 是恒等置换，即 $f = (1)$，定理成立。

假定当变动元素个数小于或等于 $r-1(r \leq n)$ 时，定理都是成立的。下面考察当变动元素个数为 r 时定理是否成立。

任取一个在 f 作用下变动的元素，令为 a_{i_1}，不妨设

$$f(a_{i_1}) = a_{i_2}, f(a_{i_2}) = a_{i_3}, \cdots。$$

由于 A 总共仅 n 个不同元素，故有限步内一定会出现一个 a_{i_k}，使得

$$f(a_{i_k}) \in \{a_{i_1}, a_{i_2}, \cdots, a_{i_{k-1}}\}。$$

若 $f(a_{i_k}) = a_{i_j}$，且 $2 \leq j \leq k-1$，因为 $f(a_{i_{j-1}}) = a_{i_j}$，又 $a_{i_{j-1}} \neq a_{i_k}$，与 f 是单射（双射）矛盾，所以 $f(a_{i_k}) = a_{i_1}$。

若 $k = r$，则 $f = (i_1, i_2, \cdots, i_k)$。

若 $k < r$，令 $f_1 \in S_n$，

$$f_1(a_i) = f(a_i)，1 \leq i \leq n，且 i \notin \{i_1, i_2, \cdots, i_k\}；$$

$$f_1(a_i) = a_i，i \in \{i_1, i_2, \cdots, i_k\}。$$

显然，$(i_1, i_2, \cdots, i_k)$ 是一个 k-循环，其变动元素的集合为 $\{a_{i_1}, a_{i_2}, \cdots, a_{i_k}\}$。由于 f 是单射（双射），所以对于任意的 $i \notin \{i_1, i_2, \cdots, i_k\}$，$f(a_i) \notin \{a_{i_1}, a_{i_2}, \cdots, a_{i_k}\}$，故有 $f_1(a_i) \notin \{a_{i_1}, a_{i_2}, \cdots, a_{i_k}\}$，即 f_1 的变动元素集与 $(i_{i_1}, i_{i_2}, \cdots, i_{i_k})$ 的变动元素集的交集是空集。

对于任意的 $a \in A$，若 $a = a_{i_j} \in \{a_{i_1}, a_{i_2}, \cdots, a_{i_k}\}$，$f_1(a_{i_j}) = a_{i_j}$，而

$$((i_1, i_2, \cdots, i_k) \circ f_1)\big|_{a=a_{i_j}} = (i_1, i_2, \cdots, i_k)\big|_{a=a_{i_j}} = f(a)，$$

若 $a \notin \{a_{i_1}, a_{i_2}, \cdots, a_{i_k}\}$，则 $f_1(a) = f(a) \notin \{a_{i_1}, a_{i_2}, \cdots, a_{i_k}\}$，而

$$((i_1, i_2, \cdots, i_k) \circ f_1)\big|_a = (i_1, i_2, \cdots, i_k)\big|_{f(a)} = f(a)，$$

所以有

$$(i_1, i_2, \cdots, i_k) \circ f_1 = f$$

在 f_1 作用下变动元素的个数为 $r-k \leq r-1$，由归纳假定 f_1 可以写成若干个互相没有共同数字的循环置换的乘积，即 f 也可以写成若干个互相没有共同数字的循环置换的乘积。

在例 4 中，用循环置换来表示 S_3：
$$(1), (12), (13), (23), (123), (132)。$$

例 5：S_4 的全体元素用循环置换的方法写出来的是：

(1)；

(12)，(13)，(14)，(23)，(24)，(34)；

(123)，(132)，(134)，(143)，(124)，(142)，(234)，(243)；

(1234)，(1243)，(1324)，(1342)，(1423)，(1432)；

(12)(34)，(13)(24)，(14)(23)。

用循环置换来表示置换比较简单，且能告诉我们每一个置换的特性。比方说，在例 5 里可以由于这种表示方法看出，S_4 的元可以分成五类，每一类的元素的性质一定相同。

11.6　循环群

设 $(G, \cdot)$ 是一个群，$g \in G$。

显然有 $g^2 \in G$，$g^3 \in G$，$\cdots$，即对于任意的正整数 n，有 $g^n \in G$。

显然有 $g^{-1} \in G$，于是也有 $g^{-2} \in G$，$g^{-3} \in G$，$\cdots$，即对于任意的正整数 n，有 $g^{-n} \in G$。

规定 $g^o = e \in G$ 是 G 中幺元。

综上所述，对于任意整数 $n \in \mathbf{Z}$，$g^n \in G$。

显然，$(\{g^n | n \in \mathbf{Z}\}, \cdot)$ 是一个群。

一、循环群、生成元

定义 1：设 $(G, \cdot)$ 是一个群，g 是 G 中一个元素。若 G 中每一个元素都是 g 的乘方，则称 G 为循环群，称 g 为生成元，并且用符号 $G = (g)$ 表示，即 $G = (g) = \{g^n | n \in \mathbf{Z}\}$。

注意，为简便起见，在本节讨论循环群 G 时，常忽略代数运算符号 "$\cdot$"。

命题：设 $G = (g)$ 是一个循环群，如果 $o(g) = n$，则
$$G = (g) = \{g^0 = e, g^1, g^2, \cdots, g^{n-1}\}。$$

这是因为对于任意的 $m \in \mathbf{Z}$，存在 q，$r \in \mathbf{Z}$，$0 \leqslant r \leqslant n-1$，使得 $m = qn + r$。而
$$g^m = g^{qn+r} = g^{qn} \cdot g^r = e \cdot g^r = g^r。$$

对于任意的 i，$j \in \mathbf{Z}$，$0 \leqslant i < j \leqslant n-1$，则 $g^i \neq g^j$。这是因为若 $g^i = g^j$，则 $g^{j-i} = e$，而 $0 < i - j < n$，与 $o(g) = n$ 矛盾。

二、有限循环群、无限循环群

定义 2：设 $G = (g)$ 是一个循环群，

(1) 若 $o(g) = n$，则称 G 是 n 阶有限循环群；

(2) 若 $o(g) = \infty$，则称 G 是无限循环群。

定理：任何一个无限循环群同构于整数加群，任何一个 n 阶有限循环群同构于模 n 的整数加群。

证明：(1) 设 $G = (g)$ 是一个无限循环群。

作映射 $\varphi : \mathbf{Z} \to G$，对于任意的 $l \in \mathbf{Z}$，$\varphi(l) = g^l$，其中 $(\mathbf{Z}, +)$ 是整数加群。

显然，φ 是一个满射。

对于任意的 l_1，$l_2 \in \mathbf{Z}$，若 $\varphi(l_1) = \varphi(l_2)$，即 $g^{l_1} = g^{l_2}$，则有 $g^{l_1 - l_2} = g^0 = e$。

因为 $G = (g)$ 是无限循环群，对于任意的 $l \in \mathbf{Z}$，若 $l \neq 0$，则 $g^l \neq e$，所以，$l_1 - l_2 = 0$，即 $l_1 = l_2$，故 φ 是一个单射。

容易证明，对于任意的 l_1，$l_2 \in \mathbf{Z}$，有 $\varphi(l_1 + l_2) = g^{l_1 + l_2} = g^{l_1} \cdot g^{l_2} = \varphi(l_1) \cdot \varphi(l_2)$。故 φ 是一个同态映射。

综上所述，φ 是同构映射，所以 $(\mathbf{Z}, +)$ 同构于 $(G, \cdot)$。

（2）设 $G = (g)$ 是一个 n 阶有限循环群，则 $g^n = e$，且对于任意的小于 n 的正整数 m，$g^m \neq e$，于是，对于任意的小于 n、大于或等于 0 的两个整数 m_1，m_2，若 $m_1 \neq m_2$，则 $g^{m_1} \neq g^{m_2}$。所以，$G = \{g, g^2, \cdots, g^{n-1}, g^0 = e\}$。

作映射 $\varphi: \mathbf{Z}_n \rightarrow G$，对于任意的 $\bar{i} \in \mathbf{Z}_n$，$\varphi(\bar{i}) = g^i$，其中 $\mathbf{Z}_n = \{\bar{0}, \bar{1}, \bar{2}, \cdots, \overline{n-1}\}$，$(\mathbf{Z}_n, \oplus)$ 是一个 n 阶有限循环群。

显然，φ 是一个满射，也是一个单射，故 φ 是一个双射。

容易证明，对于任意的 $\bar{i}$，$\bar{j} \in \mathbf{Z}_n$，有

$$\varphi(\bar{i} \oplus \bar{j}) = \varphi(\bar{i}) \cdot \varphi(\bar{j}),$$

故 φ 是一个同态映射。

综上所述，φ 是同构映射，所以 $(\mathbf{Z}_n, \oplus)$ 同构于 $(G, \cdot)$。

11.7 子群，子集生成的子群

$\mathbf{Z}$ 是整数集，"+" 是整数的加法运算。显然，$(\mathbf{Z}, +)$ 是一个群。令 $A = \{3x \mid x \in \mathbf{Z}\}$，集合 A 是所有 3 的倍数为元素的集合，显然 $A \subseteq \mathbf{Z}$。A 关于整数的加法运算构成的一个代数系统 $(A, +)$ 是一个群，它是 $(\mathbf{Z}, +)$ 的子群。

一、子群的定义

定义1：设 $(G, \cdot)$ 是一个群，$\varnothing \neq A \subseteq G$，若 $(A, \cdot)$ 也是一个群，则称 $(A, \cdot)$ 是 $(G, \cdot)$ 的子群。有时，也可简单地说 A 是 G 的子群。

例1：$(\mathbf{Z}_6, \oplus)$ 是一个模 6 的整数加群，$\mathbf{Z}_6 = \{\bar{0}, \bar{1}, \bar{2}, \bar{3}, \bar{4}, \bar{5}\}$。

$A_1 = \{\bar{0}\}$，$(A_1, \oplus)$ 是 $(\mathbf{Z}_6, \oplus)$ 的一个子群，简称 A_1 是 $\mathbf{Z}_6$ 的子群。

不难发现，$A_2 = \{\bar{0}, \bar{3}\}$，$A_3 = \{\bar{0}, \bar{2}, \bar{4}\}$ 也是 $\mathbf{Z}_6$ 的子群。并且，$\mathbf{Z}_6$ 的子群仅为 A_1，A_2，A_3 和 $\mathbf{Z}_6$ 本身。

例2：$(S_3, \circ)$ 是 3 次对称群，$S_3 = \{(1), (12), (23), (13), (123), (132)\}$。

S_3 的所有子群为：

$\{(1)\}$；

$\{(1), (12)\}$；

$\{(1), (23)\}$；

$\{(1), (13)\}$；

$\{(1), (123), (132)\}$；

S_3 本身。

二、子群判断定理

运用子群的定义去判定一个非空子集是否是一个子群较麻烦，下面我们给出一个判定定理。

定理1：设 $(G, \cdot)$ 是一个群，$\varnothing \neq A \subseteq G$，若

（1）对于任意的 a，$b \in A$，有 $a \cdot b \in A$；

（2）对于任意的 $a \in A$，$a^{-1} \in A$，

则 $(A, \cdot)$ 是 $(G, \cdot)$ 的子群。

证明：显然，由给定的条件（1），$\cdot$ 是 A 上的闭运算。

因为 $(G, \cdot)$ 是一个群，显然 $\cdot$ 是 G 上可结合的二元运算，而 $A \subseteq G$，所以 $\cdot$ 也是 A 上可结合的二元运算。

因为 $A \neq \varnothing$，所以存在 $a \in A$，由已知条件（2），有 $a^{-1} \in A$，所以 $a \cdot a^{-1} = e \in A$，即 A 中有幺元。

又由已知条件（2），A 中每个元素都有逆元。

综上所述，$(A, \cdot)$ 是一个群，由定义知 $(A, \cdot)$ 是 $(G, \cdot)$ 的子群。

例3：设 $(G, \cdot)$ 是一个群，令 $C(G) = \{g \in G \mid$ 对于任意的 $x \in G$，$x \cdot g = g \cdot x\}$，$C(G)$ 称为群 G 的中心，则 $C(G)$ 是 G 的子群。

证明：$e \in G$，对于任意的 $x \in G$，

因为 $e \cdot x = x \cdot e$，

所以 $e \in C(G)$，

所以 $C(G) \neq \varnothing$。

对于任意的 g_1，$g_2 \in C(G)$，则对于任意的 $x \in G$，有

$$g_1 \cdot x = x \cdot g_1,$$

$$g_2 \cdot x = x \cdot g_2,$$

所以 $(g_1 \cdot g_2) \cdot x = g_1 \cdot (g_2 \cdot x) = g_1 \cdot (x \cdot g_2) = (g_1 \cdot x) \cdot g_2 = (x \cdot g_1) \cdot g_2 = x \cdot (g_1 \cdot g_2)$

所以 $g_1 \cdot g_2 \in C(G)$。

对于任意的 $g \in C(G)$，则对于任意的 $x \in G$，有

$$x \cdot g = g \cdot x$$

两边右乘 g^{-1} 得到，$(x \cdot g) \cdot (g^{-1}) = (g \cdot x) \cdot g^{-1}$，

所以 $x \cdot e = g \cdot (x \cdot g^{-1})$

两边左乘 g^{-1} 得到，$g^{-1} \cdot x \cdot e = g^{-1} \cdot [g \cdot (x \cdot g^{-1})]$，

化简得到 $\qquad\qquad g^{-1} \cdot x = x \cdot g^{-1}$，

所以 $g^{-1} \in C(G)$，

综上所述，$C(G)$ 是 G 的子群。

三、子集生成的子群

定义2：设 $(G, \cdot)$ 是一个群，$\varnothing \neq A \subseteq G$，下面我们设想给出 G 的一个子群 A'，满足性质：

（1）$A' \supseteq A$。

（2）若 B 是 G 的子群，且 $B \supseteq A$，则 $B \supseteq A'$。

这样的子群 A' 称为由子集 A 生成的子群，记 $(A) = A'$。

若 $\varnothing \neq A \subseteq G$，且 $(A) = G$，则称 A 是 G 的生成元集。

若子集 A 本身是一个子群，则显然有 $(A) = A$。一般地，生成子群 (A) 可以看成是 G 的包含了子集 A 的最小子群。

当 $A = \{a\}$，可记 $(A) = (a)$。

显然，集合 $\{(1\ 2), (1\ 3)\}$ 是 S_3 的生成元集。可以证明 $\{(12), (13), \cdots, (1n)\}$ 是

S_n 的生成元集。

对于给定的 $\varnothing \neq A \subseteq G$，$(A)$ 包含些什么元素呢？下面我们给出 (A) 的结构定理。

定理 2：设 $(G, \cdot)$ 是一个群，$\varnothing \neq A \subseteq G$，则
$$(A) = \{a_1^{t_1} a_2^{t_2} \cdots a_n^{t_n} \mid n \in \mathbf{N}, \text{对于每一个 } 1 \leqslant j \leqslant n, a_j \in A, t_j \in \mathbf{Z}\}。$$

证明：用集合双包含来证明定理的结果。记
$$\{a_1^{t_1} a_2^{t_2} \cdots a_n^{t_n} \mid n \in \mathbf{N}, \text{对于每一个 } 1 \leqslant j \leqslant n, a_j \in A, t_j \in \mathbf{Z}\} = A'$$

先证 $A' \subseteq (A)$。

对于每一个 $1 \leqslant j \leqslant n$，$a_j \in A$，则 $a_j^{t_j} \in (A)$，于是
$$a_1^{t_1} a_2^{t_2} \cdots a_n^{t_n} \in (A),$$

所以 $A' \subseteq (A)$。

再证 $(A) \subseteq A'$。因为我们不知道 (A) 中的元素结构，无法直接证明 (A) 中元素均属于 A'。可以通过 (A) 的性质来证，即分别证明 (1) $A \subseteq A'$，(2) A' 是 G 的子群。

（1）求证 $A \subseteq A'$。

对于任意的 $a \in A$，取 $n = 1 \in \mathbf{N}$，令 $a_1 = a$，$t_1 = 1 \in \mathbf{Z}$，由 A' 的元素的特性，有
$$a = a_1^{t_1} \in A'。$$

（2）求证 A' 是 G 的子群。

对于任意的 $a_1^{t_1} a_2^{t_2} \cdots a_n^{t_n}$，$b_1^{s_1} b_2^{s_2} \cdots b_m^{s_m} \in A'$，则 $n, m \in \mathbf{N}$，而且

对于每一个 $1 \leqslant j \leqslant n$，$a_j \in A$，$t_j \in \mathbf{Z}$，

对于每一个 $1 \leqslant i \leqslant m$，$b_i \in A$，$s_i \in \mathbf{Z}$。

于是所以由 A' 的定义，得到
$$a_1^{t_1} a_2^{t_2} \cdots a_n^{t_n} \cdot b_1^{s_1} b_2^{s_2} \cdots b_m^{s_m} = c_1^{r_1} c_2^{r_2} \cdots c_{n+m}^{r_{n+m}} \in A',$$

其中
$$c_j = \begin{cases} a_j, & 1 \leqslant j \leqslant n, \\ b_{j-n}, & n < j \leqslant n+m, \end{cases} \qquad r_j = \begin{cases} t_j, & 1 \leqslant j \leqslant n, \\ s_{j-n}, & n < j \leqslant n+m。\end{cases}$$

所以，$\cdot$ 是 A' 的闭运算。

对于任意的 $a_1^{t_1} a_2^{t_2} \cdots a_n^{t_n} \in A$，由 $t_j \in \mathbf{Z}$ 可以得到 $-t_j \in \mathbf{Z}$，所以由 A' 的定义，得到
$$(a_1^{t_1} a_2^{t_2} \cdots a_n^{t_n})^{-1} = a_n^{-t_n} a_{n-1}^{-t_{n-1}} \cdots a_1^{-t_1} \in A'。$$

因此，A' 是 G 的子群。

根据 (A) 的定义，由（1）（2）知，$(A) \subseteq A'$。

综上所述，$(A) = A'$。

推论：若 G 是交换群，$A = \{g_1, g_2, \cdots, g_n\}$，则
$$(A) = \{g_1^{t_1} g_2^{t_2} \cdots g_n^{t_n} \mid \text{对于每一个 } 1 \leqslant j \leqslant n, t_j \in \mathbf{Z}\}。$$

定理 3：循环群的子群是循环群。

证明：设 $G = (g) = \{g^n \mid n \in \mathbf{Z}\}$ 是一个任意循环群，A 是 G 的子群。

若 $A = \{e\}$，则 $A = (e)$，即 A 可以看成由幺元生成的仅含一个元素的循环群。

若 $A \neq \{e\}$，则存在 $g^m \in A$，$g^m \neq e$，$m \in \mathbf{Z}$。

若 $m < 0$，$(g^m)^{-1} = g^{-m} \in A$，即存在正整数数 $n = -m$，$g^n \in A$。

令 $B = \{m \mid m \in \mathbf{N}, m > 0, g^m \in A\}$，所以 $B \subseteq \mathbf{N}$，且 $B \neq \varnothing$。

非空 B 中有最小数，设为 m_0，有 $g^{m_0} \in A$。

对于任意的 $g^m \in A$，对于 m_0 和 m，存在整数 s 和 t，使得

$$m = sm_0 + t, \ 0 \le t < m_0 \text{。}$$

由 $g^{m_0} \in A$ 知，$g^{sm_0} \in A$，$g^{-sm_0} \in A$。又 $g^m \in A$，所以

$$g^m \cdot g^{-sm_0} = g^{m-sm_0} = g^t \in A \text{。}$$

若 $t \ne 0$，则 $t > 0$，即 $t \in B$。又 $t < m_0$，这与 m_0 最小矛盾，所以 $t = 0$。

于是，$g^m \in (g^{m_0})$，即 $A = (g^{m_0})$。

所以 A 是一个循环群。

11.8　子群的陪集

在这一节，利用群 G 的一个子群 H 来作 G 的一个划分，然后由此推出几个重要定理。

$\mathbf{Z}$ 是整数集，n 是一个整数，把全体整数按被 n 除的余数分成剩余类，这一工作我们已经做过了。现在，从另一个观点来考察这一问题。

$(\mathbf{Z}, +)$ 是整数加法群。设 $A = \{nh \mid h \in \mathbf{Z}\}$，其中 n 是一个整数。

对于 A 中的任意的两个元素 $a = nh$，$b = nk$ 来说，显然 $h + k \in \mathbf{Z}$，$-h \in \mathbf{Z}$，故

$$a + b = n(h + k) \in A,$$
$$a^{-1} = -nh = n(-h) \in A \text{。}$$

可得，A 是 $\mathbf{Z}$ 的一个子群。

把整数集 $\mathbf{Z}$ 分成剩余类时所利用的等价关系 R 是如下规定的：

对于任意的 $a, b \in \mathbf{Z}$，$(a, b) \in R$ 当且仅当 $n \mid (a - b)$。

显然，$n \mid (a - b)$ 也就是存在整数 k，使得 $a - b = nk$，也就是说 $a - b \in A$；反过来，若 $a - b \in A$，也就有 $n \mid (a - b)$。所以，可以如下规定上面的二元关系 R：

$(a, b) \in R$ 当且仅当 $a - b \in A$。

因此，也可以说，整数加群 $\mathbf{Z}$ 的剩余类是利用子群 A 来划分的。下面我们把这一工作推广到一般情况。

一、右陪集

设 $(G, \cdot)$ 是一个群，H 是 G 的一个子群。

在 G 上定义一个二元关系 $\sim$ 如下：对于任意 $a, b \in G$，

$a \sim b$ 当且仅当 $a \cdot b^{-1} \in H$。

对于给定的 a 和 b，可以唯一决定 $a \cdot b^{-1}$ 是否属于 H，所以 $\sim$ 是 G 上的一个二元关系。下面我们证明 $\sim$ 是 G 上的等价关系。

对于任意的 $a \in G$，因为 $a \cdot a^{-1} = e \in H$，

所以 $a \sim a$，故 $\sim$ 是自反的。

对于任意的 $a, b \in G$，若 $a \sim b$，所以 $a \cdot b^{-1} \in H$，

所以 $(a \cdot b^{-1})^{-1} = b \cdot a^{-1} \in H$，

所以 $b \sim a$，故 $\sim$ 是对称的。

对于任意的 $a, b, c \in G$，若 $a \sim b$，$b \sim c$，

所以 $a \cdot b^{-1} \in H$ 且 $b \cdot c^{-1} \in H$，

所以 $(a \cdot b^{-1}) \cdot (b \cdot c^{-1}) = a \cdot c^{-1} \in H$，

所以 $a \sim c$，故 $\sim$ 是传递的。

这样，～是 G 上的一个等价关系。利用这个等价关系，可以得到 G 的一个划分：

$$G/\sim = \{[a]_\sim \mid a \in G\}。$$

现有如下的事实：

对于任意的 $a \in G$，$[a]_\sim = H \cdot a$，其中 $H \cdot a = \{h \cdot a \mid h \in H\}$。

先证 $[a]_\sim \subseteq H \cdot a$。对于任意的 $x \in [a]_\sim$，因为 $x \sim a$，所以 $x \cdot a^{-1} \in H$，

即存在 $h \in H$，使得 $x \cdot a^{-1} = h$，

所以 $x = h \cdot a \in H \cdot a$。

所以 $[a]_\sim \subseteq H \cdot a$

再证 $H \cdot a \subseteq [a]_\sim$。对于任意的 $y \in H \cdot a$，存在 $h \in H$，使得 $y = h \cdot$，

所以 $y \cdot a^{-1} = h$，即 $y \cdot a^{-1} \in H$，

所以 $y \sim a$，即 $y \in [a]_\sim$，

所以 $H \cdot a \subseteq [a]_\sim$。

综上所述，$[a]_\sim = H \cdot a$。

对于 $H \cdot a$，下面给它一个新名字。

定义 1：设 G 是一个群，H 是 G 的子群，$g \in G$，令

$$H \cdot g = \{h \cdot g \mid h \in H\}，$$

则称之为子群 H 的右陪集。

例 1：设 $G = S_3 = \{(1), (12), (13), (23), (123), (132)\}$，

$H = \{(1), (12)\}$，H 是 S_3 的子群。

那么

$H \cdot (1) = \{(1), (12)\}$，

$H \cdot (13) = \{(13), (132)\}$，

$H \cdot (23) = \{(23), (123)\}$，

并且 $H \cdot (12) = H \cdot (1)$，

$H \cdot (123) = H \cdot (13)$，

$H \cdot (132) = H \cdot (23)$。

这样，子群 H 把整个群 G（$= S_3$）分成 $H \cdot (1)$，$H \cdot (13)$，$H \cdot (23)$ 三个不同的右陪集，它们刚好是 G 的一个划分。

二、左陪集

现规定 G 上的一个二元关系 $\sim'$ 如下：对于任意的 $a, b \in \mathbf{R}$，

$$a \sim' b \text{ 当且仅当 } b^{-1} \cdot a \in H。$$

同样可以证明是 $\sim'$ 是 G 上的一个等价关系，且 $[a]_{\sim'} = a \cdot H = \{a \cdot h \mid h \in H\}$。

定义 2：设 G 是一个群，H 是 G 的一个子群，$g \in G$，令

$$g \cdot H = \{g \cdot h \mid h \in H\}，$$

则称之为子群 H 的左陪集。

例 2：设 $G = S_3$，$H = \{(1), (12)\}$

那么 $(1) \cdot H = \{(1), (12)\}$

$(13) \cdot H = \{(13), (123)\}$

$$(23) \cdot H = \{(23), (132)\}$$

并且 $(12) \cdot H = (1) \cdot H,$

$$(123) \cdot H = (13) \cdot H,$$

$$(132) \cdot H = (23) \cdot H。$$

这样，子群 H 把整个群 $G(=S_3)$ 分成 $(1) \cdot H$，$(13) \cdot H$，$(23) \cdot H$ 三个不同的左陪集，它们刚好也是 G 的一个划分，然而这和由右陪集得到的划分并不相同。

三、拉格朗日定理

先介绍一个引理。

引理 1：设 G 是一个群，H 是它的一个子群，则对于任意的 g_1，$g_2 \in G$，有

$$H \cdot g_1 = H \cdot g_2 \text{ 的充分必要条件是 } g_1^{-1} \cdot H = g_2^{-1} \cdot H。$$

证明：先证必要性。

若 $H \cdot g_1 = H \cdot g_2$，则存在 h_1，$h_2 \in H$，使得 $h_1 \cdot g_1 = h_2 \cdot g_2$，于是 $g_1 \cdot g_2^{-1} = h_1^{-1} \cdot h_2 \in H$，从而有 $g_2 \cdot g_1^{-1} = (g_1 \cdot g_2^{-1})^{-1} \in H$，并记之为 $h' = g_2 \cdot g_1^{-1} \in H$。

对于任意 $g_1^{-1} \cdot h \in g^{-1} \cdot H$，其中 $h \in H$。

因为 $g_1^{-1} = g_2^{-1} \cdot h'$，$g_1^{-1} \cdot h = g_2^{-1} \cdot (h' \cdot h) \in g_2^{-1} H$，这里 $h' \cdot h \in H$。

所以，$g_1^{-1} \cdot H \subseteq g_2^{-1} \cdot H$。

同理可证 $g_2^{-1} \cdot H \subseteq g_1^{-1} \cdot H$。

因此，$g_1^{-1} \cdot H = g_2^{-1} \cdot H$。

仿必要性证明，可以证明充分性。

一个子群的左右陪集之间有一个共同点，见下面的定理。

定理 1：设 G 是一个群，H 是它的一个子群，则

$$|\{g \cdot H \mid g \in G\}| = |\{H \cdot g \mid g \in G\}|。$$

证明：令 $S_l = \{g \cdot H \mid g \in G\}$，

$$S_r = \{H \cdot g \mid g \in G\},$$

作 φ 是 S_r 到 S_l 的映射 φ：$S_r \rightarrow S_l$ 如下：

$$H \cdot g \rightarrow g^{-1} \cdot H$$

（1）首先证明定义是合理的。由于映射 φ 是在商集合上定义的，要证明映射 φ 与等价类的代表元的选取无关。

若 $H \cdot g_1 = H \cdot g_2$，由引理 1 的必要性条件知，

$$g_1^{-1} \cdot H = g_2^{-1} \cdot H,$$

即 φ 是一个从 S_r 到 S_l 的映射，定义是合理的。

（2）其次证明映射 φ 是双射。

对于任意的 $g \cdot H \in S_l$，存在 $H \cdot g^{-1} \in S_r$，使得

$$\varphi(H \cdot g^{-1}) = (g^{-1})^{-1} \cdot H = g \cdot H,$$

故 φ 是满射。

对于任意的 $H \cdot g_1$，$H \cdot g_2 \in S_r$，若 $\varphi(H \cdot g_1) = \varphi(H \cdot g_2)$，则 $g_1^{-1} \cdot H = g_2^{-1} \cdot H$，由引理 1 的充分性，可得，$H \cdot g_1 = H \cdot g_2$，故 φ 是单射。

所以，φ 是双射，

因此，$|S_r| = |S_l|$。

四、基于陪集的定理

定义 3：一个群 G 的一个子群 H 的左陪集（右陪集）的个数称为 H 在 G 中的指数，记为

$$[G：H]。$$

因为左陪集和右陪集的对称性，仅对左陪集进行讨论，结论完全适用于右陪集。

引理 2：设 G 是一个群，H 是 G 的一个子群，则对于任意的 $g \in G$，有

$$|H| = |g \cdot H|。$$

证明：令 f 是 H 到 $g \cdot H$ 的映射，即

$$f：H \to g \cdot H,$$
$$h \mapsto g \cdot h。$$

显然，f 是满射。

对于任意的 h_1，$h_2 \in H$，若 $f(h_1) = f(h_2)$，即

$$g \cdot h_1 = g \cdot h_2,$$

由消去律得

$$h_1 = h_2,$$

故 f 是单射。

所以，f 是双射。

因此 $|H| = |g \cdot H|$。

定理 2：设 G 是一个有限群，H 是 G 的一个子群，则存在 $l \in \mathbf{N}$，使得

$$|G| = |H|l。$$

证明：设 H 在 G 中的指数 $[G：H] = k$。

H 的所有左陪集放在一起刚好是 G 的一个划分，由引理 2 知每一个等价类的元素个数都是相同的，均为 $|H|$，所以有 $|G| = |H|k$，即 $l = k$。

推论 1：设 G 是一个有限群，$|G| = n$，则对于任意的 $g \in G$，有 $o(g) | n$。

证明：令 $H = (g)$，则 H 是 G 的子群。由定理 2 知，$|H|$ 能够整除 n，又显然，$o(g) = |H|$，所以，$o(g) | n$。

例 3：对称群 S_3 的各个元素的阶分别是：

$o((1)) = 1,$

$o((12)) = 2,$

$o((13)) = 2,$

$o((23)) = 2,$

$o((123)) = 3,$

$o((132)) = 3。$

它们都是群的阶 $|S_3| = 6$ 的因子。

推论 2：素数阶的群是循环群。

证明：设 G 是一个有限群，因为 $|G| = n$ 是一个素数，所以 $n \geq 2$。从而知，存在 $a \in G$，使得 $a \neq e$，$o(a) \neq 1$。由推论 1 知，$o(a) | n$，因为 n 是素数，且 $o(a) \neq 1$，所以 $o(a) = n$，因此 $G = (a)$，G 是一个循环群。

例 4：四个元素的群只有两种（从同构的意义上讲）。

设 G 是一个群，$|G| = 4$，不妨设 $G = \{e, a_1, a_2, a_3\}$，其中 e 是幺元。

若存在 $a_i(1 \leqslant i \leqslant 3)$，$o(a_i) = 4$，则 $G = (a_i) = \{e, a_i, a_i^2, a_i^3\}$，即 G 是四个元的循环群。

若对于任意 i，$(1 \leqslant i \leqslant 3)$，$o(a_i) \neq 4$，则 $o(a_i) = 2$，$(1 \leqslant i \leqslant 3)$，

即 $o(a_1) = o(a_2) = o(a_3) = 2$。

于是，$a_1 \cdot a_1 = e$，$a_2 \cdot a_2 = e$，$a_3 \cdot a_3 = e$，

且 $a_1 \cdot a_2 = a_2 \cdot a_1 = a_3$，

$\quad a_1 \cdot a_3 = a_3 \cdot a_1 = a_2$，

$\quad a_2 \cdot a_3 = a_3 \cdot a_2 = a_1$。

这是因为若 $a_1 \cdot a_2 = a_1$，则由消去律 $a_2 = e$，矛盾。

于是运算表见表 11.4。

表 11.4

·	e	a_1	a_2	a_3
e	e	a_1	a_2	a_3
a_1	a_1	e	a_3	a_2
a_2	a_2	a_3	e	a_1
a_3	a_3	a_2	a_1	e

定义从 G 到 $\{(1), (12), (34), (12)(34)\}$ 的一个映射 φ 如下：

$\varphi(e) = (1)$，$\varphi(a_1) = (12)$，$\varphi(a_2) = (34)$，$\varphi(a_3) = (12)(34)$，

容易说明，φ 是 G 与 $\{(1), (12), (34), (12)(34)\}$ 之间的同构映射。

把 $\{(1), (12), (34), (12)(34)\}$ 以及与它同构的群称为克莱茵（Klein）四元群。

综上所述，四个元素的群或是循环群，或是克莱茵四元群。

11.9 正规子群、商群

在上一节例 2 中，$G = S_3$，$H = \{(1), (12)\}$，

$$H \cdot (13) = \{(13), (132)\},$$
$$(13) \cdot H = \{(13), (123)\},$$

显然，子群 H 的一个左陪集 $(13) \cdot H$ 不等于右陪集 $H \cdot (13)$。

本节介绍一种最重要的子群。

一、正规子群（不变子群）

定义：设 G 是一个群，H 是 G 的一个子群。若对于任意一个 $g \in G$，有

$$g \cdot H = H \cdot g,$$

即 g 关于 H 的左陪集等于右陪集，则称 H 是 G 的正规子群，或者称为不变子群。

例 1：对于任意群 G，G 本身和 $\{e\}$ 都是 G 的子群。

因为对于任意的 $g \in G$，$g \cdot G = G \cdot g = G$，且 $e \cdot g = g \cdot e = g$。

所以，G 本身和 $\{e\}$ 都是 G 的正规子群，称为平凡的正规子群。

例 2：设 G 是一个群，群 G 的中心为

$$C(G) = \{g \in G \mid \text{对于任意的 } x \in G, g \cdot x = x \cdot g\},$$

容易说明，$C(G)$ 是 G 的正规子群。

例3：一个交换群 G 的每一个子群 H 都是 G 的正规子群。

事实上，对于任意 $g \in G$，下式恒成立

$$g \cdot H = \{g \cdot h \mid h \in H\} = \{h \cdot g \mid h \in H\} = H \cdot g。$$

二、正规子群的判断定理

下面我们给出判定一个子群是正规子群的定理。

定理1：一个群 G 的一个子群 H 是正规子群的充分必要条件是：对于任意的 $g \in G$，$h \in H$，有 $g \cdot h \cdot g^{-1} \in H$。

证明：先证必要性。

假设 H 是 G 的正规子群，则对于任意的 $g \in G$，$g \cdot H = H \cdot g$。

对于任意的 $h \in H$，$g \cdot h \in g \cdot H = H \cdot g$，则存在 $h' \in H$，使得 $g \cdot h = h' \cdot g$，于是 $g \cdot h \cdot g^{-1} = h' \in H$。

再证充分性。

对于任意的 $g \in G$，要证明 $g \cdot H = H \cdot g$。

对于任意的 $g \cdot h \in g \cdot H$，即对于任意的 $h \in H$，由充分性条件得到 $g \cdot h \cdot g^{-1} \in H$，所以存在 $h' \in H$，$g \cdot h \cdot g^{-1} = h'$，即 $g \cdot h = h' \cdot g$，于是 $g \cdot h \in H \cdot g$，即 $g \cdot H \subseteq H \cdot g$。

反过来，对于任意的 $h \cdot g \in H \cdot g$，即对于任意的 $h \in H$，有 $g^{-1} \in G$，$h^{-1} \in H$，于是由充分性条件得到，$g^{-1} \cdot h^{-1} \cdot (g^{-1})^{-1} \in H$，即存在 $h' \in H$，使得 $g^{-1} \cdot h^{-1} \cdot (g^{-1})^{-1} = h'$，于是 $g^{-1} \cdot h \cdot g = h'^{-1}$，所以 $h \cdot g = g \cdot h'^{-1} \in g \cdot H$，即 $H \cdot g \subseteq g \cdot H$。

综上所述，$g \cdot H = H \cdot g$。故 H 是 G 的正规子群。

例4：设 G_1 和 G_2 是两个群，e_1 和 e_2 分别是 G_1 和 G_2 的幺元，φ 是 G_1 到 G_2 的群同态映射，则 $Ker\varphi = \{x \in G_1 \mid f(x) = e_2\}$ 是 G_1 的正规子群。

证明：由第 11.3 节的定理 4，$\varphi(e_1) = e_2$，所以 $Ker\varphi \neq \varnothing$。

对于任意的 x，$y \in Ker\varphi$，有 $\varphi(x) = \varphi(y) = e_2$，所以 $\varphi(x \cdot y) = \varphi(x) \cdot \varphi(y) = e_2 \cdot e_2 = e_2$，从而有 $x \cdot y \in Ker\varphi$。

对于任意的 $x \in Ker\varphi$，$\varphi(x) = e_2$，由第 11.3 节的定理 4 知，$\varphi(x^{-1}) = (\varphi(x))^{-1} = e_2^{-1} = e_2$，

所以 $x^{-1} \in Ker\varphi$，即 $Ker\varphi$ 是 G_1 的子群。

对于任意的 $x \in Ker\varphi$，$g \in G_1$，

$$\varphi(g \cdot x \cdot g^{-1}) = \varphi(g) \cdot \varphi(x) \cdot \varphi(g^{-1}) = \varphi(g) \cdot e_2 \cdot (\varphi(g))^{-1}$$
$$= \varphi(g) \cdot (\varphi(g))^{-1} = e_2，$$

即 $g \cdot x \cdot g^{-1} \in Ker\varphi$。

所以由判断定理得到，$Ker\varphi$ 是 G_1 的正规子群。

三、商群

正规子群之所以重要，是因为这种子群的陪集，对于某种与原来的群有密切关系的代数运算来说，也构成一个群。

下面考察整数加法群 $(\mathbf{Z}, +)$，设 $A = \{nh \mid h \in \mathbf{Z}\}$，$A$ 是 $\mathbf{Z}$ 的一个子群。由于 $\mathbf{Z}$ 是交换群，A 是 $\mathbf{Z}$ 的一个正规子群。A 的左陪集全体是

$$\{m + A \mid m \in \mathbf{Z}\} = \{0 + A, 1 + A, 2 + A, \cdots, (n-1) + A\}。$$

在 $\{m+A \mid m \in \mathbf{Z}\}$ 上，定义运算$\oplus$如下：
$$(i+A) \ \oplus \ (j+A) = (i+j)+A。$$

现对比一下模 n 的整数加群 $\mathbf{Z}_n = \{\bar{0}, \bar{1}, \cdots, \overline{n-1}\}$。

显然，$\bar{i} = \{i+nh \mid h \in \mathbf{Z}\}$，而 $i+A = \{i+nh \mid h \in \mathbf{Z}\}$，故
$$i+A = \bar{i} \quad (0 \leqslant i \leqslant n-1)。$$

按在 $\mathbf{Z}_n$ 上的加法运算，有
$$\bar{i} \oplus \bar{j} = \begin{cases} \overline{i+j}, & \text{若 } i+j \leqslant n-1, \\ \overline{i+j-n}, & \text{若 } i+j \geqslant n。 \end{cases}$$

容易看出，$\bar{i} \oplus \bar{j} = (i+j)+A = \{i+j+nh \mid h \in \mathbf{Z}\}$。

也就是说 A 的左陪集，按定义的代数运算来说，作成一个群，就是模 n 的整数加群。

下面我们把一个任意的正规子群的左陪集（也可以是右陪集）作成一个群。

设 G 是一个群，H 是 G 的正规子群，用 G/H 来表示 H 的左陪集的集合，即
$$G/H = \{gH \mid g \in G\},$$
这里记 $g \cdot H = gH$。

在 G/H 上定义代数运算$\odot$如下：对于任意的 g_1H, $g_2H \in G/H$，
$$(g_1H) \odot (g_2H) = (g_1g_2)H。$$

由于这是在等价类上定义一个运算，所以首先要证明$\odot$运算定义是合理的，即要证明该定义与代表元的选取无关。

设 $g_1H = g_1'H$，$g_2H = g_2'H$，则存在 h_1, $h_2 \in H$，使得
$$g_1 = g_1'h_1, \quad g_2 = g_2'h_2,$$
于是，$\quad\quad\quad\quad g_1g_2 = (g_1'h_1) \ (g_2'h_2) = g_1'(h_1g_2')h_2。$

由于 H 是正规子群，由 $h_1g_2' \in Hg_2' = g_2'H$ 可知，存在 $h_1' \in H$，使得
$$h_1g_2' = g_2'h_1' \in g_2'H。$$

于是
$$g_1g_2 = g_1'(h_1g_2')h_2 = g_1'(g_2'h_1')h_2 = (g_1'g_2')h_1'h_2,$$
$$g_1'g_2' = (g_1g_2) \ (h_1'h_2)^{-1}。$$

所以对于任意的 $h \in H$，
$$(g_1g_2)h = (g_1'g_2')(h_1'h_2h) \in (g_1'g_2')H,$$
$$(g_1'g_2')h = (g_1g_2)((h_1'h_2)^{-1}h) \in (g_1g_2)H,$$

故 $(g_1g_2)H \subseteq (g_1'g_2')H$，且 $(g_1'g_2')H \subseteq (g_1g_2)H$。

因此，$(g_1g_2)H = (g_1'g_2')H$，即$\odot$运算是合理的。

定理 2：设 G 是一个群，H 是 G 的正规子群，$G/H = \{gH \mid g \in G\}$，对于任意的，$g_1H$，$g_2H \in G/H$，$(g_1H) \odot (g_2H) = (g_1g_2)H$。则 $(G/H, \odot)$ 是一个群。

证明：由定义，显然$\odot$是封闭的。

对于任意的 g_1H, g_2H, $g_3H \in G/H$，
$$(g_1H \odot g_2H) \odot g_3H = (g_1g_2)H \odot g_3H = [(g_1g_2)g_3] \ H = (g_1g_2g_3)H,$$
$$g_1H \odot (g_2H \odot g_3H) = g_1H \odot (g_2g_3)H = [g_1(g_2g_3)] \ H = (g_1g_2g_3)H。$$

所以，$(g_1H \odot g_2H) \odot g_3H = g_1H \odot (g_2H \odot g_3H)$，即$\odot$是可结合的。

对于任意的 $gH \in G/H$，有
$$eH \odot gH = (eg)H = gH,$$
$$gH \odot eH = (ge)H = gH。$$

所以，$eH \in G/H$ 是幺元。

对于任意的 $gH \in G/H$，$g^{-1}H \in G/H$，
$$gH \odot g^{-1}H = (gg^{-1})H = eH,$$
$$g^{-1}H \odot gH = (g^{-1}g)H = eH,$$

所以 $g^{-1}H$ 为 gH 的逆元。

综上所述，$(G/H, \odot)$ 是群，称之为 G 的商群。

四、关于商群的定理

由下面的定理 3 与定理 4 可以知道，一个群和它的每一个商群满同态。抽象地看，G 只能和它的商群满同态。

定理 3：一个群 G 和它的每一个商群 G/H 满同态。

证明：作映射 $\varphi : G \rightarrow G/H = \{gH \mid g \in G\}$ 如下：
$$g \mapsto gH。$$

由 φ 定义可以看出，φ 是满射。

对于任意的 g_1，$g_2 \in G$，$\varphi(g_1 g_2) = (g_1 g_2)H$，且
$$\varphi(g_1) \odot \varphi(g_2) = g_1 H \odot g_2 H = (g_1 g_2)H,$$
于是
$$\varphi(g_1 g_2) = \varphi(g_1) \odot \varphi(g_2)，即 \varphi 是同态的，$$
所以 G 与 G/H 是两个满同态的群，G/H 是 G 的满同态像。

定理 4：设 G 和 $\bar{G}$ 是两个群，G 与 $\bar{G}$ 满同态，且 $\varphi : G \rightarrow \bar{G}$ 是群的满同态映射，则商群 $G/Ker\varphi$ 与 $\bar{G}$ 同构。

证明：商群 $G/Ker\varphi = \{gKer\varphi \mid g \in G\}$，作映射 $f : G/Ker\varphi \rightarrow \bar{G}$ 如下：
$$gKer\varphi \mapsto \varphi(g)。$$

（1）首先证明 f 是一个映射，即 f 的定义是合理的，与左陪集的代表元选取无关。

对于任意的 $gKer\varphi$，$g'Ker\varphi \in G/Ker\varphi$，若 $g \, Ker\varphi = g'Ker\varphi$，则存在 h，$h' \in Ker\varphi$，使得 $gh = g'h'$。

于是
$$g'^{-1}g = h'h^{-1} \in Ker\varphi,$$
即有
$$\varphi(g'^{-1}g) = \bar{e},$$

其中 $\bar{e}$ 是 $\bar{G}$ 的幺元。

所以
$$\varphi(g'^{-1}g) = \varphi(g'^{-1}) \, \varphi(g) = \bar{e},$$
即
$$(\varphi(g'))^{-1}\varphi(g) = \bar{e},$$
所以
$$\varphi(g) = \varphi(g'),$$
f 的定义是合理的。

（2）求证 f 是双射。

对于任意的 $\bar{g} \in \bar{G}$，因为 φ 是满射，所以存在 $g \in G$，$\bar{g} = \varphi(g)$，
于是存在 $gKer\varphi \in G/Ker\varphi$，使得
$$f(gKer\varphi) = \varphi(g) = \bar{g}。$$

故 f 是满射。

对于任意的 $g_1 Ker\varphi$，$g_2 Ker\varphi \in G/Ker\varphi$，若 $f(g_1 Ker\varphi) = f(g_2 Ker\varphi)$，则

$$\varphi(g_1) = \varphi(g_2),$$

即有

$$\varphi(g_2)^{-1}\varphi(g_1) = \bar{e},$$

亦即

$$\varphi(g_2^{-1})\ \varphi(g_1) = \bar{e}。$$

由 φ 的同态性，得到 $\varphi(g_2^{-1} g_1) = \bar{e}$，

所以

$$g_2^{-1} g_1 \in Ker\varphi，$$

对于任意的 $g_1 h \in g_1 Ker\varphi$，有 $g_1 h = g_2(g_2^{-1} g_1 h) \in g_2 Ker\varphi$，于是

$$g_1 Ker\varphi \subseteq g_2 Ker\varphi。$$

同理可以证得

$$g_2 Ker\varphi \subseteq g_1 Ker\varphi。$$

因此，$g_1 Ker\varphi = g_2 Ker\varphi$，即 f 是单射。

（3）最后求证同态性。

对于任意的 $g_1 Ker\varphi$，$g_2 Ker\varphi \in G/Ker\varphi$

$$f(g_1 Ker\varphi \odot g_2 Ker\varphi) = f((g_1 g_2)Ker\varphi) = \varphi(g_1 g_2)$$
$$= \varphi(g_1)\varphi(g_2) = f(g_1 Ker\varphi)f(g_2 Ker\varphi)。$$

即 f 是同态映射。

综上所述，f 是群同构映射，即商群 $G/Ker\varphi$ 与 $\bar{G}$ 是两个同构的群。

11.10　环和域

在这一节我们要介绍另外两个重要的代数系统，就是环和域。

前面已经介绍了加法群这一概念。大家知道，一个代数运算用什么符号来表示是没有关系的。为了方便起见，在群论中一般用"·"即乘法来表示群中的代数运算，它可以是交换的，也可以是不交换的。常用"+"即加法来表示一个交换群的代数运算，称这样的群为加法群（加群）。

由于用"+"来表示代数运算，许多计算规则的形式当然也跟着改变。现在，简单地先说明一下加群的符号和计算规则。

在加群中，用 0 表示幺元，把它读作零。对于加群中的任意元素 a，它的唯一逆元用 $-a$ 来表示，读作负 a。元素 $a + (-b)$，可以简写成 $a - b$，读成 a 减 b。由这些规定以及交换群的性质，有以下计算规则：

$$0 + a = a + 0，$$
$$-a + a = a + (-a) = a - a = 0，$$
$$-(-a) = a，$$
$$-(a + b) = -a - b，$$
$$-(a - b) = -a + b。$$

当 n 是正整数时：$\underbrace{a + a + \cdots + a}_{n\text{个}} = na$，

$$(-n)a = -(na)，$$

$$0a = 0。$$

注意，这里第一个 0 是整数 0，第二个 0 是加群的零元。

对于任意整数 m，$n \in \mathbf{Z}$ 和加群的任何元 a，b 来说，都有

$$ma + na = (m + n)a，$$
$$m(na) = (mn)a，$$
$$n(a + b) = na + nb。$$

一、环

下面给出环的定义。

定义 1：设 $(A，+，\cdot)$ 是一个代数系统，A 是一个非空集，$+$ 和 $\cdot$ 是 A 上的两个二元运算，如果以下三条成立，

（1）$(A，+)$ 是一个交换群；

（2）$(A，\cdot)$ 是一个半群；

（3）对于任意的 a，b，$c \in A$，有 $a(b + c) = ab + ac$，
$$(b + c)a = ba + ca，$$

其中条件（3）称为乘法对加法的分配律。

那么称 $(A，+，\cdot)$ 是一个环。

显然，$(\mathbf{Z}，+，\cdot)$ 是一个环，称之为整数环。

设 $(A，+，\cdot)$ 是一个环，本节一开始介绍的加群的计算规则在环 A 中是适合的。下面还有一些重要的计算规则：

对于任意的 a，b，$c \in A$，有 $\quad (a - b)c = ac - bc$，
$$c(a - b) = ca - cb。$$

对于任意的 $a \in A$，有 $\quad 0a = a0 = 0$，其中 0 是 A 的零元。

对于任意的 a，$b \in A$，有 $\quad (-a)b = a(-b) = -ab$，
$$(-a)(-b) = ab。$$

对于任意的 a，$b \in A$，对于任意的整数 n，有

$$(na)b = a(nb) = n(ab)。$$

二、交换环、整环

定义 2：设 $(A，+，\cdot)$ 是一个环，

（1）若对于任意的 a，$b \in A$，有 $a \cdot b = b \cdot a$，则称 A 是一个交换环。

（2）若 A 是一个有限集，则称 A 是一个有限环。

（3）若存在 $e \in A$，对于任意的 $a \in A$，有 $e \cdot a = a \cdot e = a$，则称 e 是环 A 的单位元，称 A 为有单位元的环。往往用 1 表示单位元。

例 1：$A = \{a + b\sqrt{2} \mid a，b \in \mathbf{Z}\}$，$A$ 关于数的加法和乘法构成一个环 $(A，+，\cdot)$，且 A 是有单位元的交换环。

例 2：$\mathbf{Z}_n = \{\bar{0}，\bar{1}，\bar{2}，\cdots，\overline{n-1}\}$，对于任意的 $\bar{i}$，$\bar{j} \in \mathbf{Z}_n$，

$$\bar{i} \oplus \bar{j} = \overline{(i + j)} \text{ 被 } n \text{ 除的余数} = \begin{cases} i + j， & \text{若 } i + j \leq n - 1， \\ i + j - n， & \text{若 } i + j \geq n， \end{cases}$$

$$\bar{i} \odot \bar{j} = \overline{(i \cdot j)} \text{ 被 } n \text{ 除的余数}，$$

则 $(\mathbf{Z}_n，\oplus，\odot)$ 是一个环，叫模 n 的整数环。

定义3：设 $(A, +, \cdot)$ 是一个环，$a, b \in A$，若 $a \neq 0$，$b \neq 0$，但

$$a \cdot b = 0,$$

则称 a 是环 A 的一个非零的左零因子，b 是环 A 的一个非零的右零因子。既是左的又是右的非零的零因子称为非零的零因子。

在 $(\mathbf{Z}_6, \oplus, \odot)$ 中，$\bar{2}, \bar{3} \in \mathbf{Z}_6$，$\bar{2} \neq \bar{0}$，$\bar{3} \neq \bar{0}$，但

$$\bar{2} \cdot \bar{3} = \bar{0},$$

所以，$\bar{2}, \bar{3}$ 是 $\mathbf{Z}_6$ 中的非零的零因子。

定义4：设 $(A, +, \cdot)$ 是一个环，若 A 是一个有单位元、但没有非零的零因子的交换环，则称 A 是一个整环。

在例1中，$(\{a+b\sqrt{2} \mid a, b \in \mathbf{Z}\}, +, \cdot)$ 是一个整环。

三、除环、域

定义5：设 $(A, +, \cdot)$ 是一个环，$1 \in A$ 是单位元，$a \in A$。

（1）若存在 $b \in A$，使 $a \cdot b = 1$，则称 b 是 a 的右逆元。

（2）若存在 $c \in A$，使 $c \cdot a = 1$，则称 c 是 a 的左逆元。

（3）若 b 既是 a 的右逆元，又是 a 的左逆元，则称 b 是 a 的逆元，并表之为 a^{-1}。

定义6：设 $(A, +, \cdot)$ 是一个有单位元的环，若每一个非零元都有逆元，则称 $(A, +, \cdot)$ 是一个除环。一个可换的除环是一个域。

有理数集 $\mathbf{Q}$ 按数的加法和乘法构成有理数域，实数集 $\mathbf{R}$ 按数的加法和乘法构成实数域，复数集 C 按复数的加法和乘法构成复数域。$(\mathbf{Z}, \oplus, \odot)$ 是整环，但不是域。

例3：$\mathbf{Z}_5 = \{\bar{0}, \bar{1}, \bar{2}, \bar{3}, \bar{4}\}$，$(\mathbf{Z}_5, \oplus, \odot)$ 是一个域。

显然，$(\mathbf{Z}_5, \oplus, \odot)$ 是一个有单位元 $\bar{1}$ 的可换环，又

$$\bar{1}^{-1} = \bar{1},$$

$$\bar{2}^{-1} = \bar{3},$$

$$\bar{3}^{-1} = \bar{2},$$

$$\bar{4}^{-1} = \bar{4},$$

即每一个非零元关于乘法运算有逆元，故 $(\mathbf{Z}_5, \oplus, \odot)$ 是一个域，是一个有限域。

11.11 典型例题及解答

例1：$(G, *)$ 是一个群，R 是 G 上的一个二元关系，且对于 $\forall x, y \in G$，$(x, y) \in R$ 当且仅当 $\exists \theta \in G$，使得 $y = \theta * x * \theta^{-1}$，试证明 R 是 G 上的等价关系。

证明：（1）自反性：对于 $\forall x \in G$。因为 $(G, *)$ 为一个群，所以 $\exists \theta = e \in G$，使得 $x = e * x * e^{-1} = \theta * x * \theta^{-1}$，由 R 的定义知，$(x, x) \in R$。

（2）对称性：对于 $\forall x, y \in G$，若 $(x, y) \in R$，则 $\exists \theta \in G$，使得 $y = \theta * x * \theta^{-1}$。因为 $(G, *)$ 为一个群，所以 $\exists \theta_1 = \theta^{-1} \in G$，使得

$$\theta^{-1} * y * \theta = \theta^{-1} * (\theta * x * \theta^{-1}) * \theta = (\theta^{-1} * \theta) * x * (\theta^{-1} * \theta) = e * x * e = x, \text{ 即有,}$$

$x = \theta_1 * y * \theta_1^{-1}$，由 R 的定义知，$(y, x) \in R$。

（3）传递性：对于 $\forall x, y, z \in G$，若 $(x, y) \in R$，$(y, z) \in R$，则由 R 的定义知，$\exists \theta_1$，$\theta_2 \in G$，使得 $y = \theta_1 * x * \theta_1^{-1}$，$z = \theta_2 * y * \theta_2^{-1}$。因为 $(G, *)$ 为一个群，所以 $\exists \theta = \theta_2 * \theta_1 \in G$，使得 $z = \theta_2 * (\theta_1 * x * \theta_1^{-1}) * \theta_2^{-1} = (\theta_2 * \theta_1) * x * (\theta_2 * \theta_1)^{-1} = \theta * x * \theta^{-1}$，由 R 的定义知，$(x, z) \in R$。

综上所述，R 是 G 上的等价关系。

例 2：H 是群 G 的子群，且 aH 和 bH 是 H 在 G 上的两个左陪集，证明要么 $aH \cap bH = \varnothing$，要么 $aH = bH$。

证明：设 $aH \cap bH \neq \varnothing$，则 $\exists h \in aH \cap bH$。由交集的定义知，$h \in aH$，$h \in bH$；根据陪集的定义知，$\exists h_1, h_2 \in H$ 使得 $ah_1 = bh_2$。

（1）对于 $\forall x \in aH$，$\exists h_3 \in H$，使得 $x = ah_3$。因为 H，G 为群且 $ah_1 = bh_2$，所以 $a = bh_2 h_1^{-1}$，从而有 $x = bh_2 h_1^{-1} h_3 \in bH$，因此 $aH \subseteq bH$。

（2）对于 $\forall x \in bH$，$\exists h_3 \in H$，使得 $x = bh_3$。因为 H，G 为群且 $ah_1 = bh_2$，所以 $b = ah_1 h_2^{-1}$，从而有 $x = ah_1 h_2^{-1} h_3 \in aH$，因此 $bH \subseteq aH$。

综上所述，$aH = bH$。

例 3：设 H 是群 G 的子群，$x \in G$，令 $xHx^{-1} = \{xhx^{-1} \mid h \in H\}$，证明 xHx^{-1} 是 G 的子群。

证明：（1）设 e 为 G 的幺元，因为 H 是群 G 的子群，所以 $e \in H$，显然有 $e = xex^{-1} \in xHx^{-1}$，因此 xHx^{-1} 非空。

（2）对于任意的 $xh_1 x^{-1}$，$xh_2 x^{-1} \in xHx^{-1}$，

我们有 $xh_1 x^{-1} (xh_2 x^{-1})^{-1} = xh_1 x^{-1} xh_2^{-1} x^{-1} = xh_1 h_2^{-1} x^{-1}$，因为 H 是群，所以，$h_1 h_2^{-1} \in H$，故 $xh_1 h_2^{-1} x^{-1} \in xHx^{-1}$。故 xHx^{-1} 是 G 的子群。

例 4：设 f 和 g 都是群 $(A, \circ)$ 到群 $(B, *)$ 的同态映射，证明 $(C, \circ)$ 是 $(A, \circ)$ 的一个子群，其中 $C = \{x \mid x \in A$ 且 $f(x) = g(x)\}$。

证明：（1）设 e_1 为群 $(A, \circ)$ 的幺元，e_2 是群 $(B, *)$ 的幺元，因为设 f 和 g 都是群 $(A, \circ)$ 到群 $(B, *)$ 的同态映射，所以 $f(e_1) = e_2$，$g(e_1) = e_2$，从而有 $f(e_1) = g(e_1)$，因此 $e_1 \in C \neq \varnothing$；由 C 的定义知 $C \subseteq A$。

（2）对于 $a, b \in C$，则 $f(a) = g(a)$，$f(b) = g(b)$。因为 $(A, \circ)$ 为群，所以由 $b \in C \subseteq A$ 知 $b^{-1} \in A$。因为 f 和 g 都是群 $(A, \circ)$ 到群 $(B, *)$ 的同态映射，所以由 $f(e_1) = g(e_1)$ 得，$f(e_1) = f(b \circ b^{-1}) = f(b) * f(b^{-1}) = g(e_1) = g(b \circ b^{-1}) = g(b) * g(b^{-1})$，由左消去律得 $f(b^{-1}) = g(b^{-1})$，故 $b^{-1} \in C$。由于 $f(a \circ b^{-1}) = f(a) * f(b^{-1}) = g(a) * g(b^{-1}) = g(a \circ b^{-1})$，故 $a \circ b^{-1} \in C$。因此，$(C, \circ)$ 是 $(A, \circ)$ 的一个子群。

例 5：证明循环群的同态像必为循环群。

证明：设循环群 $(A, *)$ 的生成元为 a，f 为 A 到 A 的同态映射，同态像为 $(f(A), *)$。于是，对于任意的 $a^m, a^n \in A$，有 $f(a^m * a^n) = f(a^m) * f(a^n)$。

现证 $f(a^n) = (f(a))^n$，采用数学归纳法证明。

当 $n = 1$ 时，显然有 $f(a) = f(a)$。

设 $n = k$ 时，命题成立，即 $f(a^k) = (f(a))^k$。

当 $n = k+1$ 时，$f(a^{k+1}) = f(a^k * a) = f(a^k) * f(a) = (f(a))^k f(a) = (f(a))^{k+1}$。

由数学归纳法知，命题成立。

综上所述，$f(A)$ 中的每个元素均可用 $(f(a))^n$ 表示，所以 $(f(A)$，$*)$ 是由 $f(a)$ 生成的循环群。

例6： $(G$，$*)$ 是阶为6的群，证明它至多只有一个阶为3的子群。

证明：（1）G 中有一个3阶子群

因为群 G 的每个元素的阶只能是群 G 的阶的因子，所以每个元素的阶只能是1，2，3或6。阶为1的元素只有一个，就是幺元 e，非幺元的阶就是2，3或6。如果每个非幺元的阶都是2，则群 G 满足交换律，并且对于任意两个非幺元 a，b，$\{e$，a，b，$a*b\}$ 是一个阶为4的子群，但4不能整除6，这与子群的性质（第11.8节定理2）矛盾，矛盾表明存在阶为3或6的元素。如果存在一个元素 g 的阶为3，则 $\{e$，g，$g^2\}$ 为一个3阶子群。如果存在一个元素 g 的阶为6，则 $\{e$，g^2，$g^4\}$ 为一个3阶子群。

（2）G 中只有一个3阶子群

若 G 中存在2个3阶子群 H_1 和 H_2，可以证明 $H_1 \cap H_2$ 也是 H_1 和 H_2 的子群。从而知 $H_1 \cap H_2$ 的阶只能是1和3。

若 $H_1 \cap H_2$ 的阶为3，则 $H_1 = H_2$；

若 $H_1 \cap H_2$ 的阶为1，则 $H_1 \cap H_2 = \{e\}$。

不妨假设 $H_1 = \{e$，a，$a^2\}$，$H_2 = \{e$，b，$b^2\}$，其中 a，a^2，b，b^2 互不相同。容易说明，$a*b$，$a*b^2$ 与 e，a，a^2，b，b^2 都互不相同，它们又都应该是群 G 的元素，这与其阶为6矛盾。命题得证。

例7： 群 $(G$，$*)$ 中的任一元素和它的逆元具有相同的阶。

证明： 不妨设 G 的元素 a 具有有限阶 n，即 $a^n = e$。因此，
$$(a^{-1})^n = (a^{-1})^n * e = (a^{-1})^n * a^n$$
$$= a^{-1} * a^{-1} * \cdots * a^{-1} * a * a * \cdots * a = e$$

如果 a^{-1} 的阶为 m，则
$$m \leqslant n$$

另一方面，由 $(a^{-1})^m = e$，可以得到
$$a^m = e$$

故　$n \leqslant m$

因此，$n = m$。

例8： 已知 $(H$，$*)$ 是群 $(G$，$*)$ 的子群，对于 $\forall x \in G$，$xHx^{-1} = \{xhx^{-1} \mid h \in H\}$。求证：
$$Hx = xH \text{ 当且仅当 } xHx^{-1} = H。$$

证明： 先证明必要性。

对 $\forall a \in xHx^{-1}$，$\exists h \in H$，使得 $a = xhx^{-1}$.

因为 $xh \in xH = Hx$，所以

$\exists h_1 \in H$，使得 $xh = h_1 x$.

于是 $a = (xh)x^{-1} = (h_1 x)x^{-1} = h_1(xx^{-1}) = h_1 \in H$，

即证得 $xHx^{-1} \subseteq H$。

反之，对 $\forall a \in H$，有 $ax \in Hx = xH$，

因而，$\exists h_1 \in H$，使得 $ax = xh_1$.

于是 $a = xh_1 x^{-1} \in xHx^{-1}$.

即证得 $H \subseteq xHx^{-1}$。

综上所述，$xHx^{-1} = H$。

再证明充分性。

对 $\forall a \in Hx$，$\exists h \in H$，使得 $a = hx$.

因为，$h \in H = xHx^{-1}$，所以

$\exists h_1 \in H$，使得 $h = xh_1x^{-1}$。

于是 $a = hx = (xh_1x^{-1})x = xh_1 \in xH$，

即证得 $Hx \subseteq xH$。

反之，对 $\forall a \in xH$，$\exists h \in H$，使得 $a = xh$.

显然，$a = xh = xh(x^{-1}x) = (xhx^{-1})x$，

因为 $xhx^{-1} \in xHx^{-1} = H$，所以

$\exists h_1 \in H$，使得 $h_1 = xhx^{-1}$。

于是 $a = (xhx^{-1})x = h_1x \in Hx$，

即证得 $xH \subseteq Hx$。

综上所述，$Hx = xH$。

● 习题十一

11.1 设 $A = \{1, 2, 3, \cdots, 10\}$，问下面定义的二元运算 $*$ 关于集合 A 是否封闭？是否是可结合的？

（1）$x * y = \max\{x, y\}$。

（2）$x * y = x$ 与 y 的最小公倍数。

（3）$x * y = x$ 与 y 的最大公约数。

（4）$x * y = x - y$

11.2 $\mathbf{N}$ 是自然数集。定义 $\mathbf{N}$ 上的运算 "$*$"：$\forall n, m \in \mathbf{N}$，$n * m = n + 2m$。问 $*$ 是否是 $\mathbf{N}$ 上的可结合的二元运算。请证明或举反例说明你的结论。

11.3 $A = \{a, b, c\}$，在 A 上定义一个运算：$\forall x, y \in A$，$x * y = x$。试给出 A 关于运算 $*$ 的乘法表，并证明 $(A, *)$ 是半群。

11.4 $\mathbf{N}$ 是自然数集，在 $\mathbf{N}$ 上定义一个二元运算 "$*$"：$\forall x, y \in \mathbf{N}$，$x * y = x^y$。这里，不妨约定 $0^0 = 1$。试问 $(\mathbf{N}, *)$ 是否是半群，是否有左、右幺或幺元。

11.5 $\mathbf{N}$ 是自然数集，在 $\mathbf{N}$ 上定义运算：$\forall a, b \in \mathbf{N}$，$a * b = a + b + 3$。$(\mathbf{N}, *)$ 是否是半群，若是，证明之，若不是举例说明。

11.6 $\mathbf{N}$ 是自然数集。在 $\mathbf{N}$ 上定义运算 "$*$"：$\forall m, n \in N$，$m * n = m + n + mn$。

证明：$(\mathbf{N}, *)$ 是一个含幺半群。

11.7 $A = \{x \in \mathbf{R} \mid 0 \leq x \leq 1\}$，$\mathbf{R}$ 是实数集。在 A 上定义一个运算：$\forall x, y \in A$，$x * y = x + y - xy$。

（1）证明 $(A, *)$ 是一个含幺半群。

（2）说出 $(A, *)$ 不是群的理由。

11.8 设 $(A, *)$ 是半群，a 是 A 中的一个元素，使得对 A 中每一个 x，A 中就存在满足下述条件的 u 和 v，使得 $a * u = v * a = x$。证明：A 中存在幺元。

11.9 设 $(S, *)$ 是一个半群，若 $\forall x, y \in S$，由 $a * x = a * y$ 可得 $x = y$，则称元素 $a \in S$

为左可约元。求证：若 a，$b \in S$ 均是左可约元，则 $a * b$ 也是左可约元。

11.10　判断下列代数系统中哪些是含幺半群？哪些是群？哪些是循环群？

$$(\mathbf{R}，+)，(\mathbf{R}，\cdot)，(\mathbf{Z}，+)，(\mathbf{Z}，\cdot)，(A^A，\circ)，(\rho(S)，\cup)，(\mathbf{Z}_6，\oplus)，$$
$$(\mathbf{Z}_6，\odot)，(\mathbf{Z}_6^*，\odot)，(\mathbf{Z}_5^*，\odot)，$$

其中，$\mathbf{Z}_6 = \{\bar{0}，\bar{1}，\bar{2}，\bar{3}，\bar{4}，\bar{5}\}$，$\mathbf{Z}_6^* = \mathbf{Z}_6 - \{\bar{0}\}$，

$$\mathbf{Z}_5 = \{\bar{0}，\bar{1}，\bar{2}，\bar{3}，\bar{4}\}，\mathbf{Z}_5^* = \mathbf{Z}_5 - \{\bar{0}\}。$$

11.11　$\mathbf{Q}$ 是有理数集，$Q^* = \mathbf{Q} - \{0\}$，在 Q^* 中定义运算"Δ"：$\forall x，y \in Q^*$，$x\Delta y = 2xy$。求证：$(Q^*，\Delta)$ 是一个群。

11.12　设 S 是任意的一个非空集合，$(G，+)$ 是一个加群。令
$$A = G^S = \{f \mid f：S \rightarrow G \text{ 是 } S \text{ 到 } G \text{ 的映射}\}，$$
对 A 规定运算：$\forall f$，$g \in A$，$\forall x \in S$，$f + g：x \rightarrow f(x) + g(x)$。

求证：$(A，+)$ 也是一个加群（加群即可换群）。

11.13　$(G，*)$ 是一个群，取定 $u \in G$，对于任意 g_1，$g_2 \in G$，定义：$g_1 \otimes g_2 = g_1 * u^{-1} \times g_2$。证明：$(G，\otimes)$ 是一个群。

11.14　$(G_1，*)$，$(G_2，\cdot)$ 是两个群，令 $G_1 \times G_2 = G$。对于任意的 $(g_1，g_2)$，$(g_1'，g_2') \in G$，定义 $(g_1，g_2) \otimes (g_1'，g_2') = (g_1 * g_1'，g_2 \cdot g_2')$。

求证：(1) $(G，\otimes)$ 是一个群。

(2) $\overline{G_1} = \{(g_1，e_2) \mid g_1 \in G_1，e_2 \text{ 是 } G_2 \text{ 的幺元}\}$ 是 G 的正规子群。

11.15　Q 是有理数集，记 $H = \{f_{a,b} \mid a，b \in Q，a \neq 0，\forall x \in Q，f_{a,b}(x) = ax + b\}$。

求证：(1) $(H，\circ)$ 是一个群，其中"$\circ$"是映射的复合运算。

(2) $K = \{f_{a,b} \in H \mid a = 1，b \in Q\}$ 是 $(H，\circ)$ 的子群。

11.16　已知 $(G，\cdot)$ 是一个群，$\forall g \in G$，作 G 到 G 的一个映射 f_g 如下：
$$f_g：x \mapsto g \cdot x，x \in G。$$

求证：(1) f_g 是双射。

(2) 令 $A = \{f_g \mid g \in G，f_g \text{ 为如上定义的 } G \text{ 到 } G \text{ 的映射}\}$，"$\circ$"是映射的复合运算，则 $(A，\circ)$ 是一个群。

11.17　设 A 是一个非空集合，A 上的运算定义如下：
$$a * b = a，$$
假定 A 的元素个数大于 1。问：

(1) $(A，*)$ 是半群吗？

(2) $(A，*)$ 是交换半群吗？

11.18　证明：四元群一定是交换群。

11.19　设 $A = \{a，b，c，d，e\}$，请给出 A 的一个乘法表，使 $(A，*)$ 是一个群。不同构的五元群能有几个？

11.20　设 $A = \{a，b\}$，$(A，*)$ 是一个半群，且 $a * a = b$。

证明：(1) $a * b = b * a$；

(2) $b * b = b$。

11.21　设 $(G，*)$ 是一个群，e 是幺元，若 $\forall g \in G$，$g * g = e$，则 G 是 Abel 群。

11.22 设 $(G, \cdot)$ 是一个群,证明:$(G, \cdot)$ 是 Abel 群当且仅当对 G 中任意元 a 和 b,有 $a^2 \cdot b^2 = (a \cdot b)^2$。

11.23 设 $(G, *)$ 是一个群,$g_0 \in G$,$Ng_0 = \{g \in G \mid g_0 * g = g * g_0\}$。

证明:Ng_0 是 G 的子群。

11.24 设 $(G, \cdot)$ 是一个有限群,H 是 G 的真子群。求证:$\forall g \in G$,$\exists n \in \mathbf{N}^+$,$g^n \in H$,其中 $\mathbf{N}^+$ 是正的自然数集。

11.25 设 $(G, \cdot)$ 是一个群,H 是 G 的子群。$\forall a, b \in G$,证明以下三个条件等价:

① $b^{-1} \cdot a \in H$;

② $b \in a \cdot H$;

③ $a \cdot H = b \cdot H$。

11.26 设 H,K 是群 G 的子群。

(1) 证明 $H \cap K$ 也是 G 的子群。

(2) $H \cup K$ 是否一定是 G 的子群?若不一定,举一个例子。

11.27 设 G 是一个群,H_1,H_2 是 G 的子群,且 $H_1 \not\subset H_2$,$H_2 \not\subset H_1$,求证 $H_1 \cup H_2 \neq G$。

11.28 设 H_1,H_2 均是群 G 的子群,记 $H_1 \cdot H_2 = \{h_1 \cdot h_2 \mid h_1 \in H_1, h_2 \in H_2\}$。

问:$H_1 \cdot H_2$ 是否一定是 G 的子群?若 $H_1 \subseteq H_2$ 呢?为什么?

11.29 设 $(G, \cdot)$ 是一个群。H,K 是 G 的子群,且 K 是 G 的正规子群。

证明:$H \cdot K = \{hk \mid h \in H, k \in K\}$ 也是 G 的子群。

11.30 设 $(H, \cdot)$ 和 $(K, \cdot)$ 是群 $(G, \cdot)$ 的两个子群,令 $HK = \{hk \mid h \in H, k \in K\}$,$KH = \{kh \mid h \in H, k \in K\}$。

证明:$(HK, \cdot)$ 是 $(G, \cdot)$ 的子群当且仅当 $HK = KH$。

11.31 设 $(G, \cdot)$ 是一个群,H,K 均是 G 的正规子群,证明 $H \cap K$ 也是 G 的正规子群。

11.32 设 $(G, *)$ 是一个交换群,定义一个从 G 到 G 的映射 f 如下:
$$f: \forall g \in G, f(g) = g^2。$$
求证:f 是同态映射。

11.33 已知 $(G, \cdot)$ 是一个群,$(A, *)$ 是一个代数系统,f 是 G 到 A 的一个满射,且 $\forall g_1, g_2 \in G$,$f(g_1 \cdot g_2) = f(g_1) * f(g_2)$,证明:$(A, *)$ 是一个群。

11.34 已知 $(G, *)$ 是一个群,f 是 G 到 G 的映射:$\forall g \in G$,$f(g) = g^{-1}$。

证明:(1) f 是 G 到 G 的双射。

(2) f 是同构映射当且仅当 $(G, *)$ 是阿贝尔群。

11.35 设 $(G, *)$ 是一个群,$a \in G$,f 是 G 到 G 的一个映射:$\forall x \in G$,$f(x) = a * x * a^{-1}$。证明:f 是 G 到 G 的自同构映射。

第 12 章

格与布尔代数

格与布尔代数是基于偏序集的两种代数结构，在代数学、逻辑学、计算机科学与自动化领域中有着重要的地位。

12.1　格定义的代数系统

我们已经定义了格的概念，一个格是一个偏序集，在这个偏序集中，任意两个元素有唯一一个最小上界和唯一一个最大下界。现在，从代数系统的角度来重新认识格。

一、由格定义的代数系统

设 $(A, \leq)$ 是一个格，定义一个代数系统 $(A, \vee, \wedge)$，其中 $\vee$ 和 $\wedge$ 是 A 上的两个二元运算，对于任意的 $a, b \in A$，$a \vee b$ 等于 a 和 b 的最小上界，$a \wedge b$ 等于 a 和 b 的最大上界。称 $(A, \vee, \wedge)$ 是由格 $(A, \leq)$ 所定义的代数系统。二元运算 $\vee$ 通常称为并运算，二元运算 $\wedge$ 通常称为交运算。因此，a 和 b 的最小上界，也称 a 和 b 的并；a 和 b 的最大下界，也称 a 和 b 的交。

例如，图 12.1 用哈斯图给出了一个有 5 个元的格，图 12.2 （a）和（b）分别给出了由图 12.1 给出的格所定义的代数系统中 $\vee$ 和 $\wedge$ 两个二元运算的运算表。

设 2^A 是集合 A 的幂集，$(A^A, \subseteq)$ 是一个格，在所定义的代数系统 $(2^A, \vee, \wedge)$ 中，对于任意的 $x, y \in 2^A$，有：

$$x \vee y = x \cup y,$$
$$x \wedge y = x \cap y。$$

设 $\mathbf{Z}^+$ 是正整数集，$|$ 是 $\mathbf{Z}^+$ 上一个二元关系，$(\mathbf{Z}^+, |)$ 是一个格，在所定义的代数系统 $(\mathbf{Z}^+, \vee, \wedge)$ 中，对于任意的 $m, n \in \mathbf{Z}^+$，有

图 12.1　5 个元的格

$$m \vee n = m \text{ 和 } n \text{ 的最小公倍数；}$$
$$m \wedge n = m \text{ 和 } n \text{ 的最大公约数。}$$

定理 1：对于格 $(A, \leq)$ 中的任意元素 a 和 b，我们有：

$$a \leq a \vee b, \tag{12.1}$$
$$a \wedge b \leq a。 \tag{12.2}$$

证明：因为 $a \vee b$ 是 a 的一个上界，

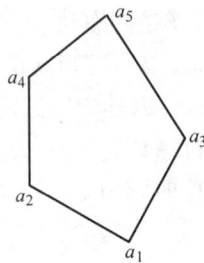

∨	a_1	a_2	a_3	a_4	a_5
a_1	a_1	a_2	a_3	a_4	a_5
a_2	a_2	a_2	a_3	a_4	a_5
a_3	a_3	a_5	a_3	a_5	a_5
a_4	a_4	a_4	a_5	a_4	a_5
a_5	a_5	a_5	a_5	a_5	a_5

(a)

∧	a_1	a_2	a_3	a_4	a_5
a_1	a_1	a_1	a_1	a_1	a_1
a_2	a_1	a_2	a_1	a_2	a_2
a_3	a_1	a_1	a_3	a_1	a_3
a_4	a_1	a_2	a_1	a_4	a_4
a_5	a_1	a_2	a_3	a_4	a_5

(b)

图 12.2　二元运算∨和∧的运算表

故有 $a \leqslant a \vee b$。

因为 $a \wedge b$ 是 a 的一个下界,

故有 $a \wedge b \leqslant a$。

定理 2：$(A, \leqslant)$ 是一个格, 对于 A 中的任意的 a, b, c 和 d, 如果 $a \leqslant b$ 且 $c \leqslant d$, 则有:

$$a \vee c \leqslant b \vee d \tag{12.3}$$

$$a \wedge c \leqslant b \wedge d \tag{12.4}$$

证明：因为 $b \leqslant b \vee d$, 又 $a \leqslant b$,

所以 $a \leqslant b \vee d$。

同理, 因为 $d \leqslant b \vee d$, 又 $c \leqslant d$,

所以 $c \leqslant b \vee d$。

所以 $b \vee d$ 是 a 和 c 的上界。

由 $a \vee c$ 是 a 和 c 的最小上界的定义知：$a \vee c \leqslant b \vee d$

因为 $a \wedge c \leqslant a$, 又 $a \leqslant b$,

所以 $a \wedge c \leqslant b$。

同理, 因为 $a \wedge c \leqslant c$, 又 $c \leqslant d$,

所以 $a \wedge c \leqslant d$。

所以 $a \wedge c$ 是 b 和 d 的下界。

由 $b \wedge d$ 是 b 和 d 的最大下界的定义知：$a \wedge c \leqslant b \wedge d$。

二、对偶原理

设 $(A, \leqslant)$ 是一个偏序集, 令 $\leqslant_R$ 是 A 上的二元关系, 使对 A 中的 a 和 b 当且仅当 $b \leqslant a$ 时, $a \leqslant_R b$。不难看出, $(A, \leqslant_R)$ 也是一个偏序集。而且, 若 $(A, \leqslant)$ 是一个格, 那么 $(A, \leqslant_R)$ 也是一个格。

注意, 格 $(A, \leqslant)$ 与格 $(A, \leqslant_R)$ 之间是密切相关的。同样, 由它们定义的代数系统也是密切相关的。具体地说, 由 $(A, \leqslant)$ 定义的代数系统的并运算, 是由 $(A, \leqslant_R)$ 定义的代数系统中的交运算, 并且由 $(A, \leqslant)$ 定义的代数系统的交运算, 是由 $(A, \leqslant_R)$ 定义的代数系统中的并运算, 因此, 给定的涉及格的一般性质的任何能成立的论述, 我们都可以把关系 $\leqslant$ 用关系 $\leqslant_R$ 来代替, 把并运算替换为交运算, 把交运算换为并运算, 从而得到了它的另一个成立的论点，这就是所谓的对偶原理。

例如，定理 1 中的式(12.1)可以叙述为："格中任意两个元素的并大于或等于这两个元素中的每一个元素"，式(12.2)可以叙述为："格中任意两个元素的交小于或等于这两个元素中每一个元素。"显然，式(12.2)可以根据对偶原理从式(12.1)直接得到。注意，在定理 2 中的式(12.4)并不能根据对偶原理从式(11.3)得到，原因在于这两个公式是有前提条件的。

三、幂等律、交换律、结合律、吸收律

定理 3：设 $(A, \leq)$ 是一个格，$(A, \vee, \wedge)$ 是格 $(A, \leq)$ 定义的代数系统，则对于任意的 $a, b, c \in A$，以下算律成立：

L_1：$a \wedge a = a$，$a \vee a = a$；（幂等律）

L_2：$a \wedge b = b \wedge a$，$a \vee b = b \vee a$；（交换律）

L_3：$(a \wedge b) \wedge c = a \wedge (a \wedge c)$
　　　$(a \vee b) \vee c = a \vee (b \vee c)$；（结合律）

L_4：$a \wedge (a \vee b) = a$，$a \vee (a \wedge b) = a$。（吸收律）

证明：显然，$a \wedge a \leq a$。

因为 $a \leq a$，且 $a \leq a$，即 a 是 a 与 a 的下界，

所以 $a \leq a \wedge a$，

故 $a \wedge a = a$。

由对偶原理知：$a \vee a = a$。

所以 L_1 得证。

因为 $\{a, b\} = \{b, a\}$，

所以 L_2 成立。

因为 $(a \wedge b) \wedge c \leq a \wedge b$，又 $a \wedge b \leq a$，

所以 $(a \wedge b) \wedge c \leq a$。

同理，因为 $(a \wedge b) \wedge c \leq b$，且 $(a \wedge b) \wedge c \leq c$，

所以 $(a \wedge b) \wedge c \leq b \wedge c$。

从而 $(a \wedge b) \wedge c \leq a \wedge (b \wedge c)$。

同理，可证 $a \wedge (b \wedge c) \leq (a \wedge b) \wedge c$。

故 $(a \wedge b) \wedge c = a \wedge (b \wedge c)$。

由对偶原理知：$(a \vee b) \vee c = a \vee (b \vee c)$。

所以 L_3 得证。

显然，$a \wedge (a \vee b) \leq a$。

因为 $a \leq a$，且 $a \leq a \vee b$，

所以 $a \leq a \wedge (a \vee b)$。

故 $a \wedge (a \vee b) = a$。

由对偶原理有：$a \vee (a \wedge b) = a$。

所以 L_4 得证。

12.2　格的代数定义

在 12.1 节主要讲了由一个格定义一个代数系统。本节主要是介绍格的代数定义与子格和格

的同态映射的概念。

一、格的代数定义

设 $(A, \vee, \wedge)$ 是具有两个二元运算 $\vee$ 和 $\wedge$ 的代数系统，并且 $\vee$ 和 $\wedge$ 运算适合 12.1 节定理 3 中描述的四个算律 $L_1 \sim L_4$。下面我们设法利用 $\vee$ 和 $\wedge$ 运算在 A 中引入偏序关系 $\leq$，使 A 关于这个偏序关系构成一个格。

从格所定义的代数系统中的运算我们不难想到，对于任意的 $a, b \in A$，当

$$a \wedge b = a \tag{12.5}$$
$$a \vee b = b \tag{12.6}$$

同时成立时，应规定 $a \leq b$。如果证明了这样定义的 A 的二元关系 $\leq$ 是 A 上一个偏序关系，且 $a \wedge b$ 和 $a \vee b$ 分别是 $\{a, b\}$ 的最大下界和最小上界，那么就可以把具有算律 $L_1 - L_4$ 的一个代数系统 $(A, \vee, \wedge)$ 定义为一个格了。

1. 二元关系 $\leq$

首先，必须回答的一个问题是在这样的一个代数系统中是否有式(12.5)与式(12.6)同时成立。

设 $a \wedge b = a$，则

$$a \vee b = (a \wedge b) \vee b \overset{L_2}{=\!=} b \vee (a \wedge b) \overset{L_2}{=\!=} b \vee (b \wedge a) \overset{L_4}{=\!=} b。$$

反之，设 $a \vee b = b$，则

$$a \wedge b = a \wedge (a \vee b) \overset{L_4}{=\!=} a。$$

因此，公式(12.5)与公式(12.6)同时成立得证。

现在集合 A 上定义二元关系 $\leq$：对于任意 $a, b \in A$，

> 若 $a \wedge b = a$（或 $a \vee b = b$）成立，则定义 $a \leq b$。 $\tag{12.7}$

2. 偏序集 $(A, \leq)$

下面证明 $\leq$ 是 A 上的偏序关系。

对于任意 $a \in A$，由 L_1，$a \wedge a = a$（或 $a \vee a = a$），有

$$a \leq a,$$

即 $\leq$ 是自反的。

对于任意的 $a, b \in A$，若 $a \leq b$，且 $b \leq a$，则 $a \wedge b = a$，且 $b \wedge a = b$，由 L_2：$a \wedge b = b \wedge a$，有

$$a = b,$$

即 $\leq$ 是反对称的。

对于任意的 $a, b, c \in A$，若 $a \leq b$，且 $b \leq c$，即 $a \wedge b = a$，$b \wedge c = b$，则

$$a \wedge c = (a \wedge b) \wedge c \overset{L_3}{=\!=} a \wedge (b \wedge c) = a \wedge b = a,$$

所以 $a \leq c$，

即 $\leq$ 是传递的。

综上所述，$\leq$ 是 A 上的偏序关系，$(A, \leq)$ 是一个偏序集。

3. 格 $(A, \vee, \wedge)$

下面证明对于任意的 $a, b \in A$，$a \wedge b$ 是 $\{a, b\}$ 的最大下界。

因为 $(a \wedge b) \wedge a \overset{L_3}{=\!=} a \wedge (b \wedge a) \overset{L_2}{=\!=} a \wedge (a \wedge b) \overset{L_3}{=\!=} (a \wedge a) \wedge b \overset{L_1}{=\!=} a \wedge b$，

由定义式(12.7)知，$a \wedge b \leq a$。

同理 $a \wedge b \leq b$。

所以，$a \wedge b$ 是 a 和 b 的下界。

任取 $c \in A$，若 $c \leq a$，且 $a \leq b$，由定义式（12.7）知，

$$c \wedge a = c，\text{且} c \wedge b = c，$$

则 $c \wedge (a \wedge b) = (c \wedge a) \wedge b = c \wedge b = c$，

故 $c \leq a \wedge b$，

因此，$a \wedge b$ 是 $\{a, b\}$ 的最大下界。

类似地，可以证明 $a \vee b$ 是 $\{a, b\}$ 的最小上界。

这样，就可以得出格的等价定义。

定义 1：设 $(A, \vee, \wedge)$ 是一个代数系统，$\vee$ 和 $\wedge$ 是 A 上的两个封闭的二元运算，若满足算律 $L_1 \sim L_4$，则称 $(A, \vee, \wedge)$ 是一个格。

例 1：$\mathbf{Z}^+$ 是正整数集，对于任意的 $a, b \in \mathbf{Z}^+$，规定

$a \wedge b = (a, b)$（即 a 和 b 的最大公约数），

$a \vee b = [a, b]$（即 a 和 b 的最小公倍数），

由于对于任意两个正整数 a 和 b，都有唯一确定的最大公约数和最小公倍数，故 $\vee$ 和 $\wedge$ 是 $\mathbf{Z}^+$ 上的两个二元运算，且：

$(a, a) = a$，$[a, a] = a$，即 L_1 成立。

$(a, b) = (b, a)$，$[a, b] = [b, a]$，即 L_2 成立。

$((a, b), c) = (a, (b, c))$，$[a, [b, c]] = [[a, b], c]$，即 L_3 成立。

因为 $a | [a, b]$，

所以 $(a, [a, b]) = a$，即 $a \wedge (a \vee b) = a$。

因为 $(a, b) | a$，

所以 $[a, (a, b)] = a$，即 $a \vee (a \wedge b) = a$。

所以 L_4 成立。

因此，$(\mathbf{Z}^+, \vee, \wedge)$ 是一个格。这样定义的格与前面定义的格 $(\mathbf{Z}^+, |)$ 是一致的。

二、子格

对于任何代数系统，都可以有关于子代数系统的概念，即该代数系统的一个非空子集，关于所有的 $n(n \geq 1)$ 元运算都是封闭的。

下面我们给出一个格的子格的定义。

定义 2：设 $(A, \vee, \wedge)$ 是一个格，$\varnothing \neq B \subseteq A$，若 B 关于 $\vee$ 和 $\wedge$ 运算是封闭的，则称 $(B, \vee, \wedge)$ 为 $(A, \vee, \wedge)$ 的子格，简称 B 是 A 的子格。

例如，对于例 1 的 $(\mathbf{Z}^+, \vee, \wedge)$，取 $B = \{n \in \mathbf{Z}^+ \mid n \text{ 是偶数}\}$。因为任意两个偶数的最小公倍数和最大公约数仍是偶数，故 B 关于 $\vee$ 和 $\wedge$ 封闭，即 B 是 $\mathbf{Z}^+$ 的子格。

例 2：设 $(A, \leq)$ 是一个格，$a \in A$，令 $B = \{x \in A \mid x \leq a\}$，则 B 是 A 的一个子格。

证明：因为 $a \leq a$，

所以 $a \in B$，即 $B \neq \varnothing$。

对于任意的 $x, y \in B$，$x \leq a$，$y \leq a$，故

$$x \vee y \leq a，\text{且} x \wedge y \leq a，$$

即 $x \vee y \in B$，且 $x \wedge y \in B$。

因此，B 是 A 的子格。

关于格的定义，要防止一个错误的认识。设（A，$\leq$）是一个格，$\varnothing \neq B \subseteq A$。若（$B$，$\leq$）本身是一个格，能否说 B 是 A 的子格呢？一般情况下是不能说的。

例如，$A = \{1, 2, 3, 4, 6, 12\}$，（$A$，$\mid$）是一个格，相应的哈斯图如图 12.3（a）所示。设 $B = \{1, 2, 3, 12\}$，显然（B，$\mid$）是一个偏序集，其相应的哈斯图如图 12.3（b）所示。显然，（B，$\mid$）是一个格，但它不是（A，$\mid$）的子格，这是因为在格（A，$\mid$）中，$2 \vee 3 = 6 \notin B$。

三、格的同态、同构

研究代数系统的一个重要方法是利用同态与同构的概念。

定义 3：设（A，$\vee$，$\wedge$）和（A'，$\vee$，$\wedge$）是两个格，如果存在从 A 到 A' 的映射 φ，使得对于任意的 a，$b \in A$ 有：

$$\varphi(a \vee b) = \varphi(a) \vee \varphi(b),$$
$$\varphi(a \wedge b) = \varphi(a) \wedge \varphi(b),$$

图 12.3　（A，$\mid$），（B，$\mid$）的哈斯图

则称 φ 是 A 到 A' 的一个格同态映射。若 φ 是单射，则称 φ 是单一格同态；若 φ 是满射，则称 φ 是满的格同态；若 φ 是双射，则称 φ 是一个格同构，并称两个格 A 和 A' 是同构的。

例 3：设（A，$\vee$，$\wedge$）和（A'，$\vee$，$\wedge$）是两个格，$a' \in A'$。令：

$$\varphi: A \rightarrow A',$$
$$x \mapsto a' \text{（对于任意的 } x \in A\text{）}。$$

对于任意的 x，$y \in A$，$\varphi(x \vee y) = a'$，而 $\varphi(x) = a'$，$\varphi(y) = a'$，故

$$\varphi(x \vee y) = a' = a' \vee a' = \varphi(x) \vee \varphi(y),$$
$$\varphi(x \wedge y) = a' = a' \wedge a' = \varphi(x) \wedge \varphi(y),$$

所以，φ 是一个格同态映射。

12.3　一些特殊的格

自然，人们期望格所确定的代数系统具有更加特殊的"结构"，这一节我们研究具有某些附加性质的格。

一、分配格

定义 1：设（A，$\vee$，$\wedge$）是一个格，若对于任意 a，b，$c \in A$，有

$$a \wedge (b \vee c) = (a \wedge b) \vee (a \wedge c),$$
$$a \vee (b \wedge c) = (a \vee b) \wedge (a \vee c),$$

则称（A，$\vee$，$\wedge$）是一个分配格。

显然，（2^A，$\cup$，$\cap$）是一个分配格。

例：判定图 12.4 中五个格是否是分配格。

解：不难验证，图 12.4（a）中所示的格是分配格。

对于图 12.4（b）中所示的格，显然有

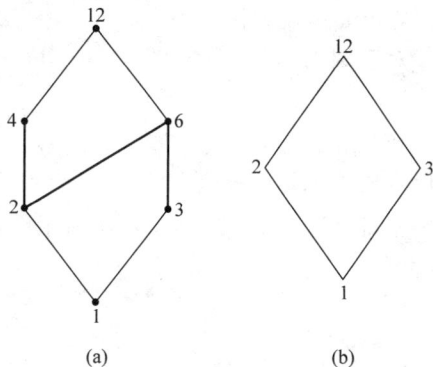

$$b \wedge (c \vee d) = b \wedge e = b$$
$$(b \wedge c) \vee (b \wedge d) = a \vee a = a,$$

所以它不是分配格。

对于图 12.4（c）与图 12.4（d）中所示的两个格，显然有

$$b \wedge (c \vee d) = b \wedge e = b$$
$$(b \wedge c) \vee (b \wedge d) = c \vee a = c \neq b$$

所以它们也不是分配格。

不难验证，图 12.4（e）中所示的格是分配格。

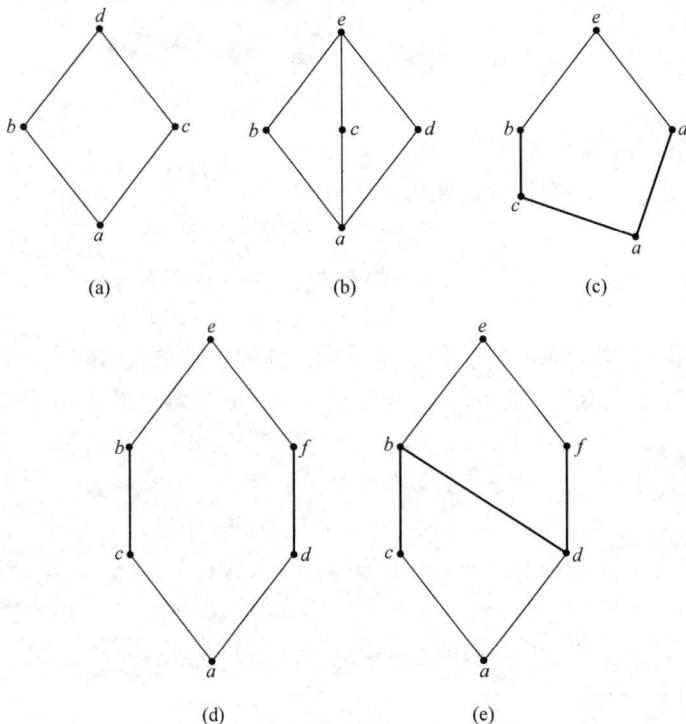

图 12.4　格的示例

一个格是分配格的充分必要条件是在该格中没有子格与图 12.4（b）所示的格同构，或与图 12.4（c）所示的格同构。

下面的定理说明，定义 1 中的两个条件对于分配格的定义来说有点多余，只需要其中一个条件即可。

定理 1：设（A，$\vee$，$\wedge$）是一个格，对于任意 a，b，$c \in A$，

$a \wedge (b \vee c) = (a \wedge b) \vee (a \wedge c)$　当且仅当 $a \vee (b \wedge c) = (a \vee b) \wedge (a \vee c)$。

证明："$\Rightarrow$" $(a \vee b) \wedge (a \vee c) = ((a \vee b) \wedge a) \vee ((a \vee b) \wedge c)$
$$= a \vee ((a \vee b) \wedge c)$$
$$= a \vee ((a \wedge c) \vee (b \wedge c))$$
$$= (a \vee (a \wedge c)) \vee (b \wedge c)$$
$$= a \vee (b \wedge c)$$

"$\Leftarrow$" 略。

定理 1 相当于运用对偶原理的一个示例。

二、泛下界、泛上界

定义 2：设（A，$\leq$）是一个格，若存在 $a \in A$，对于任意 $b \in A$，

$$a \leq b,$$

则称 a 为泛下界；若存在 $e \in A$，对于任意的 $b \in A$，

$$b \leq e,$$

则称 e 为泛上界。

显然，泛上界和泛下界，若存在，则必唯一。

常用 0 和 1 分别表示一个格的泛下界和泛上界。

在图 12.4（a）中，a 是泛下界，d 是泛上界。

在图 12.4（b）、（c）、（d）、（e）中，a 都是泛下界，e 都是泛上界。

在格（$\mathbf{Z}^+$，$\mid$）中，1 是泛下界，没有泛上界。

在格（2^A，$\subseteq$）中，A 是泛上界，而 $\varnothing$ 是泛下界。

定理 2：设（A，$\leq$）是格，0 和 1 分别表示其泛下界和泛上界。那么，对于任意 $a \in A$，有

$$a \vee 1 = 1,$$
$$a \wedge 1 = a,$$
$$a \vee 0 = a,$$
$$a \wedge 0 = 0。$$

证明：因为 $a \vee 1$ 是 a 和 1 的最小上界，

所以 $1 \leq a \vee 1$。

又因为 1 是泛上界，

所以 $a \vee 1 \leq 1$。

因此，$a \vee 1 = 1$。

因为 $a \wedge 1$ 是 a 和 1 的最大下界，

所以 $a \wedge 1 \leq a$。

又因为 $a \leq a$ 和 $a \leq 1$，即 a 是 a 和 1 的下界，

所以 $a \leq a \wedge 1$。

因此，$a \wedge 1 = a$。

其他的两个关系式，可以用类似的方法证明。

三、补元

定义 3：设（A，$\leq$）是一个格，0，$1 \in A$。设 $a \in A$，若存在 $b \in A$，满足

$$a \vee b = 1,$$
$$a \wedge b = 0,$$

则称 b 为 a 的补元。

注意，由于对称性，若 a 是 b 的补，那么 b 也是 a 的补。

例如，对于图 12.4（a）中表示的格，b 是 c 的补元，d 是 a 的补元。

对于图 12.4（b）中表示的格，c 和 d 都是 b 的补元。

对于图 12.4（c）（d）中表示的格，b 和 c 都是 d 的补元。

对于图 12.4（e）中表示的格，c 是 f 的补元，b 和 d 都没有补元。

定理 3：在分配格中，如果一个元素有补元，那么这个补元是唯一的。

证明：设元素 a 有两个补元 b 和 c，即

$$a \vee b = 1,$$
$$a \wedge b = 0,$$
$$a \vee c = 1,$$
$$a \wedge c = 0。$$

于是 $b = b \wedge 1 = b \wedge (a \vee c) = (b \wedge a) \vee (b \wedge c)$
$$= 0 \vee (b \wedge c) = (a \wedge c) \vee (b \wedge c) = (a \vee b) \wedge c$$
$$= 1 \wedge c = c$$

四、布尔格、布尔代数

定义 4：一个格，如果每一个元素都有补元，则称它为有补格。

定义 5：称一个有补的分配格为布尔格。

设 $(A, \leq)$ 是一个布尔格，因为对于每一个元素有唯一的补元，能定义 A 上的一个一元运算，并用 "$^-$" 表示它，这样，对于 A 中的每一个元素 a，$\bar{a}$ 是 a 的补元。一元运算 "$^-$" 称为补运算，并称布尔格 $(A, \leq)$ 定义的代数系统 $(A, \vee, \wedge, ^-)$ 是一个布尔代数。

定理 4：设 $(A, \vee, \wedge, ^-)$ 是一个布尔代数。对于任意的 $a, b \in A$，有

$$\overline{a \vee b} = \bar{a} \wedge \bar{b},$$
$$\overline{a \wedge b} = \bar{a} \vee \bar{b}。$$

证明：$(a \vee b) \vee (\bar{a} \wedge \bar{b}) = \left[(a \vee b) \vee \bar{a} \right] \wedge \left[(a \vee b) \vee \bar{b} \right]$

$$= \left[(a \vee \bar{a}) \vee b \right] \wedge \left[a \vee (b \vee \bar{b}) \right]$$
$$= (1 \vee b) \wedge (a \vee 1)$$
$$= 1 \wedge 1$$
$$= 1$$

$$(a \vee b) \wedge (\bar{a} \wedge \bar{b}) = \left[a \wedge (\bar{a} \wedge \bar{b}) \right] \vee \left[b \wedge (\bar{a} \wedge \bar{b}) \right]$$

$$= \left[(a \wedge \bar{a}) \wedge \bar{b} \right] \vee \left[(b \wedge \bar{b}) \wedge \bar{a} \right]$$

$$= (0 \wedge \bar{b}) \vee (0 \wedge \bar{a})$$
$$= 0 \vee 0$$
$$= 0$$

因此，$\bar{a} \wedge \bar{b}$ 是 $a \vee b$ 的补，即 $\overline{a \vee b} = \bar{a} \wedge \bar{b}$。

由对偶性原理，有 $\overline{a \wedge b} = \bar{a} \vee \bar{b}$。

定理 4 的结果称为德·摩根定律。

12.4 有限布尔代数的唯一性

设 S 是一个任意的非空集合，2^S 是 S 的幂集合，$(2^S, \subseteq)$ 是一个格，且是布尔格，记为布尔代数 $(2^S, \cup, \cap, ^-)$。是否所有的布尔代数都是这样的形式呢？可以说，当 A 是一个有限集，也就是 $(A, \vee, \wedge, ^-)$ 是一个有限布尔代数时，这一问题的答案是肯定的。本节

就来证明这个结论。

一、原子

定义1：设 A 是一个有限集，$(A, \leq)$ 是一个布尔格。对于 A 中任意两个元素 a 和 b，$b \leq a$，且 $b \neq a$。若不存在 c 属于 A，$c \neq a$，$c \neq b$，使得 $b \leq c$，且 $c \leq a$，则称 a 覆盖 b。一个元素 $x \in A$，若 x 覆盖 0，则称 x 为 A 中的一个原子。

在图 12.4（a）中所示的布尔格中，$a = 0$，$d = 1$，b 与 c 都是原子。

命题1：设 $(A, \leq)$ 是一个有限布尔格，对于任意的 $a \in A$，$a \neq 0$，则存在 $b \in A$，使 b 是原子，且 $b \leq a$。

证明　若 a 是原子，则存在 $b = a$，命题成立。否则 a 不是原子，即 a 不覆盖 0。于是存在 $a_1 \in A$，$a_1 \neq a$，$a_1 \neq 0$，使 $a_1 \leq a$。若 a_1 是原子，则命题成立。否则存在 $a_2 \in A$，$a_1 \neq a_1$，$a_2 \neq 0$，使 $a_2 \leq a_1$。依此类推。因为 $(A, \leq)$ 是有限格，故有限步内一定得到 $(A, \leq)$ 中一条链：

$$0 \leq a_i \leq a_{i-1} \leq \cdots \leq a_2 \leq a_1 \leq a,$$

且 0，a_i，a_{i-1}，$\cdots$，a_2，a_1，a 中任意两个都不是相等的，其中 a_i 是原子。所以存在 a_i，它满足 $a_i \leq a$，且 a_i 是原子，命题成立。

二、有限布尔代数非零元素的表达

命题2：设 b 和 c 是一个分配格中任意两个元素，若 $b \wedge \bar{c} = 0$，则

$$b \leq c。$$

证明：因为 $b \wedge \bar{c} = 0$，

故有 $(b \wedge \bar{c}) \vee c = c$，

所以 $b \vee c = c$，

即 c 是 b 和 c 的最小上界，

因此，$b \leq c$。

引理1：设 $(A, \vee, \wedge, ^-)$ 是一个有限布尔代数，b 是 A 中任意的一个非零元素，a_1，a_2，$\cdots$，a_k 是 A 中所有使 $a_i \leq b$ 的原子，那么 $b = a_1 a_2 \vee \cdots \vee a_k$。

证明：令 $c = a_1 \vee a_2 \vee \cdots \vee a_k$。

因为 $a_1 \leq b$，$a_2 \leq b$，$\cdots$，$a_k \leq b$，所以有

$$c \leq b。$$

假设 $b \wedge \bar{c} \neq 0$，由命题1知，存在原子 a，$a \neq 0$，使 $a \leq (b \wedge \bar{c})$。

因为 $b \wedge \bar{c} \leq b$，且 $b \wedge \bar{c} \leq \bar{c}$，根据传递性，有 $a \leq b$ 且 $a \leq \bar{c}$。

因为 a 是原子，且 $a \leq b$，所以存在 $j(1 \leq j \leq k)$，使得 $a = a_j$，所以 $a \leq c$。

由 $a \leq c$，且 $a \leq \bar{c}$，得

$$a \leq c \wedge \bar{c} = 0。$$

这与 $a \neq 0$ 产生矛盾。

因此，必有 $b \wedge \bar{c} = 0$，由命题2有

$$b \leq c。$$

综上所述，有 $c = b$，即 $a_1 \vee a_2 \vee \cdots \vee a_k = b$。

引理2：设 $(A, \vee, \wedge, ^-)$ 是一个有限布尔代数，b 是 A 中任意的一个非零元素，a_1，

a_2, …, a_k 是 A 中所有满足 $a_i \leq b$ 的原子。那么 $b = a_1 \vee a_2 \vee \cdots \vee a_k$ 是将 b 表示为若干个原子之并的唯一方式。

证明： 采用反证法。不妨设另有原子之并的表达式如下：

$$b = a_{j_1} \vee a_{j_2} \vee \cdots \vee a_{j_t},$$

其中 a_{j_s} 是原子，$a_{j_s} \leq b (1 \leq s \leq t)$。

显然，由前提条件知

$$\{a_{j_1},\ a_{j_2},\ \cdots,\ a_{j_t}\} \subseteq \{a_1,\ a_2,\ \cdots,\ a_k\}。$$

对于任意的 $a_i(1 \leq i \leq k)$，因为 $a_i \leq b$，故有 $a_i \wedge b = a_i$。于是，

$$a_i \wedge (a_{j_1} \vee a_{j_2} \vee \cdots \vee a_{j_t}) = a_i,$$

即

$$(a_i \wedge a_{j_1}) \vee (a_i \wedge a_{j_2}) \vee \cdots \vee (a_i \wedge a_{j_t}) = a_i。$$

对于两个原子 a_i 和 a_{j_s}，若 $a_i \neq a_{j_s}$，则 $a_i \wedge a_{j_s} = 0$。所以存在一个 $l(1 \leq l \leq t)$，

使得

$$a_i \wedge a_{j_l} \neq 0,$$

即

$$a_i = a_{j_l}。$$

所以 $\{a_{j_1},\ a_{j_2},\ \cdots,\ a_{j_t}\} = \{a_1,\ a_2,\ \cdots,\ a_k\}$，即 $t = k$，且表达式唯一。

三、布尔代数的同构

已经定义了两个格之间的同态和同构映射。两个布尔代数之间的同态性，除保持对于 $\vee$ 和 $\wedge$ 运算的同态性之外，还必须保持对补运算的同态性。

定义 2： 设 $(A,\ \vee,\ \wedge,\ ^-)$ 和 $(A',\ \vee,\ \wedge,\ ^-)$ 是两个布尔代数，φ 是 A 到 A' 的一个映射，若对于任意的 $x, y \in A$ 有

$$\varphi(x \vee y) = \varphi(x) \vee \varphi(y),$$
$$\varphi(x \wedge y) = \varphi(x) \wedge \varphi(y),$$

且

$$\varphi(\bar{x}) = \overline{\varphi(x)},$$

则称 φ 是布尔代数同态映射。若 φ 还是双射，则称 φ 是同构映射，并称这两个布尔代数 A 和 A' 是同构的。

四、唯一性定理

定理： 设 $(A,\ \vee,\ \wedge,\ ^-)$ 是一个有限布尔代数，$S = \{x \in A \mid x$ 是原子$\}$。则 $(A,\ \vee,\ \wedge,\ ^-)$ 和 $(2^S,\ \cup,\ \cap,\ ^-)$ 是同构的两个布尔代数。

证明： 对于任意 $a \in A$，由引理 1 和引理 2，a 可以唯一地表示成若干个原子之并。

作映射 $\varphi: A \to 2^S$，

$$0 \to \varphi(0) = \varnothing,$$
$$a = b_1 \vee b_2 \vee \cdots \vee b_k \to \varphi(a) = \{b_1,\ b_2,\ \cdots,\ b_k\}, \text{ 其中 } a \neq 0。$$

由非零元素 a 的表达式的唯一性知，映射 φ 的定义是合理的。

显然，由 φ 定义知，φ 是满射。

设 a_1，a_2 是 A 中的任意两个非零元素，若 $\varphi(a_1) = \varphi(\alpha_2)$，不妨设

$$\varphi(a_1) = \varphi(a_2) = \{b_{i_1},\ b_{i_2},\ \cdots,\ b_{i_k}\},$$

则由引理 2 有

$$a_1 = b_{i_1} \vee b_{i_2} \vee \cdots \vee b_{i_k} = a_2,$$

即 φ 是单射。

下面证明 φ 是布尔代数同态映射。显然，只需对非 0 元素进行考察。

对于任意的 $a_1 = b_{11} \vee b_{12} \vee \cdots \vee b_{1k}$，$a_2 = b_{21} \vee b_{22} \vee \cdots \vee b_{2h} \in A$，

$$\varphi(a_1 \vee a_2) = \{b_{11}, \ b_{12}, \ \cdots, \ b_{1k}, \ b_{21}, \ b_{22}, \ \cdots, \ b_{2h}\},$$
$$\varphi(a_1) = \{b_{11}, \ b_{12}, \ \cdots, \ b_{1k}\},$$
$$\varphi(a_2) = \{b_{21}, \ b_{22}, \ \cdots b_{2h}\},$$
$$\varphi(a_1) \cup \varphi(a_2) = \{b_{11}, \ b_{12}, \ \cdots, \ b_{1k}, \ b_{21}, \ b_{22}, \ \cdots, \ b_{2h}\},$$

所以有 $\qquad\qquad \varphi(a_1 \vee a_2) = \varphi(a_1) \cup \varphi(a_2)$。

注意，$b_{11}, \ b_{12}, \ \cdots, \ b_{1k}$ 与 $b_{21}, \ b_{22}, \ \cdots, \ b_{2h}$ 中可以有相同的元素，但不影响上式的成立。不失一般性，设 $b_{1i_1} = b_{2j_1}$，$b_{1i_2} = b_{2j_2}$，$\cdots$，$b_{1i_l} = b_{2j_l}$ 是 $b_{11}, \ b_{12}, \ \cdots, \ b_{1k}$ 与 $b_{21}, \ b_{22}, \ \cdots, \ b_{2h}$ 中有且仅有的 l 个相同元素。于是

$$\varphi(a_1) \cap \varphi(a_2) = \{b_{1i_1}, \ b_{1i_2}, \ \cdots, \ b_{1i_l}\}。$$

显然，对于两个不同的原子，它们的交是 0。于是，可以得到

$$\begin{aligned}
a_1 \wedge a_2 &= (b_{11} \vee b_{12} \vee \cdots \vee b_{1k}) \wedge (b_{21} \vee b_{22} \vee \cdots \vee b_{2h}) \\
&= (b_{11} \wedge b_{21}) \vee \cdots \vee (b_{11} \wedge b_{2h}) \vee (b_{12} \wedge b_{21}) \vee \cdots \vee (b_{1k} \wedge b_{2h}) \\
&= b_{1i_1} \vee b_{1i_2} \vee \cdots \vee b_{1i_l},
\end{aligned}$$

所以 $\qquad \varphi(a_1 \wedge a_2) = \{b_{1i_1}, \ b_{1i_2}, \ \cdots, \ b_{1i_l}\} = \varphi(a_1) \cap \varphi(a_2)$。

对于任意的 $a = b_1 \vee b_2 \vee \cdots \vee b_k$，而 $S - \{b_1, \ b_2, \ \cdots, \ b_k\} = \{b'_1, \ b'_2, \ \cdots, \ b'_t\}$，则

$$\bar{a} = b'_1 \vee b'_2 \vee \cdots \vee b'_t。$$

于是 $\qquad\qquad \varphi(\bar{a}) = \{b'_1, \ b'_2, \ \cdots, \ b'_t\}$，
$$\varphi(a) = \{b_1, \ b_2, \ \cdots, \ b_k\}。$$

所以 $\qquad\qquad \overline{\varphi(a)} = S - \varphi(a) = \varphi(\bar{a})$。

综上所述，φ 是布尔代数同构映射。

12.5　布尔函数和布尔表达式

设 $(A, \vee, \wedge, \bar{\ })$ 是一个布尔代数，$n(\geqslant 1)$ 是一个正整数，如何表示一个 A^n 到 A 的函数（映射，也就是 A 上的一个 n 元函数）？当 A 是有限布尔代数时，可以用列表法。例如，表 12.1 (a) 中，表示了 $\{0, 1\}$ 上的一个 3 元函数。表 12.1 (b) 中，表示了一个 $\{0, 1, 2, 3\}$ 上的一个二元函数。

表 12.1 (a)	
	f
(0, 0, 0)	0
(0, 0, 1)	0
(0, 1, 0)	1
(0, 1, 1)	0
(1, 0, 0)	1
(1, 0, 1)	1
(1, 1, 0)	0
(1, 1, 1)	1

表 12.1 (b)	
	f
(0, 0)	1
(0, 1)	0
(0, 2)	0
(0, 3)	3
(1, 0)	1
(1, 1)	1
(1, 2)	0
(1, 3)	3
(2, 0)	2
(2, 1)	0
(2, 2)	1
(2, 3)	1
(3, 0)	3
(3, 1)	0
(3, 2)	0
(3, 3)	2

一、布尔表达式

描述一个函数，在普通代数中一般尽量地设法用一个解析表达式来表示，对于布尔代数上的一个 n 元函数，也可以有这个想法。为此，类似代数式，首先定义布尔表达式。

1. 布尔表达式的定义

定义 1：设 $(A, \vee, \wedge, ^-)$ 是一个布尔代数，布尔表达式是如下的表达式：

(1) A 中的每个元素是一个布尔表达式；

(2) 任意的一个变元名是一个布尔表达式；

(3) 若 e 和 e_1 是两个布尔表达式，则 $\bar{e}$，$e \vee e_1$，$e \wedge e_1$ 都是布尔表达式；

(4) 只有有限次使用 (1)，(2)，(3) 所得到的式子才是布尔表达式。

例如：设 $(\{0, 1, 2, 3\}, \vee, \wedge, ^-)$ 是一个布尔代数，则

$$0 \vee x,$$
$$\overline{(2 \wedge 3)} \vee (x_1 \wedge x_2) \vee (x_1 \wedge \bar{x}_3)$$

都是布尔表达式。

一个含有 n 个不同变元的布尔表达式，通常称为 n 个变元的布尔表达式，通常表达为

$$E(x_1, x_2, \cdots, x_n)。$$

设 $E(x_1, x_2, \cdots, x_n)$ 是布尔代数 $(A, \vee, \wedge, ^-)$ 上的一个 n 元布尔表达式。对变元 $x_1, x_2, \cdots, x_n$ 赋值意味着将每一个 $x_i (1 \leqslant i \leqslant n)$ 赋一个 A 中的元素。对于变元的一组赋值，可将诸变元的赋值代入表达式 $E(x_1, x_2, \cdots, x_n)$，从而可以计算该表达式的值。

例如，对于布尔代数 $(\{0, 1\}, \vee, \wedge, ^-)$ 上的表达式：

$$E(x_1, x_2, x_3) = (x_1 \vee x_2) \wedge (\bar{x}_1 \vee \bar{x}_2) \wedge \overline{(x_1 \vee x_2)},$$

设赋值为 $x_1 = 0$，$x_2 = 1$，$x_3 = 0$，那么有

$$E(0, 1, 0) = (0 \vee 1) \wedge (\bar{0} \vee \bar{1}) \wedge \overline{(1 \vee 0)} = 1 \wedge 1 \wedge 0 = 0。$$

2. 布尔表达式的简化

对于有 n 个变元的两个布尔表达式 $E_1(x_1, x_2, \cdots, x_n)$ 和 $E_2(x_1, x_2, \cdots, x_n)$，如果它们对 n 个变元的任意赋值都相同，即对于任意的 $(a_1, a_2, \cdots, a_n) \in A^n$，

$$E_1(a_1, a_2, \cdots, a_n) = E_2(a_1, a_2, \cdots, a_n)，$$

则称这两个布尔表达式是等价的，记为

$$E_1(x_1, x_2, \cdots, x_n) = E_2(x_1, x_2, \cdots, x_n)。$$

例如，$(x_1 \wedge x_2) \vee (x_1 \wedge \bar{x}_3)$ 和 $x_1 \wedge (x_2 \vee \bar{x}_3)$ 就是等价的，记之为

$$(x_1 \wedge x_2) \vee (x_1 \wedge \bar{x}_3) = x_1 \wedge (x_2 \vee \bar{x}_3)。$$

当整理或简化一个布尔表达式时，总是意味着把该式整理或简化为一个等价的简洁形式。因为 A 中的元素将被赋予布尔表达式中变元的值，所以与布尔代数的元素有关的幂等律、交换律、结合律、吸收律、分配律、德摩根律等等式，都可以用来简化或整理布尔表达式。

例如，分别运用结合律、吸收律、分配律，可以得到：

$$
\begin{aligned}
E(x_1, x_2, x_3) &= (x_1 \wedge x_2) \vee (x_1 \wedge x_2 \wedge x_3) \vee (x_2 \vee x_3) \\
&= ((x_1 \wedge x_2) \vee (x_1 \wedge x_2 \wedge x_3)) \vee (x_2 \vee x_3) \\
&= (x_1 \wedge x_2) \vee (x_2 \vee x_3) \\
&= x_2 \wedge (x_1 \vee x_3)
\end{aligned}
$$

二、布尔函数

不难看出，一个布尔表达式 $E(x_1, x_2, \cdots, x_n)$ 就表示了从 A^n 到 A 的一个函数，即对应

于 A^n 中的一个有序 n 元组 $(a_1, a_2, \cdots, a_n)$，其中 $a_i \in A$，$1 \leqslant i \leqslant n$，$E(a_1, a_2, \cdots, a_n)$ 的值就是在值域 A 中所对应的象。

例如，可以直接验证，如下的布尔表达式

$F \qquad\qquad\qquad (\bar{x}_1 \wedge x_2 \wedge \bar{x}_3) \vee (x_1 \wedge \bar{x}_2) \vee (x_1 \wedge x_3)$

就是在布尔代数 $(\{0, 1\}, \vee, \wedge, ^-)$ 上按表 12.1（a）所定义的三元函数 f。

另一方面，我们要问，从 A^n 到 A 的每一个函数都可以用 $(A, \vee, \wedge, ^-)$ 上的一个布尔表达式来表示吗？这个问题的答案是否定的。例如，表 12.1（b）所定义的函数，在四元素布尔代数上，就不存在布尔表达式。

定义 2：从 A^n 到 A 的一个函数，如果它能由（n 个变元的）的布尔表达式来表示，则称它为布尔函数。

三、二元布尔代数上的布尔函数

定理：二元布尔代数 $(\{0, 1\}, \vee, \wedge, ^-)$ 上的一个任意 n 元函数，都是布尔函数。

下面我们给出确定这个函数的布尔表达式的两种方法。

1. 主析取范式

n 个变元 $x_1, x_2, \cdots, x_n$ 的一个布尔表达式，如果它有形式：

$$\tilde{x}_i \wedge \tilde{x}_i \wedge \cdots \wedge \tilde{x}_n, \tag{12.8}$$

则称它为小项，其中 $\tilde{x}_i$ 表示 x_i 或 $\bar{x}_i$。

在 $(\{0, 1\}^n, \vee, \wedge, ^-)$ 上的一个布尔表达式，如果它是一些小项的并，则称它为主析取范式。

例如，布尔表达式

$$(x_1 \wedge x_2 \wedge \bar{x}_3) \vee (x_1 \wedge \bar{x}_2 \wedge \bar{x}_3) \vee (x_1 \wedge x_2 \wedge x_3)$$

是一个主析取范式，它有三个小项：

$$x_1 \wedge x_2 \wedge \bar{x}_3,$$
$$x_1 \wedge \bar{x}_2 \wedge \bar{x}_3,$$
$$x_1 \wedge x_2 \wedge x_3。$$

给定一个从 $\{0, 1\}^n$ 到 $\{0, 1\}$ 的函数，用其小项对应于函数值为 1 的每一个有序的 0 和 1 的 n 元组，这样能够得到对应于这个函数的主析取范式。

具体地说，对于函数值为 1 的有序的 0 和 1 的 n 元组，有一个小项：

$$\tilde{x}_1 \wedge \tilde{x}_2 \wedge \cdots \wedge \tilde{x}_n,$$

其中，若这个 n 元组的第 $i(1 \leqslant i \leqslant n)$ 个分量为 1，则 $\tilde{x}_i$ 为 x_i；否则，若第 i 个分量为 0，则 $\tilde{x}_i$ 为 $\bar{x}_i$。

例如，对应于表 12.1（a）定义的函数 f 的主析取范式为

$$(\bar{x}_1 \wedge x_2 \wedge \bar{x}_3) \vee (x_1 \wedge \bar{x}_2 \wedge \bar{x}_3) \vee (x_1 \wedge \bar{x}_2 \wedge x_3) \vee (x_1 \wedge x_2 \wedge x_3)。$$

2. 主合取范式

n 个变元 $x_1, x_2, \cdots, x_n$ 的一个布尔表达式，如果它有形式：

$$\tilde{x}_1 \vee \tilde{x}_2 \vee \cdots \vee \tilde{x}_n, \tag{12.9}$$

则称它为大项，其中 $\tilde{x}_i$ 表示 x_i 或 $\bar{x}_i$。

在 $(\{0, 1\}^n, \vee, \wedge, ^-)$ 上的一个布尔表达式，如果它是大项的交，则称它为主合取

范式。

例如，布尔表达式

$$(x_1 \vee x_2 \vee x_3) \wedge (x_1 \vee \bar{x}_2 \vee \bar{x}_3) \wedge (\bar{x}_1 \vee x_2 \vee \bar{x}_3) \wedge (\bar{x}_1 \vee \bar{x}_2 \vee \bar{x}_3)$$

就是由四个大项构成的主合取范式。

给定一个由 $\{0, 1\}^n$ 到 $\{0, 1\}$ 的函数，用其大项对应于函数值为 0 的每个有序的 0 和 1 的 n 元组，这样能够得到对应于这个函数的主合取范式。

具体地说，对于函数值为 0 的有序的 0 和 1 的 n 元组，有一个大项：

$$\tilde{x}_1 \vee \tilde{x}_2 \vee \cdots \vee \tilde{x}_n,$$

其中，若这个 n 元组的第 $i(1 \leq i \leq n)$ 个分量为 0，则 $\tilde{x}_i$ 为 x_i；否则，若第 i 个分量为 1，则 $\tilde{x}_i$ 为 $\tilde{x}_i$。

例如，对应于表 12.1（a）定义的函数 f 的主合取范式为

$$(x_1 \vee x_2 \vee x_3) \wedge (x_1 \vee x_2 \vee \bar{x}_3) \wedge (x_1 \vee \bar{x}_2 \vee \bar{x}_3) \wedge (\bar{x}_1 \vee \bar{x}_2 \vee x_3)。$$

12.6 典型例题及解答

例 1：求证：在格中成立

（1）$(a \wedge b) \vee (c \wedge d) \leq (a \vee c) \wedge (b \vee d)$

（2）$(a \wedge b) \vee (b \wedge c) \vee (c \wedge a) \leq (a \vee c) \wedge (b \vee c) \wedge (c \vee a)$

证明：（1）由于 $a \leq a \vee c$，$b \leq b \vee d$，故 $a \wedge b \leq (a \vee c) \wedge (b \vee d)$。又由于 $c \leq a \vee c$，$d \leq b \vee d$，故 $c \wedge d \leq (a \vee c) \wedge (b \vee d)$。所以，$(a \vee c) \wedge (b \vee d)$ 是 $a \wedge b$ 与 $c \wedge d$ 的一个上界，因此，$(a \wedge b) \vee (c \wedge d) \leq (a \vee c) \wedge (b \vee d)$。

（2）由于 $a \leq a \vee c$，$b \leq b \vee c$，故 $a \wedge b \leq (a \vee c) \wedge (b \vee c)$。由于 $a \leq c \vee a$，故 $(a \wedge b) \wedge a \leq (a \vee c) \wedge (b \vee c) \wedge (c \wedge a)$。

由交换律、结合律与幂等律得 $(a \wedge b) \wedge a = a \wedge b$，所以由上式知

$$a \wedge b \leq (a \vee c) \wedge (b \vee c) \wedge (c \vee a)$$

同理可以证得：

$$b \wedge c \leq (a \vee c) \wedge (b \vee c) \wedge (c \vee a)$$
$$c \wedge a \leq (a \vee c) \wedge (b \vee c) \wedge (c \wedge a)$$

所以，$(a \vee c) \wedge (b \vee c) \wedge (c \vee a)$ 是 $a \wedge b$、$b \wedge c$、$c \wedge a$ 三者的一个共同上界，

因此，$(a \wedge b) \vee (b \wedge c) \vee (c \wedge a) \leq (a \vee c) \wedge (b \vee c) \wedge (c \vee a)$

例 2：设 p_1，p_2，$\cdots$，p_m 为 m 个质数，$A = \{n \mid n \in \mathbf{N}$，$n$ 能整除乘积 $p_1 p_2 \cdots p_m\}$，$*$ 为求两个正整数的最大公约数，$\cdot$ 为求两个正整数的最小公倍数，B 为一个 m 元集合，则 $(A, *, \cdot)$ 与 $(2^B, \cap, \cup)$ 是两个同构的格。

证明：不妨设 $B = \{b_1$，b_2，$\cdots$，$b_m\}$，定义映射 $f: A \rightarrow 2^B$ 如下：

$$f(x) = \begin{cases} \varnothing, & x = 1 \\ \{b_{i_1}, b_{i_2}, \cdots, b_{i_k}\}, & x = p_{i_1} p_{i_2} \cdots p_{i_k} \ (1 \leq i_1, i_2, \cdots i_k \leq m) \end{cases}。$$

显示，f 是双射，且对于任意的 c，$d \in A$，有

$$f(c * d) = f(c) \cap f(d)$$
$$f(c \cdot d) = f(c) \cup f(d)$$

所以，f 是 $A \to 2^B$ 的同构映射。故 $(A^*, *, \cdot)$ 与 $(2^B, \cap, \cup)$ 是两个同构的格。

例3：$A = \{1, 2, 3, 4, 5, 60\}$，$|$ 是 A 上的整除关系。

（1）画出 $(A, |)$ 的哈斯图。

（2）$(A, |)$ 是否是格？是否是分配格？是否是有补格？是否是布尔格？并逐项说明理由。

解：

（1）$(A, |)$ 的哈斯图如图 12.5 所示。

（2）由于 A 中的任意两个元素都有最大下界、最小上界，所以 $(A, |)$ 是格。

由于 A 中的元素 2 无补元素，所以 $(A, |)$ 不是有补格。

对于 A 中的元素 3，4，5，

$$5 \vee (4 \wedge 3) = 5 \vee 1 = 5,$$
$$(5 \vee 4) \wedge (5 \vee 3) = 60 \wedge 60 = 60 \neq 5$$

即并运算关于交运算的分配律不成立。

因此，根据分配格的定义，$(A, |)$ 不是分配格。

容易看出，$(A, |)$ 有如图 12.6 所示两个子格：

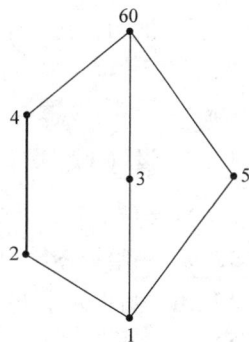

图 12.5

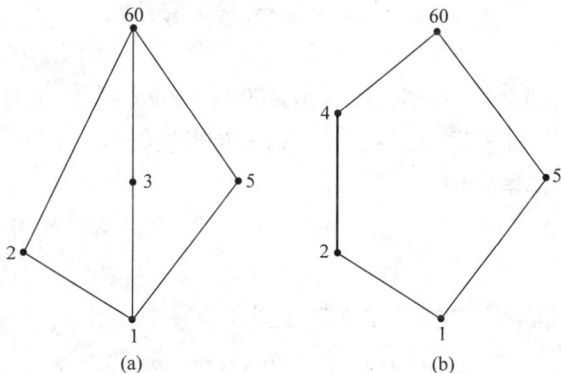

图 12.6

这是两个典型的非分配格。

因此，根据分配格的充要条件，也可以说明 $(A, |)$ 不是分配格。

布尔格要求既是有补格、又是分配格，所以 $(A, |)$ 不是布尔格。

● 习题十二

12.1 设 a，b，c 是格 $(A, \leqslant)$ 中的元素，求证：如果 $a \leqslant b$，则

$$a \vee (b \wedge c) \leqslant b \wedge (a \vee c)。$$

12.2 设 a，b，c 是格 $(A, \leqslant)$ 中的元素，求证：

$$a \vee (b \wedge c) \leqslant (a \vee b) \wedge (a \vee c),$$
$$(a \wedge b) \vee (a \wedge c) \leqslant a \wedge (b \vee c)。$$

12.3 设 $(A, \vee, \wedge)$ 是一个代数系统，其中 $\vee$ 和 $\wedge$ 是满足吸收律的二元运算，证明：$\vee$ 和 $\wedge$ 也满足幂等律。

12.4 证明：一个格是可分配的，当且仅当对于这个格中的任意元素 a，b 和 c，有
$$(a\vee b)\wedge c\leq a\vee(b\wedge c)$$

12.5 证明：一个格 $(A, \leq)$ 是可分配的，当且仅当对 A 中的任意元素 a，b 和 c，有
$$(a\wedge b)\vee(b\wedge c)\vee(c\wedge a)=(a\vee b)\wedge(b\vee c)\wedge(c\vee a)$$

12.6 一个格 $(A, \leq)$ 称为模格，如果对 A 中任意的 a，b 和 c，有
$$a\vee(b\wedge c)=(a\vee b)\wedge c，其中 a\leq c。$$

证明：一个格是模格，当且仅当下述条件成立
$$a\vee(b\wedge(a\vee c))=(a\vee b)\wedge(a\vee c)。$$

12.7 证明，在一个布尔代数中，有
$$a\vee(\bar{a}\wedge b)=a\vee b$$
$$a\wedge(\bar{a}\vee b)=a\wedge b$$

12.8 设 $(A, \vee, \wedge, ^-)$ 是一个布尔代数，证明 $(A, \oplus)$ 是一个交换群，其中 $\oplus$ 定义为：$a\oplus b=(a\wedge\bar{b})\vee(\bar{a}\wedge b)$。

12.9 用哈斯图给出一个四个元的格，它是分配格，但不是有补格。

12.10 画出两个五元格，一个是分配格，一个不是分配格，用哈斯图表示。

12.11 设 $(S, \cup, \cap)$ 是一个分配格，0 是泛下界，1 是泛上界。令
$$A=\{x\in S \mid x'\in S，x'是 x 的补元\}，$$
证明：A 是 S 的子格。

12.12 $A=\{1, 2, 3, 4, 5, 6, 12, 30, 60\}$，定义一个二元关系 R 如下：
$$对于 x, y\in A，(x, y)\in R 当且仅当 x|y。$$

(1) 画出 (A, R) 的哈斯图。

(2) 问 (A, R) 是否是格？是否是分配格？是否是有补格？是否是布尔格？并逐项说明理由。

12.13 已知 S 是分配格，$a\in S$，定义从 S 到 S 的一个映射 $\psi: S\rightarrow S$ 如下：
$$对于 x\in S，\Psi(x)=x\wedge a。$$

证明：Ψ 是格同态映射。

12.14 简化下述布尔表达式：

(1) $(a\wedge b)\vee(a\wedge b\wedge c)\vee(b\wedge c)$

(2) $(a\wedge b)\vee(\bar{a}\wedge\bar{b}\wedge c)\vee(b\wedge c)$

(3) $(a\wedge b)\vee(\bar{a}\wedge b\wedge\bar{c})\vee(b\wedge c)$

(4) $((a\wedge\bar{b})\vee c)\wedge(a\vee\bar{b})\wedge c$

12.15 设 $E(x_1, x_2, x_3)=(x_1\wedge x_2)\vee(x_1\wedge x_3)\vee(\bar{x}_2\wedge x_3)$ 是二元布尔代数上的一个布尔表达式，把 $E(x_1, x_2, x_3)$ 分别表示为主析取范式和主合取范式。

12.16 设 $E(x_1, x_2, x_3)=\overline{(x_1\vee x_2)}\vee(\bar{x}_1\wedge x_3)$ 是二元布尔代数上的一个布尔表达式，把 $E(x_1, x_2, x_3)$ 分别表示为主析取范式和主合取范式。

12.17 设 $E(x_1, x_2, x_3, x_4)=(x_1\wedge x_2\wedge\bar{x}_3)\vee(x_1\wedge\bar{x}_2\wedge x_4)\vee(x_2\wedge\bar{x}_3\wedge x_4)$ 是二元布尔代数上的一个布尔表达式，把 $E(x_1, x_2, x_3, x_4)$ 分别表示为主析取范式和主合取范式。

12.18　把习题 12.18 表所示的函数分别表示为主析取习题 12.18 表范式和主合取范式。

(x_1, x_2, x_3)	f
(0, 0, 0)	1
(0, 0, 1)	0
(0, 1, 0)	1
(0, 1, 1)	0
(1, 0, 0)	0
(1, 0, 1)	1
(1, 1, 0)	0
(1, 1, 1)	1